普通高等教育"十三五"规划教材

先进制造技术

陈中中　王一工　主编

化学工业出版社

·北京·

本书从科学、集成的角度，系统介绍了各种先进制造技术的理念、基本内容、关键技术和最新成果，力求实时跟进科技发展动态，让读者领略和了解前沿科技，开阔视野、拓宽知识。全书共 6 章，内容包括先进制造技术概论、先进制造工艺技术、现代设计技术、先进制造装备系统、先进制造模式及先进管理技术。

本书配套有相应的电子教案、视频资料及课后思考题答案，以方便广大师生和读者阅读学习。

本书可作为高等院校机械、车辆、工管等制造业相关专业的本、硕教材，也可作为高等职业专科学校、成人高校相关专业的教材或参考书。

图书在版编目（CIP）数据

先进制造技术/陈中中，王一工主编. —北京：化学工业出版社，2015.12（2022.5 重印）

普通高等教育"十三五"规划教材

ISBN 978-7-122-25347-7

Ⅰ.①先… Ⅱ.①陈…②王… Ⅲ.①机械制造工艺-高等学校-教材 Ⅳ.①TH16

中国版本图书馆 CIP 数据核字（2015）第 240367 号

责任编辑：高 钰 装帧设计：刘丽华

责任校对：宋 玮

出版发行：化学工业出版社（北京市东城区青年湖南街 13 号 邮政编码 100011）

印 装：北京七彩京通数码快印有限公司

787mm×1092mm 1/16 印张 15 字数 366 千字 2022 年 5 月北京第 1 版第 5 次印刷

购书咨询：010-64518888 售后服务：010-64518899

网 址：http://www.cip.com.cn

凡购买本书，如有缺损质量问题，本社销售中心负责调换。

定 价：48.00 元

前 言

制造业是国民经济的支柱产业和经济增长的发动机，是社会可持续发展的基石，制造技术是制造业的技术支撑和可持续性发展的源动力。在经济发展全球化的大背景下，制造技术在不断地汲取各种技术研究成果中快速向前迈进，并与计算机、信息、自动化、材料、生物及现代管理等学科相融合，使传统意义上的制造技术有了质的飞跃，形成了先进制造技术的新体系。与此同时，激烈的市场竞争，也催生出了制造企业必须通过先进制造技术来提升自身适应动态市场环境的新趋势，而先进制造技术的发展水平在某种意义上来说，更是决定了一个国家的综合国力。

为使学生掌握先进制造技术的理念和内涵，了解先进制造技术的最新发展，培养学生创新意识和工程实践能力，全国众多工科院校纷纷开设了先进制造技术必修或选修课程。本书是在作者为本科生开设的先进制造技术和为硕士研究生开设的快速成型技术课程的基础上，联合多所高校任课教师，经过认真讨论、确定编写大纲后共同编写完成的。全书共分6章，第1章先进制造技术概论，概述了制造业与制造技术的发展，介绍了先进制造技术的内涵、特征、体系结构及分类；第2章先进制造工艺技术，主要介绍了高速加工技术、精密与超精密加工技术、微细加工技术、快速成型技术、绿色制造技术等；第3章现代设计技术，主要介绍了创新设计、模块化设计、反求工程等先进设计方法；第4章先进制造装备系统，在概述制造自动化的发展历程和趋势的基础上，重点介绍了数控加工、工业机器人和柔性制造技术；第5章先进制造模式，概述了制造模式的发展和先进制造模式的类型，主要介绍了并行工程、精益生产、敏捷制造、计算机集成制造、虚拟现实技术、智能制造等几种先进制造的理念和模式。第6章先进管理技术，主要介绍了先进生产管理信息系统、产品数据管理技术、现代质量保证技术等概念。

本书的内容已制作成用于多媒体教学的 PPT 课件，并配有视频资料及课后思考题答案，将免费提供给采用本书作为教材的院校使用。如有需要，请发电子邮件至 cipedu@163.com 获取，或登陆 www.cipedu.com.cn 免费下载。

本书由陈中中、王一工主编，在编写过程中，得到了多位老师的鼎力协助，郑州大学机械工程学院苏智剑教授、郑州航空工业管理学院蒋志强和刘建伟教授，参加编写，并提供了大量的编写素材，此外在读研究生杨亚茹同学对本书做了校对工作，在此一并表示感谢。

风起云涌的创新科技，真可谓是"凡诸学术，进境无穷"，仅凭少数几人力量，实难详述万一，加之时间仓促，编者水平有限，疏漏之处在所难免，敬请广大读者批评指正。最后，编者真诚地希望能够借此机会，在与读者的交流中共同获得新的知识和力量。

编者

2015 年 9 月

目 录

第 1 章 先进制造技术概论 1

1.1 制造业的起源和发展 ··· 1
  1.1.1 制造、制造技术和制造系统 3
  1.1.2 制造业的地位和作用 6
  1.1.3 我国制造业现状 8
1.2 先进制造技术的提出和进展 ··· 9
  1.2.1 先进制造技术产生的背景 9
  1.2.2 各国先进制造技术的发展概况 11
1.3 先进制造技术的内涵和体系结构 ···································· 13
  1.3.1 先进制造技术的内涵和特点 13
  1.3.2 先进制造技术的体系结构和分类 14
1.4 先进制造技术的发展趋势 ·· 18
复习思考题 ··· 20

第 2 章 先进制造工艺技术 21

2.1 先进制造工艺概述 ·· 21
  2.1.1 机械制造工艺的内涵 21
  2.1.2 先进制造工艺技术的定义和内容 23
  2.1.3 先进制造工艺技术的发展趋势 23
2.2 高速加工技术 ··· 24
  2.2.1 高速切削加工 25
  2.2.2 高速磨削加工 29
2.3 精密与超精密加工技术 ·· 31
  2.3.1 超精密切削加工 32
  2.3.2 超精密磨削加工 34
2.4 高能束加工技术 ·· 36
  2.4.1 激光加工 36
  2.4.2 电子束加工 39
  2.4.3 离子束加工 40
  2.4.4 超声波加工 41
2.5 快速成型技术 ··· 43

2.5.1 RP 技术的原理 ·· 43

2.5.2 RP 技术的特点 ·· 43

2.5.3 RP 技术的分类 ·· 44

2.5.4 RP 技术的应用 ·· 57

2.6 快速模具技术 ·· 61

2.6.1 基于 RP 的软模快速制造技术 ······················ 62

2.6.2 基于 RP 的钢质硬模快速制造技术 ················ 67

2.7 微细加工技术 ·· 70

2.7.1 典型微细加工技术 ······································ 71

2.7.2 其他微细加工技术 ······································ 79

2.8 绿色制造技术 ·· 81

2.8.1 绿色制造概述 ·· 82

2.8.2 GM 的研究内容 ·· 83

2.8.3 清洁生产 ·· 86

2.8.4 再制造技术 ·· 87

2.8.5 绿色制造的现状和发展趋势 ·························· 93

复习思考题 ·· 96

第 3 章 现代设计技术 ·· **97**

3.1 现代设计技术概述 ·· 97

3.2 优化设计 ·· 99

3.3 创新设计 ·· 101

3.4 面向"X"的设计 ·· 105

3.4.1 面向制造的设计 ·· 106

3.4.2 面向装配的设计 ·· 107

3.4.3 面向可操作性的设计 ···································· 108

3.5 模块化设计 ·· 109

3.6 反求工程 ·· 115

3.6.1 反求工程概述 ·· 115

3.6.2 反求测量方法分类 ······································ 116

3.6.3 反求数据处理 ·· 121

3.6.4 RE 的应用 ·· 122

复习思考题 ·· 125

第 4 章 先进制造装备系统 ·· **126**

4.1 先进制造自动化技术 ·· 126

4.1.1 先进制造自动化技术的内涵 ·························· 126

4.1.2 先进制造自动化技术的发展历程和现状 ·········· 127

4.1.3 先进制造自动化技术的发展趋势 ···················· 130

4.2 数控加工技术 ·· 131

4.2.1 数控加工技术概述 ·· 131

4.2.2 数控机床的组成、分类和特点 ··· 132

4.2.3 数控加工的编程技术 ··· 136

4.2.4 数控加工技术的发展趋势 ··· 137

4.3 柔性制造系统 ··· 138

4.3.1 FMS 概述 ··· 139

4.3.2 FMS 的组成及特点 ·· 140

4.3.3 柔性制造系统的应用 ··· 143

4.4 工业机器人 ·· 145

4.4.1 工业机器人概述 ·· 145

4.4.2 工业机器人的组成和分类 ··· 147

4.4.3 工业机器人的应用和发展趋势 ··· 149

复习思考题 ·· 154

第5章　先进制造模式　　　　　　　　　　　　　　　　　　　**155**

5.1 先进制造模式概述 ··· 155

5.1.1 先进制造模式的定义和特点 ·· 155

5.1.2 先进制造模式的类型 ··· 156

5.2 成组技术 ··· 156

5.2.1 成组技术概述 ··· 156

5.2.2 零件分类方法 ··· 159

5.2.3 GT 的应用 ·· 160

5.3 并行工程 ··· 164

5.3.1 并行工程产生的背景 ··· 164

5.3.2 CE 的定义和特征 ·· 166

5.3.3 CE 的关键支撑技术 ·· 167

5.3.4 CE 的应用 ·· 167

5.3.5 CE 技术的发展趋势 ·· 170

5.4 精益生产 ··· 171

5.4.1 精益生产产生的背景 ··· 171

5.4.2 LP 的定义和特征 ·· 172

5.4.3 及时生产 ··· 175

5.4.4 LP 的应用 ·· 177

5.5 敏捷制造 ··· 178

5.5.1 敏捷制造产生的背景 ··· 178

5.5.2 AM 的定义和特征 ··· 179

5.5.3 AM 的应用 ··· 182

5.6 计算机集成制造系统 ·· 184

5.6.1 计算机采集制造系统产生的背景 ······································· 184

5.6.2 CIMS 的定义及具体内容 ·· 184

5. 6. 3 CIMS 的发展趋势 ································· 190

5. 7 虚拟现实（VR）技术 ································· 190

    5. 7. 1 VR 技术概述 ································· 190

    5. 7. 2 虚拟样机技术 ································· 192

    5. 7. 3 虚拟装配技术 ································· 194

    5. 7. 4 虚拟制造技术 ································· 196

5. 8 智能制造 ································· 199

    5. 8. 1 智能制造产生的背景 ································· 199

    5. 8. 2 IM 相关概念和特征 ································· 200

    5. 8. 3 IM 的支撑技术 ································· 202

    5. 8. 4 IM 的发展趋势 ································· 203

    复习思考题 ································· 204

第 6 章　先进管理技术   **205**

6. 1 先进管理技术概述 ································· 205

    6. 1. 1 先进管理技术的内涵和特点 ································· 205

    6. 1. 2 先进管理技术的发展 ································· 206

6. 2 管理信息系统 ································· 206

    6. 2. 1 物料需求计划 ································· 206

    6. 2. 2 制造资源计划 ································· 209

    6. 2. 3 企业资源计划 ································· 212

6. 3 产品数据管理 ································· 216

    6. 3. 1 PDM 概述 ································· 216

    6. 3. 2 PDMS 的体系结构和功能 ································· 216

    6. 3. 3 PDMS 的应用和发展趋势 ································· 220

6. 4 现代质量保证技术 ································· 223

    6. 4. 1 质量管理和质量保证 ································· 223

    6. 4. 2 全面质量管理 ································· 225

    复习思考题 ································· 228

参考文献   **229**

第1章

先进制造技术概论

制造业是国民经济的支柱产业,随着人类工业文明的不断进步,制造业已成为国家经济和综合国力的基础,它一方面直接创造价值,成为社会财富的主要创造手段和国民经济收入的重要来源;另一方面,它为国民经济各部门的科技进步及发展提供了先进的手段和装备。制造的发展离不开先进制造技术的支持。本章首先给出制造、制造技术和制造系统等基本概念,然后介绍先进制造技术的产生和发展,分析先进制造技术的内涵和结构体系,最后对先进制造技术的特点和发展趋势进行了简要说明。

1.1 制造业的起源和发展

制造业的发展源远流长。在遥远的旧石器时代,北京猿人就制造了带刃的石制砍砸器、刮削器。在距今 1 万年前的新石器时代,已经出现斧、刀、镰、铲等多种形式的石器,还出现了大量的骨、角、蚌和陶器用具。其中,安徽省潜山县出土的七孔石刀,长 325mm,宽 95mm,厚度不超过 10mm,充分展现了当时石器的制造水平。石刀上孔的加工运用了一种古老的制造工艺——"管钻法",即以骨管作为钻头,并在钻孔处加入潮湿的石英砂,以增大骨管转动时的摩擦力,这算得上是钻孔法的开始(见图 1-1)。

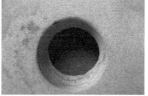

图 1-1　七孔石刀

商周时期人们对各种青铜器的需求,促使青铜器铸造工艺达到了很高的水平。石范、陶范等铸造方法均已出现,且发展出多种形式,如单面范、双面范、复合范、分模制造等。出现于商代中期的分铸法使陶范得以铸造出大型和高度复杂的器件。我国历史上许多著名的大型铸件,如司母戊方鼎等大都采用分铸技术制成。商代不止铸造技术高超,在当时还出现了一种极为杰出的金属加工工艺——冷锻。1936 年河南安阳出土的殷墟金箔厚度仅 0.01mm,金相组织观察其晶粒度大小不均匀,且晶粒边界平直,说明是经锤炼加工和退火处理的。

春秋战国时期，在之前卓越的铸造技术基础上，又发展出了金属范和失蜡铸造、叠铸等新技术。中国最早的失蜡铸件可追溯到公元前 6 世纪的云纹铜禁（见图 1-2），这种中国古代匠师独创的用于形状复杂零件的铸造工艺，堪称是现代熔模铸造的鼻祖。

图 1-2　云纹铜禁

公元前 7 世纪，生铁冶铸技术和铁器开始问世，之后冶铸技术不断发展，热处理工艺开始萌芽，出现了低熔点合金铸焊、铸铁柔化、淬火等工艺。铸铁柔化技术是中国古代铸造和热处理技术的杰出成就。战国初期的青铜铸件曾侯乙编钟，集中反映了当时制造技术的最高成就。编钟的制造过程是一个复杂的系统工程，涉及设计、冶炼、铸造、焊接、热处理、冷加工以及声学、乐律等众多学科和技术领域，是当时不折不扣的"先进制造技术"。

西方文明在制造技术上的成就也不容小觑。公元前 6 世纪时木工工具有了很大改进，除常用的成套工具如斧、弓形锯、弓形钻、铲和凿外，还发展了球形钻、羊角锤、伐木用双人锯等。这一时期被广泛使用制造设备的还有脚踏车床，通常用来制造家具和车轮辐条。脚踏车床一直延用到中世纪，为近代车床的发展奠定了基础。

中世纪（476—1453 年）西欧开始用煤炭做燃料冶炼生铁并制造了大型铸件。水轮机的发展为大型风箱提供了充足的动力，能够产生更高的熔化温度，铸造大炮和大钟的作坊随之增多，铸件重量大大增加。这个时期还出现了手摇钻、大轮盘的车床等加工机械。

1500 年左右，机械式钟表获得了长足的改进，螺旋弹簧被用来产生驱动表针运动的动力，此外棘轮机构也在机械式钟表中得到应用。机械式钟表的不断改进迅速推动着精密零件制造技术的发展。

1500—1750 年间，制造技术发展极为迅速。材料方面的进展主要表现在用钢铁代替木材制造机器、仪器和工具。制造设备也获得不少成就，制造出水力辗轧机械和多种机床，如齿轮切削机床、螺纹车床、小型脚踏砂轮磨床及研磨光学仪器镜片的抛光机等。

18 世纪 70 年代，改进型蒸汽机的出现标志着第一次工业革命的爆发，近代的工业化生产方式随之产生。手工劳动方式逐步向机器生产方式发展，制造业逐渐形成规模（见图 1-3、图 1-4）。

19 世纪中叶，电磁场理论的建立为发电机和电动机的产生奠定了基础，电气化时代应运而生。电力的广泛应用，使制造业发生了重大变化，零件的标准化生产方式开始被采用并迅速得到推广，同时也推动了电力工业和电器制造业等一系列新兴工业的迅速发展。

20 世纪初，内燃机的发明引发了制造业的又一次革命。美国福特汽车流水生产线的出现和泰勒科学管理理论的产生，标志着以汽车工业为代表的制造业进入了"大批量生产"的时代。

图 1-3　蒸汽机火车

图 1-4　19 世纪机器制造厂

第二次世界大战后，电子计算机和集成电路的出现，以及运筹学、现代控制论、系统工程等软科学的产生和发展，使制造业产生了一次新飞跃。传统的大批量生产方式难以满足市场多变的需要，多品种、中小批量生产日渐成为制造业的主流生产方式。数控机床的出现使中小批量生产的自动化成为可能，科学技术的高速发展促进了生产力的进一步提高。伴随着计算机的出现，机械制造自动化从刚性自动化向柔性自动化方向发展。同时产品设计、工艺规程编制、数控加工编程、车间调度、车间和工厂管理、成本核算等都采用计算机辅助工程，出现了 CAD/CAM 一体化技术。

20 世纪 80 年代以来，信息产业的崛起和通信技术的发展加速了市场的全球化进程。为适应新的形势，在制造领域提出了许多新的制造哲理和生产模式，如计算机集成制造（CIM）、精益生产（LP）、快速成型技术（RP）、并行工程（CE）、敏捷制造（AM）等。

20 世纪 90 年代，因特网开始发展并得以应用，不同地域的工厂、设计部门和研究单位都可以通过因特网组合在一起，分工协作，共同开发、研制并生产新产品，并逐渐形成了网络化制造的概念。各种计算机仿真技术对制造业中的设计、制造、装配、调度、管理等方面产生了极大帮助。而随着并行工程的进一步发展，产品的生产周期也大为缩短。

近年来，制造业正向自动化、柔性化、集成化、智能化和清洁化的方向发展。现代制造技术发展的总趋势是制造技术与材料、电子、信息、生物、环保、管理等学科的相互交叉、融合。综合考虑社会、环境、资源等可持续发展因素的绿色制造技术将朝着能耗最小、无废弃物、可回收、对环境无害等方面发展。

1.1.1　制造、制造技术和制造系统

制造是人类按照所需目的，运用主观掌握的知识和技能，借助于手工或客观物质工具，采用有效的方法将原材料转化成最终物质产品，并投放市场的全过程。

从制造过程上来看，制造的含义有狭义和广义之分。

（1）狭义制造

狭义制造是指产品的制作过程。或者说是使原材料（农产品和采掘业的产品）在物理性质和化学性质上发生变化而转化为产品的过程。如产品的机械加工与装配过程。

（2）广义制造

广义制造又称为现代制造，是指产品的全生命周期过程。国际生产工程学会（CIRP）于 1990 年给出其定义：是一个涉及制造工业中产品设计、物料选择、生产计划、生产过程、质量保证、经营管理、市场销售和服务的一系列相关活动和工作的总称。

广义制造包含 4 个过程：概念过程（产品设计、工艺设计、生产计划等）、物理过程

（加工、装配等）、物质（原材料、毛坯和产品等）的转移过程、产品报废与再制造过程。

制造技术是制造业为国民经济建设和人民生活生产各种必需物资（包括生产资料和消费品）所使用的一切生产技术的总称，是将原材料和其他生产要素经济、合理地转化为可直接使用的具有高附加值的成品/半成品和技术服务的技术群。制造技术的发展是由社会、政治、经济等多方面因素而决定的，但纵观近代制造业 200 年发展历程，影响其发展的主要因素则是技术推动和市场牵引。

（3）制造系统

制造系统是指由制造过程及其所涉及的硬件、软件和人员组成的一个具有特定功能的有机整体。这里所指的制造过程，即为产品的经营规划、开发研制、加工制造和控制管理的过程。制作系统由若干具有独立功能的子系统构成（见图 1-5）。制造系统的主要子系统及其功能如下：

① 经营管理子系统确定企业的经营方针和发展方向，进行战略规划、决策。

② 市场与销售子系统进行市场调研与预测，制订销售计划，开展销售与售后服务。

③ 研究与开发子系统制订开发计划，进行基础研究、应用研究与产品开发。

④ 工程设计子系统进行产品设计、工艺设计、工程分析、样机试制、试验与评价，制订质量保证计划。

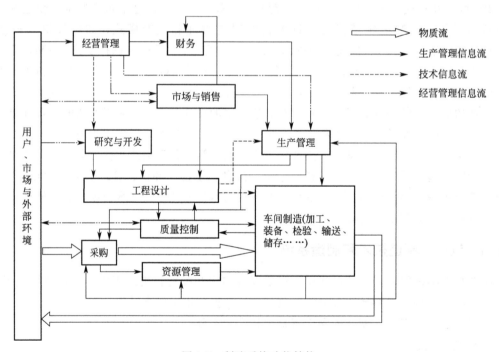

图 1-5　制造系统功能结构

⑤ 生产管理子系统制订生产计划、作业计划，进行库存管理、成本管理、资源管理（设备管理、工具管理、能源管理、环境管理）、生产过程控制。

⑥ 采购供应子系统负责原材料及外购件的采购、验收、存储。

⑦ 质量控制子系统收集用户需求与反馈信息，进行质量监控和统计过程控制。

⑧ 财务子系统制订财务计划，进行企业预算和成本核算，负责财务会计工作。

⑨ 人事子系统负责人事安排、招工与裁员。

⑩ 车间制造子系统进行零件加工，部件及产品装配、检验，物料存储与输送，废料存放与处理。

上述各功能子系统既相互联系又相互制约，形成一个有机的整体，从而实现从用户订货到产品发送的生产全过程。制造系统具有一般系统的共性，主要包括以下几个方面的特性。

（4）系统制造的特性

① 结构特性。

制造系统可视为若干硬件（生产设备、工具、运输装置、厂房、劳动力等）的集合体。为使硬件充分发挥效能，必须有软件（生产信息、制造技术等）支持。

② 转变特性。

制造系统是一个将生产要素转变成产品的输入输出系统，其主要功能便是转变功能。从技术的角度出发，制造是通过加工和装配把原材料变为产品的过程。该过程总是伴随着机器、工具、能源、劳动力和信息的作用（见图 1-6）。这种转变不仅指物流，也包含信息流和能量流。从经济的观点出发，制造过程的转变可以被理解为通过改变物料的形态或性质而使其不断增值的过程（见图 1-7）。

研究系统转变特性的目的，主要是从工程技术和经济的角度，研究如何使转变过程更有效进行。

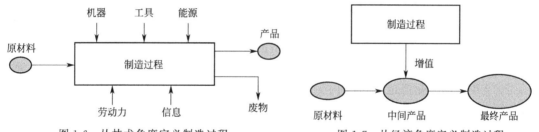

图 1-6　从技术角度定义制造过程　　　　图 1-7　从经济角度定义制造过程

③ 程序特性。

所谓程序是指一系列按时间和逻辑安排的步骤。从这个定义出发，制造系统可视为一个生产产品的工作程序（见图 1-8）。研究制造系统的程序特性，主要从管理角度研究如何使生产活动达到最佳化。

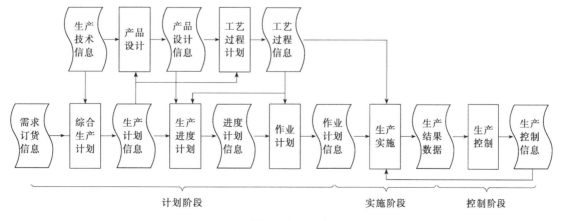

图 1-8　制造系统的程序特性

1.1.2 制造业的地位和作用

制造业是所有与制造活动有关的实体或企业机构的总称，是将可用资源与能源通过制造过程，转化为可供人和社会使用和利用的工业产品或生活消费品的行业，它涉及国民经济的各个领域，如机械、电子、轻工、食品、石油、化工、能源、交通、军工和航空航天等。制造业是国民经济的基础行业，是创造社会财富的支柱产业。一个国家或地区的制造业水平反映了其经济实力、国防实力、科技水平和生活水准，制造业的先进水平是一个国家经济发展的重要标志。统计表明，制造业为工业化国家创造了 60%～80% 的社会财富，是国际贸易中主要交易物品的源泉。一个没有足够强大制造业的国家不可能是一个先进、富强的国家，先进制造业是人们物质文化生活水平不断提高和综合国力不断增强的保证。世界强国无不把发展先进制造业作为长期国策，美国国家科学院早在 1991 年就将"制造"确定为美国国家经济增长和国家安全保证的三大主题之一，其他两个主题分别是"科学"与"技术"。

据统计，工业化国家中约有 1/4 的人口从事各种形式的制造活动，非制造业部门中约有半数人的工作性质与制造业密切相关。目前我国制造业包括有冶金、通用专用加工、食品加工、木材加工、纺织、医药、化纤、仪器仪表等 30 个行业。这些行业可以归为三类：轻工纺织制造业、材料及能源加工工业和机械电子制造业，分别占整个制造业的 30.54%、33.48%、35.98%。前两类是对种植、养殖和采掘业（如矿石、煤、石油等）进行直接加工的企业，后一类是对经过加工的采掘业产品进行间接加工的企业。从这些行业可以看出，随着生产力发展，制造业的范畴也在不断拓展，其中就所涉及的工业领域而言就远不止机械制造，还包括电子、化工、轻工等关系国民经济的大量行业。

制造业的发展对一个国家的经济、社会以至于文化的影响是十分巨大和深刻的。据统计，2012 年我国工业产值约占国内生产总值的 38.5%，其中制造业产值又占工业产值的 87.5%。制造业的综合作用可以从以下几个方面体现出来：

① 人们物质消费水平的提高，有赖于制造技术和制造业的发展。

制造业的技术发展水平不仅决定一个企业现时的竞争力，而且决定全社会的长远效益和经济的持续增长。

② 制成品出口在国际商品贸易中一直占有较大份额。

据统计，国际商品贸易中，工业制成品出口总量从 1980 年的 90.05 亿美元上涨到 2011 年的 17980.5 亿美元，上涨了 200 倍。因而，发展制造业、提高制造技术是影响发展对外贸易的关键因素。

③ 制造业是加强农业基础地位的物质保障，是支持服务业更快发展的重要条件。

脱离制造业，农业的发展便是空中楼阁。没有农业、制造业的发展，就不会有商业和服务业的发展和繁荣。

④ 制造业是加快信息产业发展的物质基础。

制造业和信息产业必须相互依赖、相互推动地共同发展，没有信息产业的快速发展，制造业就不可能较快地实现高技术化；反之，若没有制造业的拉动和支持，也不可能有信息产业的发展和进步。

⑤ 制造业是加快农业劳动力转移和就业的重要途径。

在我国，制造业为大量的劳动力提供了从业渠道并加快了农业劳动力的市场转移。据统计，我国的制造业从业人数 1987 年为 9805 万人，2012 年为 10565 万人，预计到 2050 年将增加至 1.7 亿人。

⑥ 制造业是加快发展科技和教育事业的重要物质支撑，同时也是实现军事现代化和保障国家基本安全的基础条件。

下面以我国的两个大项目为例，来实际证明制造业在国民经济、国家安全和科研领域的重大意义。

所谓大型飞机，是指起飞总重量超过 100t 的运输类飞机，国际航运体系习惯上把 300 个座位以上的客机称作大型客机。我国从 20 世纪 60 年代开始，就已成功研制出 H-6（轰六）系列、运输机 Y-10（运十）等大型战机，但目前仍没有自己研制的大型客机。波音公司 2013 年预测，未来 20 年全球需要 35300 架新飞机，总价达 4.8 万亿美元。具体到我国市场，未来 20 年将增加新飞机 5600 架，总价值 7800 亿美元。虽然市场需求巨大，但是目前全球民用飞机制造市场仍处于美国波音和欧洲空客双寡头的垄断之下，两家公司占 80％以上的市场份额。我国要研制大飞机，将直接面对波音和空客的竞争。在如此背景和压力之下，坚持大飞机项目是有其战略意义的。航空制造产业是国家的战略产业，不仅关系到一般意义上的经济发展，而且关系到国家关键领域的技术能力提升。大飞机项目能够带动新材料、现代制造、动力、电子信息、自动控制、计算机等领域关键技术的群体突破，能够拉动众多高技术产业发展，还将带动流体力学、固体力学等诸多基础学科的重大进展，全面、大幅度地提高我国科技水平。我国前总理温家宝早在 2007 年就指出，中国立志要在 2020 年前制造出和波音、空客差不多的飞机。整个项目国家将投入 600 亿元，分别投向大型运输机、大型客机和发动机。值得一提的是，2015 年习近平主席访美期间，还专门参观了美国波音公司商用飞机制造厂，同时国家发改委、中国商飞和中航工业分别与波音公司签署了关于全面战略合作、在中国建立波音 737 完工中心、大部件生产和订购 300 架波音飞机等系列合作文件。通过这些合作，中国企业将会从中获得更多制造大飞机方面的帮助。图 1-9 为 2009 年亚洲国际航空展览会上，中国商用飞机有限责任公司首次展出了中国自主研制的首款大型客机 C919 模型。

图 1-9　国产大型客机 C919 模型

与大飞机项目的市场潜力相比，我国的 FAST 工程在基础科学研究领域所具有的科研意义更为突出。FAST 工程全称 500m 口径球面射电望远镜工程（Five-hundred-meter Aperture Spherical Radio Telescope Project），该工程依托贵州省平塘县天然喀斯特洼地为台址，建成总面积 25 万平方米的反射面，成为世界第一大单口径射电望远镜。FAST 能够把近 30 个足球场大的接收面积里收集的信号，聚集在药片大小的空间里。2008 年 12 月 26 日这一世界"天眼"正式奠基，目前已初步完成反射面单元面板的拼装工作。与被评为人类 20 世纪十大工程之首的美国 Arecibo（阿雷西博）305m 射电望远镜相比，其综合性能提高约 10 倍。在未来 20～30 年内，FAST 将作为世界上最大的单口径望远镜，保持世界一流设备的地位（见图 1-10）。FAST 工程涉及到众多高科技领域，如天线制造、高精度定位与测量、高品质无线电接收机、传感器网络及智能信息处理、超宽带信息传输、海量数据存储和处理等，关键技术成果可应用于大尺度结构工程、公里范围高精度动态测量、大型工业机器人研制以及多波束雷达装置等方面。目前国际顶尖的制造技术正向信息化、极限化、绿色化方向发展，FAST 工程的建设经验在这些前沿方向上恰好可以发挥出指导性作用，其设计制造不但能够综合体现我国高技术创新能力，而且可以在基础研究的众多领域，如宇宙大尺度物理学、日地环境研究、物质深层次结构和规律等方向提供发现和突破的机遇。如此庞大设备的制造，离不开先进的制造技术与加工装备的支持，在科研手段越来越依赖先进科研仪器的将来，科技的发展很大程度上还要依赖先进的制造业发展。

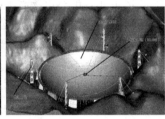

图 1-10　美国 Arecibo 射电望远镜、我国 FAST 工程的模拟图及在建工程现场

综上所述，不管是宏观的国家制造业，还是某一项制造技术的具体成果，都会对国民经济产生重大意义和举足轻重的影响。在 21 世纪，各个国家或地区，在经济、外交乃至于军事上的较量，在很大程度上是先进制造技术和制造工业水平与实力的较量。

1.1.3　我国制造业现状

（1）我国制造业的发展

改革开放 30 多年来，我国制造业得到了迅速发展。机械工业是我国工业生产中发展最快的行业之一。据统计，1996 年机械工业产值在全国工业中的比例占 23％，增加值为 3300 多亿元，占同年我国国内生产总值的 5％，居全国工业各行业之首。"十一五"期间，机械工业产业规模进一步扩大，2010 年机械工业增加值占全国 GDP 比重已超过 9％，工业总产值从 2005 年的 4 万亿元增长到 2010 年的 14 万亿元，年均增速超过 25％，在全国工业中的比重从 16.6％提高到 20.3％。2009 年，我国机械工业销售额达到 1.5 万亿美元，超过日本的 1.2 万亿美元和美国的 1 万亿美元，跃居世界第一，成为全球机械制造第一大国。尤其是近年来我国汽车制造业的快速发展，取得了全球瞩目的成绩：2008 年汽车产量首次突破 1000 万辆大关；2009 年在全球经济恢复举步艰难的情况下，我国汽车工业仍保持持续增长势头，以 1379 万辆成为全球产销量第一的国家，该数据比 2007 年汽车工业协会的预测提前了 11 年；2013 年中国汽车产销量双超 2000 万辆，再创全球最高纪录。我国机床的产值自 2009 年以来连续三年世界第一，即使在 2012 年机床行业发展遭遇困境的情况下，我国整个机床行业的产值仍接近 8000 亿。

（2）我国制造业的发展战略

客观地说，虽然当前我国制造业取得了一些成绩，但是总体上还存在有自主创新能力薄弱、基础发展相对滞后、产业发展方式较为粗放等不足。为缩小与工业先进国家的差距，我国制造业相关主管部门制定了如下的发展战略：

　　① 以竞争促发展。对于企业，要以市场为导向，开发产品、开拓市场、满足需求、取得效益；对于政府，要按照价值规律、供求关系和竞争机制优化资源配置，依赖经济、法律、信息等手段引导发展方向，培育市场，创造有序的竞争环境。

　　② 依赖科技进步。正确处理引导技术与自主创新的关系，加强科技成果的产业化，积极采用适用的先进技术，实施以企业为主体，产、学、研全面结合的技术创新体制。

　　③ 有限目标、重点突破。采用特定范围、有限目标、择优扶植、集中突破的方针，一个时期集中力量振兴若干重要领域。

　　④ 经济规模。扶植大企业走高起点、专业化、大批量的道路，发展专业化的"小巨人"。

　　⑤ 内外结合。促进国内外行业内外结合、互通有无，以及在技术、管理和资金上的合作。

1.2　先进制造技术的提出和进展

1.2.1　先进制造技术产生的背景

　　虽然制造业和人类的文明史一样源远流长，但是先进制造技术（Advanced Manufacturing Technology，AMT）作为专用名词的提出，仅有约 30 年的历史。美国在 20 世纪 70 年代后期，掀起了"第三次浪潮"论，即信息革命发展论在美国流传开来。拥护者认为"信息产业"的兴起和发展，是继农业和工业以后对人类社会产业结构的第三次冲击，呼吁美国政府大力发展信息业，并认为制造业已成为走向没落的"夕阳工业"。于是劳动力出现从工业到信息行业和服务行业的大转移。于是，制造技术的发展受到冷遇，大学里不再开设关于制造技术和制造科学方面的课程，也少有这方面的研究课题。实际上几乎是完全放弃了关于制造工程和制造科学方面的教育和研究工作。数年后，这种做法带来的灾难性的后果开始逐一展现出来，尤其是在电子工业和汽车工业，美国机床工业被迫放弃了原已占领的 53% 的市场，其年产值在 12 年间从 57 亿美元跌落到 38 亿美元。直到 1986 年该国仍有一半的机床需要进口。与此同时，日本的节能型轿车大举进入美国，占领了相当一部分美国市场并一举成为世界第一。美国的制造业在国际市场竞争中节节败退，物资生产基础遭到严重的削弱，第二、第三产业的比例严重失调，国际贸易逆差剧增，经济空前滑坡，美国公众和舆论界惊呼这种情况"危及美国国家的安全"。

　　科技优势和经济衰退的严重态势终于迫使美国政府和企业界重新审视其科学技术政策和产业政策，重新认识和评价制造技术和制造业在国民经济中的重要地位和作用。1988 年，美国政府制定并实施了先进制造技术计划（ATP）和制造技术中心计划（MTC），随后取得了显著效果。1991 年美国总统布什公布了"国家关键技术计划"，将"制造技术"列入六项关键技术之中（其余五项关键技术分别是材料、电子信息、生物工程与生命科学、能源与环境以及航空、航天与地面交通），同时将制造技术列为美国财政重点扶植的唯一领域。克林顿总统上台后，对制造工业给予了实质性的支持，并于 1993 年 2 月在硅谷发表了以"促进美国经济增长的技术——增强经济实力的新方向"为题的报告，特别提出要"促进先进制造技术的发展"，并指出"制造业仍然是美国的经济基础"。

　　先进制造技术是为了适应时代要求提高竞争力，对制造技术不断优化而形成的。目前，对先进制造技术尚没有一个明确的、一致公认的定义。通过对先进制造技术发展历程及其特征的分析研究，可以认为：先进制造技术是在吸收机械、电子、信息、自动化、能源、材料以及管理等众多技术成果之后发展起来的，涉及制造业中产品设计、加工装配、检测、经营管理、市场营销等产品生命周期全过程，以实现优质、高效、低耗、清洁、灵活生产，提高对动态多变市场的适应能力和竞争能力的技术群的总称。

先进制造技术的产生和发展有其自身的社会经济、科学技术以及可持续发展的根源和背景。

（1）社会经济发展背景

近 20 多年来，市场环境发生了巨大的变化，一方面表现为消费者需求日益主题化、个性化和多样化，消费行为更具有选择性，产品的生命周期缩短，产品的质量和性能至关重要；另一方面全球化产业结构调整步伐加快，制造商在着眼于全球市场竞争的同时，更着力于实力与信誉基础上的合作和协作。主要面临如下挑战：

① 快速响应市场能力的挑战。全部制造环节实现并行制造将显著缩短产品从概念到实现的时间。在合作企业中，各外围企业不同区域的核心能力与知识动态组合，通过精确的估算、优化以及对产品成本利润的跟踪，将大大减小投资的风险。并行制造将使人们组织各层次研究、开发和生产的方式发生革命性的变化。

② 打破传统经营所面临的组织、地域和时间壁垒的挑战。为应对全球市场竞争，企业必须具有敏捷性，以保持对时间和技术的控制，把时间和技术视为对生产率的挑战。不管制造业是合作企业的一部分，还是网络的一部分，它们都必须是小型的、柔性的。具备强大竞争力的制造企业，必须建立集成系统并具备有自动运转的功能。

③ 制造全球化和贸易自由化的挑战。随着世界自由贸易体制的进一步完善及全球通信网络的建立，国际经济技术合作交往日趋紧密，全球产业界进入了结构大调整的重要时期，世界正在形成一个统一的大市场。在全球范围内，基于柔性、临时合作模式的格局正在逐步形成。

因此，制造业应以对市场的快速响应为宗旨，满足客户已有的和潜在的需求，主动适应市场，引导市场，从而赢得竞争，获取最大利润。

（2）科学技术发展背景

制造业从 20 世纪初开始逐步走上科学发展的道路。制造技术已由单纯技艺发展为集机械、材料、电子及信息等多门学科的交叉科学——制造工程学。科学技术和生产发展在推动制造技术进步的同时，制造技术也在通过自身与计算机、微电子、信息、自动化等技术的渗透、衍生和应用，极大地促进了其在宏观（制造系统的建立）和微观（精密、超精密加工）两个方向上蓬勃发展，并急剧地改变了现代制造业的产品结构、生产方式、生产工艺和设备及生产组织体系，使现代制造业成为发展速度快、技术创新能力强、技术密集型甚至知识密集型的产业。目前，信息向知识的转变以及将信息及时转变为有用的知识并做出有效决策成为发展趋势。信息逐渐成为主宰制造业的决定性因素，企业内联网和国际互联网已经对制造业产生重大影响，并且影响力逐渐增强。未来技术创新将是制造型企业经营战略的焦点，这样才能以新颖的产品满足客户个性化需求。

（3）可持续发展战略背景

地球环境污染正威胁着人类的生存，而有限资源的逐渐枯竭正威胁着人类的继续发展。日益严峻的环境问题已引起国际社会的普遍关注，世界环境与发展委员会（WCED）于 1987 年向联合国 42 届大会递交的报告《我们共同的未来》中正式提出了可持续发展思路，其定义是：既满足当代人的需求，又不对子孙后代满足其需要的生存环境构成危害的发展。世界资源研究所于 1992 年对可持续发展给出了更简洁明确的定义：即建立极少产生废料和污染物的工艺或技术系统。为了把废弃物的产生及产品对环境的影响减少到"接近零"，开发出不影响环境、成本低且有竞争力的产品和工艺，应尽可能利用回收材料作为原料，在能源、材料或人才资源等各方面不造成大的浪费。

　　鉴于上述社会、经济、科学技术以及环境资源保护的历史背景，各国政府和企业界都在寻求对策，以获取全球范围内的竞争优势。传统的制造技术已变得越来越不适应当今快速变化的形势，而先进的制造技术，尤其是计算机技术和信息技术在制造业中的广泛应用，使人类正在或已经摆脱传统观念的束缚，跨入制造业的新纪元。

1.2.2　各国先进制造技术的发展概况

（1）美国的先进制造技术计划和制造技术中心计划

　　为加强本国制造业竞争力，重树制造业在世界的领导地位，美国政府在 20 世纪 90 年代初提出了一系列制造业的振兴计划，其中包括"先进制造技术计划"和"制造技术中心计划"。

　　1）先进制造技术计划

　　该计划是美国联邦政府科学、工程和技术协调委员会于 1993 年制定的六大科学和开发计划之一，年度预算为 14 亿美元，围绕三个重点领域开展研究：

　　① 下一代的"智能"制造系统。

　　② 为产品、工艺过程和整个企业的设计提供集成的工具。

　　③ 基础设施建设，包括扩展和联合已有的各种推广应用机构、建立地域性的技术联盟（技术联合体）、制定有关国家制造技术发展趋势的监督和分析机制、制定评测准则和评测指标体系等。

　　此外，各政府部门还结合本部门职责，制定了有关先进制造技术专项计划，如美国国家科学基金会（NSF）工程部的专项计划包括：设计、制造和工业创新、战略性制造倡议计划、工程研究中心计划、管理和技术创新计划、面向小企业创新研究计划和新技术推广计划、促进产业和学术界结合计划等。

　　2）制造技术中心计划

　　又称为合作伙伴计划，指政府与企业在共同发展制造技术上进行密切合作，针对美国 35 万家中小企业，政府的职责不是让这些企业生产什么产品，而是要帮助他们掌握先进技术，使其具有识别、选择适用于自己技术的能力。该计划要求在每个地区设立一个制造技术中心，为中小企业展示新的制造技术和装备，组织不同类型的培训，帮助企业了解和选用最新的或最适合于他们使用的技术和装备。

　　制造技术中心计划于 1988 年颁布。根据该计划，1989 年全美建立了三个制造技术中心，已帮助多家企业通过技术进步节约 1.3 亿美元的生产成本。1991 年初又成立了两个中心，到 1992 年这五个中心的活动费用为 1500 万美元，1993 年为 1800 万美元，全部由美国国会拨款。至 1994 年年底，在全美共计建立了约 30 个制造技术中心。中心的核心作用，就是在制造技术的拥有者，通常是政府的研究机构、试验室、大学及其他研究机构与需要这些技术的中小型企业之间建立沟通桥梁。

（2）日本的政策和智能制造技术计划

　　自第二次世界大战之后，日本在数控机床、机器人、精密制造、微电子工艺领域取得了世界领先的进展，在产业技术政策上逐步从重视应用研究转向加强基础研究，以便彻底摆脱"美国出创新概念，日本出创新产品"的局面，走出一条：技术引进→自主开发→加强基础研究的技术发展道路。

1990 年日本通产省提出了智能制造系统（IMS）计划并邀请美国、欧共体各国、加拿大、澳大利亚等国参加研究，形成了一个大型国际共同研究项目，由日本投资 10 亿美元保证计划的实施。该计划目标为：要全面展望 21 世纪制造技术的发展趋势，先行开发未来的主导技术，并同时致力于全球信息、制造技术的体系化、标准化。

IMS 计划研究内容是：通过各发达国家之间的国际共同研究，使制造业在接受订货、开发、设计、生产、物流直至经营管理的全过程中，做到使各个装备和生产线的自律化，自律化的装备和生产线在系统整体上能够做到协调和集成，由此来迎接和适应当今世界制造全球化的发展趋势。减少庞大的重复投资，并通过先进、灵活的制造过程的实现来解决制造系统中的人为因素。这里所谓的"自律化"，是指能够根据周围环境以及生产作业状况自主地进行判断并进行及时决策变更作业工程，也就是说给予装备和生产线一定的决策智能。

（3）欧共体的 EREKA 计划、ESPRIT 计划和 BRITE 计划

西欧各国的制造业强烈地感受到来自美国和日本的压力，并清楚地认识到：如果欧洲共同体成员保持各自分散的市场，那将无法同美日抗衡。正如德国前总理科尔所说：任何一个欧洲国家都不可能仅靠自身的力量有效地对付美国和日本的技术挑战，欧洲只有把财力和人力集中起来，才能保持自己在未来世界上的经济地位。法国前总统密特朗也曾提出，一个统一的欧洲是激发国家创造力的重要支柱，欧洲必须团结在一项伟大工程的周围才能拯救欧洲。为此，欧共体各国政府与企业界共同掀起了一场旨在通过"欧共体统一市场法案"的运动，并制定了"尤里卡计划（EREKA）"、"欧洲信息技术研究发展战略计划（ESPRIT）"和"欧洲工业技术基础研究（BRITE）"等一系列发展计划。

在 EREKA 计划中，1988 年启用 5 亿美元资助了涉及 16 个欧洲国家 600 家公司的 165 个合作性高科技研究开发项目。ESPRIT 计划的 13 个成员国向 5500 名研究人员提供了资助。把计算机集成制造（CIM）中信息集成技术的研究列为五大重点项目之一，明确要向 CIM 投资 620 万欧元作为研究开发费用，抓好 CIM 的设计原理、工厂自动化所需的先进微电子系统以及实时显示系统进行生产过程管理的三大课题。BRITE 计划则重点资助材料、制造加工、设计以及工厂系统运作方式等方面的研究。

（4）韩国的先进制造系统计划

1991 年韩国提出了"高级先进技术国家计划"，目标是将韩国的技术实力提高到世界一流工业发达国家的水平，并希望通过这一计划的实施，在 21 世纪初加入七国集团。

该计划包括七项先进技术和立项基础技术，其中的"先进制造系统"是一个将市场需求、设计、车间制造和营销集成在一起的系统，旨在改善产品质量和提高生产率，最终建立起全球竞争能力。该项目由三部分组成：

① 共性的基础研究。包括集成的开放系统、标准化及性能评价。

② 下一代加工系统。包括加工设备、加工技术、操作过程技术。

③ 电子产品的装配和检验系统。包括下一代印刷电路板装配和检验系统、高性能装配机构和制造系统、先进装配基础技术、系统操作集成技术、智能技术。

（5）我国先进制造技术的发展战略

1995 年 5 月，中共中央《关于加速科技进步的决定》中就已明确指出，为提高工业增长的质量和效益，要重点开发推广电子信息技术、先进制造技术、节能降耗技术、清洁生产和环保等共性技术。

在"十五"、"十一五"、"十二五"期间，国家科学技术部的"国家科技攻关计划"、"国家高新技术研究发展计划"、"国家基础研究重大项目计划"、"国家技术创新计划"都将先进制造技术作为重要内容投入了实施，其中以"计算机集成制造系统"和"智能机器人"为主题的多项技术，经过多年的研究和开发，取得了众多令人瞩目的成果，不少关键技术取得了重大的进展和突破。

20 多年来，国家自然科学基金会（NSFC）对制造技术基础和应用基础研究给予了很大的支持和投入，并取得了一批可喜的成果。

结合我国基本国情，目前发展先进制造技术的战略应表现在：

① 提高认识，全面规划，大力促进先进制造技术的发展。发展先进制造技术是国家目标，是提升产业整体素质，增强综合国力的重要技术手段，是国家、行业、企业共同利益之所在。政府是国家创新体系的发动者、组织者和推动者，在发展先进制造技术方面起到组织推动、规划协调、政策导向与资金扶植作用。

② 深化科技体制改革，推动技术创新体系建设。具有强大知识与技术的创新、传播和应用能力的国家，无疑会把握住国际竞争取胜的主动权，建立完善的国家创新体系已成为世界各国着力追求的目标，也是我国新时期面临的一项重要任务。应采取得力措施，加快建立以制造企业为中心，产、学、研相结合的先进制造技术创新体系与开发体系。政府、行业和企业必须共同投资，建立一支稳定的、少而精的基础共性技术研究机构和队伍。以现有重点院校和科研院所为依托并吸收企业参加，建立若干个亚洲一流甚至世界一流的国家级重点实验室或开放研究中心，成为先进制造技术基础研究基地。大力加强以生产力促进中心、高科技创业服务中心、技术市场等为主体的制造技术创新支撑服务体系的建设。

③ 将引进、消化国外先进制造技术与自主创新相结合。我国的技术引进要走"技术引进→消化吸收→改进创新→扩大出口"的道路。在搞好技术引进与消化吸收的同时，要加强自主开发能力与创新体系建设，选择有一定基础和优势的制造科技领域，瞄准国际前沿进行跟踪创新和自主创新，赶超国际先进水平。

④ 大力发展先进高新制造技术及其产业。在利用高新技术改造传统制造业，促进制造业的高技术化和高附加值化的同时，应大力推动制造高新技术的产业化，以培育新的经济增长点，形成一批新兴产业和产业群，并以此带动整个制造业的结构优化和产业升级。

⑤ 积极培养创造人才，努力提高制造业的全员素质。人才是制造业振兴的希望，是制造技术创新的原动力，也是国际先进制造技术的决胜点。人才尤其是高层次人才的短缺，已成为制约我国先进制造技术可持续发展的瓶颈因素。因此，除了要创造条件吸纳优秀人才和创造人尽其用的良好环境外，更要把培养和提高各级各类人员的素质放在突出的战略地位。

1.3　先进制造技术的内涵和体系结构

1.3.1　先进制造技术的内涵和特点

如前所述，先进制造技术是在传统制造技术基础上，不断吸收各项技术成果，并将其综合应用于产品生命周期全过程，以实现优质、高效、低耗、清洁、灵活的生产，提高对动态多变市场的适应能力和竞争能力的技术群的总称。由此可以看出，先进制造技术的核心是优质、高效、低耗、清洁生产等基础制造技术，其目的是满足用户个性化、多样化的市场需求，提高制造业的综合经济效益，赢得激烈的市场竞争。为此，先进制造技术比传统制造技术更加重视技术与管理的结合，重视制造过程组织和管理体制的简化和合理化。

与传统制造技术比较，先进制造技术具有以下特点：

① 集成性。传统制造技术的学科专业单一、独立、相互间的界限分明；而先进制造技术由于专业和学科间的不断渗透、交叉、融合，界限逐渐模糊甚至消失，技术趋于系统化、集成化，已发展成为集机械、电子、信息、材料和管理技术为一体的新型交叉学科——制造系统工程。

② 系统性。传统制造技术一般只能驾驭生产过程中的物质流和能量流。随着微电子、信息技术的引入，使先进制造技术还能驾驭信息生成、采集、传递、反馈、调整的信息流动过程。先进制造技术是可以驾驭生产过程的物质流、能量流和信息流的系统工程。一项先进制造技术的产生往往要系统地考虑到制造的全过程，如并行工程就是集成地、并行地设计产品及其零部件和各种相关过程的一种系统方法。这种方法要求产品开发人员与其他人员一起共同工作，在设计的开始就考虑产品整个生命周期中从概念形成到产品报废处理等所有因素，包括质量、成本、进度计划和用户要求等。一种先进的制造模式除了考虑产品的设计、制造全过程外，还需要更好地考虑到整个的制造组织。

③ 应用的广泛性。传统制造技术通常只是指将原材料变成成品的加工工艺，而先进制造技术虽然仍大量应用于加工和装配过程，但是由于其组成中包括了设计、自动化和系统管理技术，因此可以综合地应用于制造的全过程，即覆盖产品设计、生产准备、加工与装配、销售使用、维修服务乃至回收再生的整个过程。

④ 动态性。由于先进制造技术本身是在针对一定的应用目标，不断地吸收各种高新技术而逐渐形成和不断发展的新技术，因而其内涵不是绝对的、一成不变的。反映在不同的时期，先进制造技术有其自身的特点；也反映在不同的国家和地区，先进制造技术有其本身重点发展的目标和内容，通过重点内容的发展以实现该国家和地区制造技术的跨越式发展。

⑤ 实用性。先进制造技术最重要特点在于，它是一项面向工业应用、具有很强实用性的新技术。从先进制造技术的发展过程及其应用于制造全过程的范围，特别是达到的目标与效果来看，无不反映这是一项应用于制造业，对制造业、对国民经济的发展可以起重大作用的实用技术。先进制造技术的发展往往是针对某一具体的制造业（如汽车制造、电子行业）的需求而发展起来的先进、适用的制造技术，有明确的需求导向的特征。先进制造技术不是以追求技术的高新为目的，而是注重产生最好的实践效果，以提高效益为中心，以提高企业竞争力，促进国家经济增长和综合实力为目标。

1.3.2 先进制造技术的体系结构和分类

（1）先进制造技术的体系结构

目前，学术上对先进制造技术的体系结构认识主要有以下三种：

① 美国机械科学研究院（AMST）提出的先进制造技术由多层次技术群构成的体系图（见图 1-11）。它强调了先进制造技术从基础制造技术、新型制造单元技术到先进制造集成技术的发展过程，也表明了在新型产业及市场需求的带动之下，在各种高新技术（如能源、材料、微电子和计算机以及系统工程和管理科学等）的推动下先进制造技术的发展过程。

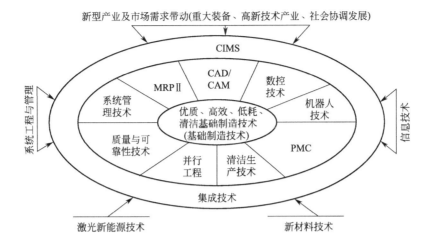

图 1-11 先进制造技术体系结构之一

第一个层次是优质、高效、低耗、清洁基础制造技术。铸造、锻压、焊接、热处理、表面保护、机械加工等基础工艺至今仍是生产中大量采用、经济适用的技术。这些基础工艺经过优化而形成的优质、高效、低耗、清洁基础制造技术是先进制造技术的核心及重要组成部分。这些基础技术主要包括精密下料、精密塑性成型、精密铸造、精密加工、精密测量、毛坯强韧化、精密热处理、优质高效连接技术、功能性防护涂层及各种与设计有关的基础技术和各种现代管理技术。

第二个层次是新型的制造单元技术。这是在市场需求及新兴产业的带动下，制造技术与电子、信息、新材料、新能源、环境科学、系统工程、现代管理等高新技术结合而形成的崭新的制造技术，如制造业自动化单元技术、极限加工技术、质量与可靠性技术、系统管理技术、CAD/CAM、清洁生产技术、新材料成型加工技术、激光与高密度能源加工技术、工艺模拟及工艺设计优化技术等。

第三个层次是先进制造集成技术。这是应用信息技术和系统管理技术，通过网络与数据库对上述两个层次的技术集成而形成的，如柔性制造系统（FMS）、计算机集成制造系统（CIMS）、智能制造系统（IMS）以及虚拟制造技术等。

以上三个层次都是先进制造技术的组成部分，每一层次都不能独立构成先进制造技术体系。

② 美国联邦科学、工程和技术协调委员会（FCCSET）下属的工业和技术委员会先进制造技术工作组提出了先进制造技术由主体技术群、支撑技术群、管理技术群组成的三位一体的体系结构（见图 1-12）。这种体系不是从技术学科内涵的角度来描绘先进制造技术，而是着重从宏观组成的角度来描绘先进制造技术的组成以及各个部分在制造技术发展过程中的作用。

上述三部分相互联系，相互促进，组成一个完整的体系，每一部分均不可缺少，否则就很难发挥预期的整体功能效益。

③ 国内学者在 FCCSET 先进制造技术体系结构的基础上进行了改进和充实，将其分为三大主体技术群和一个支撑技术群（见图 1-13）。

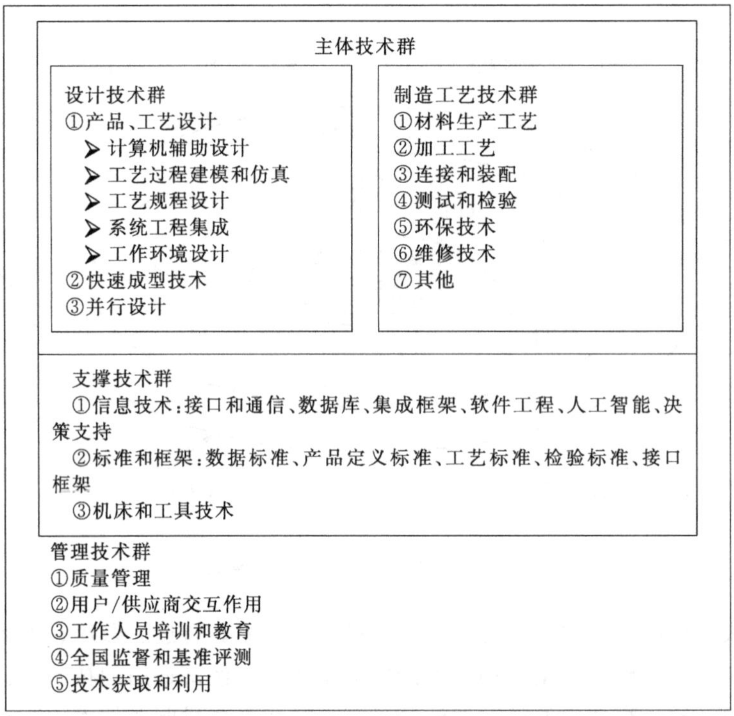

主体技术群
设计技术群
①产品、工艺设计
➢ 计算机辅助设计
➢ 工艺过程建模和仿真
➢ 工艺规程设计
➢ 系统工程集成
➢ 工作环境设计
②快速成型技术
③并行设计
制造工艺技术群
①材料生产工艺
②加工工艺
③连接和装配
④测试和检验
⑤环保技术
⑥维修技术
⑦其他
支撑技术群
①信息技术：接口和通信、数据库、集成框架、软件工程、人工智能、决策支持
②标准和框架：数据标准、产品定义标准、工艺标准、检验标准、接口框架
③机床和工具技术
管理技术群
①质量管理
②用户/供应商交互作用
③工作人员培训和教育
④全国监督和基准评测
⑤技术获取和利用

图 1-12 先进制造技术体系结构之二

现代制造
工程设计
技术群
相关支撑技术群
相关支撑技术群
先进
制造技术
制造
系统管理
技术群
物料处理
方法及设备
技术群
相关支撑技术群

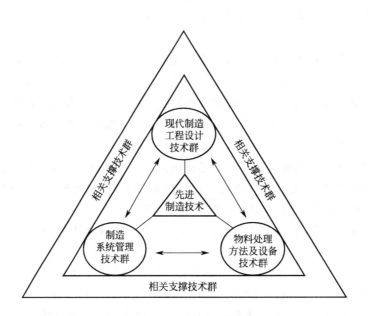

图 1-13 先进制造技术体系结构之三

a. 现代制造工程技术群。它包括所有与产品和工艺设计有关的技术，如 CAX 技术（计算机辅助技术）、DFX 技术（面向“X”的设计技术）、可靠性设计、动态设计、疲劳设计、智能优化设计、反求工程、系统建模与仿真、系统集成、并行设计、快速成型技术等。

b. 制造系统管理技术群。它包括与企业管理有关的各种技术，如成组技术、全面质量管理、制造资源计划、及时生产、计算机集成制造、并行工程、精益生产、敏捷制造等。它强调信息集成，企业的生产模式的创新，人、技术和管理的集成。

c. 物料处理及设备技术群。它是研究与物料处理过程和与物流直接相关的各项技术，如物料生产工艺及设备、加工工艺及设备、少无切削加工、精密工程技术、超高速加工技术、特种加工技术、加工设备及其监控、质量控制技术等。

d. 相关支撑技术群。它是制造工程科学的理论基础，也是三大主体技术群赖以生存并不断取得进步的相关技术。包括计算机技术、微电子技术、信息技术、自动化技术、系统工程、管理科学、材料科学等。

（2）先进制造技术的分类

根据先进制造技术的功能和研究对象，可将先进制造技术归纳为以下几个大类。

1）现代设计技术

现代设计技术是根据产品功能要求，应用现代技术和科学知识，制订设计方案并付诸实施的技术。其重要性在于使产品设计建立在科学的基础上，促使产品由低级向高级转化，促进产品功能不断完善，产品质量不断提高。现代设计技术包含以下几方面的内容：

① 现代设计方法。包括模块化设计、系统化设计、价值工程、模糊设计、面向对象的设计、反求工程、并行设计、绿色设计、工业设计等。

② 产品可信性设计。产品的可信性是产品质量的重要内涵，是产品的可用性、可靠性和维修性、保障性的综合。可信性设计包括可靠性设计、安全性设计、动态分析与设计、防断裂设计、防疲劳设计、耐环境设计、健壮设计、维修设计和维修保障设计等。

③ 设计自动化技术。指采用计算机软硬件工具辅助完成设计任务和过程的技术，包括产品的造型设计、工艺设计、工程图生成、有限元分析、优化设计、模拟仿真、虚拟设计、工程数据库等内容。

2）先进制造工艺

先进制造工艺是先进制造技术的核心和基础，是使各种原材料、半成品成为产品的方法和过程。先进制造工艺包括高效精密成型技术、高精度切削加工工艺、现代特种加工以及表面改性技术等内容。

① 高效精密成型技术。它是生产局部或全部无余量或少余量半成品工艺的统称，包括精密洁净铸造成型工艺、精确高效塑性成型工艺、优质高效焊接及切割技术、优质低耗洁净热处理技术、快速成型技术等。

② 高精度切削加工工艺。它包括有精密和超精密加工、高速切削和磨削、复杂型面的数控加工、游离磨粒的高效加工等。

③ 现代特种加工工艺。它是指那些不属于常规加工范畴的加工工艺，如高能束加工（电子束、离子束、激光束）、电加工（电解和电火花）、超声波加工、高压水射流加工、多种能源的复合加工、纳米技术及微细加工等。

④ 表面改性、制膜和涂层技术。它是采用物理、化学、金属学、高分子化学、电学、光学和机械学等技术或组合使用，赋予产品表面耐磨、耐蚀、耐热、耐辐射、抗疲劳的特殊功能，从而达到提高产品质量、延长使用寿命，赋予产品新性能的新技术统称，是表面工程的重要组成部分。它包括化学镀、非晶态合金技术、节能表面涂装技术、表面强化处理技术、热喷涂技术、激光表面熔覆处理技术、化学气相沉积技术等。

3）加工自动化技术

加工自动化是用机电设备工具取代或放大人的体力，甚至取代和延伸人的部分智力，自动完成特定的作业，包括物料的存储、运输、加工、装配和检验等各个生产环节的自动化。加工过程自动化技术涉及到数控技术、工业机器人技术、柔性制造技术、传感技术、自动检测技术、信号处理与识别技术等内容。采用加工自动化技术的目的在于减轻操作者的劳动强度，提高生产效率，减少在制品数量，节省能源消耗及降低生产成本。

4）现代生产管理技术

现代生产管理技术是指制造型企业在从市场开发、产品设计、生产制造、质量控制到销售服务等一系列的生产经营活动中，使制造资源（材料、设备、能源、技术、信息以及人力资源）得到总体优化配置和充分利用，提高企业综合效益（质量、成本、交货期）而采取的各种计划、组织、控制及协调的技术方法总称。它是先进制造技术体系中的重要组成部分，包括现代管理信息系统、物流系统管理、工作流管理、产品数据管理、质量保障体系等。

5）先进制造生产模式及系统

先进制造生产模式及系统是面向企业生产全过程，是将先进的信息技术与生产技术相结合的一种新思想和新理念，其功能覆盖企业的生产预测、产品设计开发、加工装配、信息与资源管理直至产品营销和售后服务的各项生产活动，是制造业的综合自动化的新模式。它包括计算机集成制造（CIM）、并行工程（CE）、敏捷制造（AM）、智能制造（IM）、精益生产（LP）等先进的生产组织管理模式和控制方法。

1.4　先进制造技术的发展趋势

21世纪，随着电子信息等高新技术的发展以及市场需求的个性化与多样化，先进制造技术正在向精密化、柔性化、网络化、虚拟化、智能化、清洁化、集成化、全球化方向发展。当前先进制造技术的发展趋势大致有以下几个方面。

(1) 集合多学科成果形成一个完整的制造体系

先进制造技术是传统制造技术、信息技术、自动化技术与先进管理科学的结合。它不是若干独立学科的先进技术的简单组合和累加，而是按照新的生产组织和管理理念建立起来的体系。该体系目的是为了保证：正确的信息或物料在正确的时间以正确的方式流向正确的地点，通过正确的人或设备对信息或物料进行正确处理或决策，以达到最大限度地满足用户的要求并获得最大的市场占有率和经济效益。先进制造体系要实现自身的先进性，并保证"时、空、人、物、信息、处理及决策"的正确性，就离不开先进的信息技术、自动化技术和先进的管理科学，并且要将这些技术和科学应用于制造工程之中，形成一个有机的完整体系。

(2) 信息技术对先进制造技术的发展起着越来越重要的作用

当今社会，信息技术正以超乎想象的速度向前发展，同时也正在向制造技术注入和融合，促进制造技术不断发展。可以说，先进制造技术的形成与发展，无不与信息技术的应用与注入有关，它使制造技术的技术含量提高，使传统制造技术发生了质的变化。在21世纪，信息技术对先进制造技术的各方面发展将起到至关重要的作用。

(3) 设计技术不断现代化

产品设计是制造业的灵魂，现代设计技术的主要发展趋势是：

① 设计手段的计算机化。在实现了计算机计算、绘图的基础上，当前设计手段计算机

化突出反映在数值仿真或虚拟现实技术在设计中的应用、以及现代产品建模理论的发展上，并且向智能化设计方向发展。

② 新的设计方法、设计思想不断出现。如并行设计、面向"X"的设计（DFX）、健壮设计、智能优化设计、绿色设计等。

③ 向全生命周期设计发展。传统的设计只限于产品设计，全生命周期设计则由简单、具体、细节的设计转向复杂、总体的设计和决策，要全面考虑包括设计、制造、检测、销售、使用、维修、报废等阶段的产品整个生命周期。

（4）成型及改性制造技术向精密、精确、少能耗、无污染方向发展

成型制造技术是铸造、塑性加工、连接、粉末冶金等单元技术的总称。展望21世纪，成型制造技术正在从由毛坯逐步制作零件向着直接制作零件即精密成型或净成型方向发展。塑性成型和磨削加工相结合的加工形式将逐步取代目前中小零件的传统切削。热处理及表面工程技术的发展趋势则是通过各种新型精密热处理和复合处理达到零件组织性能精确、形状尺寸精密以及获得各种特殊性能要求的表面（涂）层，同时大大减少能耗及消除对环境的污染。

（5）加工制造技术向超精密、超高速以及新一代制造装备技术方向发展

微型机械、纳米测量、微、纳加工的发展使制造工程科学的内容和范围进一步扩大，要求用更新、更广的知识来解决这一领域的新课题。

① 超精密加工技术。目前加工精度达$0.01\mu m$，表面粗糙度值达$0.005\mu m$，已进入纳米级加工时代。超精切削厚度由目前的红外波段向可见光波段甚至更短波段趋近；超精加工机床向多功能模块化方向发展；超精加工材料由金属扩大到非金属。

② 超高速切削。目前铝合金超高速切削的切削速度已高达$7000m/min$，其发展方向已转移到一些难加工材料的切削加工。

③ 新一代制造装备的发展。市场竞争和新产品、新技术、新材料的发展推动着新型加工设备的研究与开发，其中典型的例子是"并联机床"的发展。它突破了传统机床的结构方案，采用六根轴长短的变化来实现刀具相对于工件加工位置的变化。

（6）制造过程的集成化

产品的加工、检测、物流、装配过程走向一体化。例如CAD、CAE、CAM的出现，使设计、制造成为一体；精密成型技术的发展，使热加工可直接提供接近最终形状、尺寸的零件，同时与磨削加工相结合，有可能覆盖大部分零件的加工，从而淡化了冷热加工界限；数控机床、加工中心、机器人及柔性制造系统（FMS）的出现，使加工过程、检测过程、物流过程融为一体；现代制造系统使得自动化技术与传统工艺密不可分；很多新型材料的配制及成型是同时完成的，很难划清材料应用与制造技术的界限。这种趋势表现在专业生产车间的概念逐渐淡化，将多种不同专业的技术集成在一台设备、一条生产线、一个工段或车间里的生产方式逐渐增多。

（7）制造科学与制造技术、生产管理的融合

制造科学是对制造系统和制造过程知识的系统描述。它包括制造系统和制造过程的数学描述、仿真和优化、设计理论与方法以及相关的机构运动学和动力学、结构强度、摩擦学等。制造科学是从制造工艺、技术发展而来的，是以信息为代表的现代科技与制造结合的产物，也是支撑制造技术理论体系的外在表现。制造技术包含在制造科学中，制造科学体现在制造技术里。事实证明，技术和管理是制造系统的两个轮子，和生产模式结合在一起，推动着制造系统向前运动。

（8）绿色制造将成为 21 世纪制造业的重要特征

日趋严峻的环境与资源的约束，使得绿色制造业显得越来越重要，它是 21 世纪制造业的重要特征；与此相应，绿色制造技术也将获得快速的发展。主要体现在：

① 绿色产品设计技术。使产品在全生命周期符合环保、健康、能耗低、资源利用率高的要求。

② 绿色制造技术。在整个制造过程，对环境负面影响最小，废弃物和有害物质的排放最小，资源利用效率最高。绿色制造技术主要包含绿色资源、绿色生产过程和绿色产品三方面的内容。

③ 产品的回收和循环再制造。主要包括生产系统工厂——致力于产品设计和材料处理、加工及装配等阶段；恢复系统工厂——主要对产品（材料使用）生命周期结束时的材料处理循环，如汽车等产品的拆卸和回收技术、生态工厂的循环式制造技术等。

（9）虚拟现实技术在制造业中获得越来越多的应用

虚拟现实技术主要包括虚拟制造技术和虚拟企业两个部分。虚拟制造技术将从根本上改变设计、试制、修改设计、组织生产的传统制造模式。在产品真正进行加工之前，首先在虚拟制造环境中生成软产品原型代替传统的硬样品进行试验，对其性能和可制造性进行预测和评价，从而缩短产品的设计与制造周期，降低产品的开发成本，提高系统快速响应市场变化的能力。

虚拟企业是为了快速响应某一市场需求，通过信息高速公路，将产品涉及的不同企业临时组建成为一个没有围墙、超越空间约束、通过互联网进行统一指挥的合作经济实体。虚拟企业的特点是企业功能上的不完整、地域上的分散性和组织结构上的非永久性，即功能的虚拟化、组织的虚拟化、地域的虚拟化。

（10）制造全球化

先进制造技术的竞争正在导致制造业在全球范围内的重新分布和组合，新的制造模式将不断出现，更加强调实现优质、高效、低耗、清洁、灵活的生产。随着制造产品、市场的国际化及全球通信网络的建立，国际竞争与协作氛围的形成，在 21 世纪制造全球化是发展的必然趋势。它包含：制造企业在世界范围内的重组与集成，如虚拟公司；制造技术信息和知识的协调、合作与共享；全球制造的体系结构；制造产品及市场的分布及协调等。

复习思考题

1-1 叙述制造、制造技术与制造系统的概念，比较广义制造与狭义制造的区别。

1-2 简述制造业在国民经济中的地位和作用。

1-3 简述先进制造技术的定义及特点。

1-4 简述我国制造业的发展战略。

1-5 结合各国先进制造技术发展概况，谈谈我国先进制造技术的发展趋势。

第2章

先进制造工艺技术

产品是龙头，工艺是基础，再好的产品也必须通过具体的工艺来得以实现。一个国家制造工艺水平在很大程度上决定其制造业的技术水平，特别是对于我国这样一个必须拥有独立完整的现代工业体系的大国来说尤其如此。随着市场竞争日趋激烈，制造业的经营战略不断发生变化，生产规模、生产成本、产品质量、市场响应速度、可持续发展等相继成为企业的经营核心。为此，要求制造技术必须适应这种变化，并形成一种优质、高效、低耗、清洁和灵活的先进制造工艺技术。

本章重点介绍几种具有时代特征的先进制造工艺技术，如高速加工、超精密加工、高能束加工、快速成型、快速模具、微细加工和绿色制造技术。

2.1 先进制造工艺概述

2.1.1 机械制造工艺的内涵

（1）机械制造工艺过程

机械制造工艺是将各种原材料、半成品加工成机械产品的方法和过程，是机械工业基础技术之一。

机械制造工艺的内涵可以用机械制造工艺流程图来表示（见图2-1）。机械制造工艺流程主要由原材料和能源供应、零件毛坯的成型、零件机械加工、材料改性与处理、装配与包装、搬运与储存、检测与质量监控、自动控制装置与系统8个工艺环节组成。按其功能不同，主要分为三类：第一类是直接改变工件的形状、尺寸、性能以及决定零件相互位置关系的加工过程，如毛坯制造、机械加工、热处理、表面处理、装配等；第二类是搬运、储存、包装等辅助工艺过程；第三类如检测、自动控制等。

（2）机械制造工艺分类和物体成型方法

机械制造工艺的内涵十分广泛和丰富，机械制造中常用的工艺有去除成型、受迫成型、堆积成型、连接工艺、材料性能调整等工艺。

机械制造工艺技术是改变原材料的形状、尺寸、性能或相对位置，使之成为成品或半成品的方法。获取制造工艺技术也称为制造过程技术，其实质是物料处理过程相关的各项技术。由图2-1可见，机械制造过程中零件毛坯的成型包括原材料切割、焊接、铸

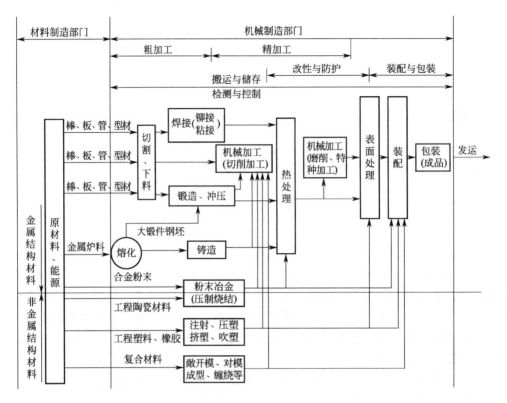

图 2-1 机械制造工艺流程

造、锻压加工成型等；表面处理包括热处理、电镀、化学镀、热喷涂、涂装等；粉末冶金和注射成型等工艺，是将毛坯准备与加工成型过程合二为一，直接由原材料转变为成品。

制造工艺主要研究物体的成型方法。按物体的成型原理分为下列三种方法。

① 去除成型。就是对材料做减法，即在毛坯上减去多余材料而达到设计所要求的形状、尺寸和公差的零件。它包括两方面：一是传统的机械加工工艺，如车、铣、刨、磨、镗、钻等工艺；二是特种加工工艺，如激光加工、电火花加工等。该方法的大部分能量消耗在去除材料上，因此无功资源消耗多，成型周期长，材料浪费严重。但就目前的实际情况而言，该方法仍是现阶段应用最广泛的一种成型方法。

② 受迫成型。指利用材料的塑性，将半固化的流体材料在模具或压力的作用下，定形成各种形状与尺寸的零件。它在成型过程中体积不发生明显的变化，因此又称为接近成型工艺。该方法以热加工工艺为主，如铸造、锻压、挤压、粉末冶金、注塑、吹塑等。该方法材料利用率高，但产生变形所消耗的能量较大，难以制造内部结构形状复杂的零件。材料热流动性越差，所需能量就越多，成型越困难。

③ 堆积成型。即快速成型技术，它是运用合并与连接方法，把材料有序地（逐层）进行合并堆积，最终成型出整个产品造型。这种方法可以制造各种形状复杂的零件，制造周期大大缩短，材料利用率高。近年来该技术不断发展和完善，已形成了一套较为完善的技术体系和快速市场响应平台。目前媒体上宣传和报道较多的三维打印技术，也是该技术的一种。

2.1.2 先进制造工艺技术的定义和内容

（1）先进制造工艺技术的定义和特点

先进制造工艺技术是指研究与物料处理过程直接相关的各项技术，具有以下五个方面的显著特点：

① 优质。以先进制造工艺加工出的产品具有质量高、性能好、尺寸精确、表面光洁、组织致密、无缺陷杂质、可靠性高和使用寿命长的特点。

② 高效。与传统制造工艺相比，先进制造工艺可极大地提高劳动生产率，大大降低操作者的劳动强度和生产成本。

③ 低耗。先进制造工艺可大大节省原材料消耗，降低能源消耗，提高对自然资源的利用率。

④ 洁净。应用先进制造工艺可做到零排放或少排放，生产过程不污染环境，符合日益增长的环境保护要求。

⑤ 灵活。能快速地对市场和生产过程的变化以及产品尺寸内容的更改作出反应，可进行多品种的柔性生产，适应多变的产品消费市场需求。

（2）先进制造工艺技术的内容

按照处理物料的特征来分，先进制造工艺技术包含以下四个方面。

1）精密、超精密加工技术

指对工件表面进行微加工，使其尺寸、表面性能达到产品要求所采取的技术措施。精密加工一般指加工精度在 $10 \sim 0.1 \mu m$、表面粗糙度 Ra 值在 $0.1 \mu m$ 以下的加工方法，如金刚车、金刚镗、研磨、珩磨、超精研、砂带磨、镜面磨削和冷压加工等。超精密加工是指加工精度在 $0.1 \sim 0.01 \mu m$、表面粗糙度 Ra 为 $0.001 \mu m$ 数量级的加工方法。精密、超精密加工技术用于精密机床、精密测量仪器等制造业中的关键零件加工，如精密丝杠、精密齿轮、精密蜗轮、精密导轨、精密滚动轴承等的加工，在当前制造工业中占有极重要的地位。

2）精密成型制造技术

它是指工件成型后只需少量加工或无需加工就可用作零件的成型技术。它是多种高新技术与传统毛坯成型技术融为一体的综合技术，包括高效、精密、洁净铸造、锻造、冲压、焊接及热处理与表面处理技术。

3）特种加工技术

即非常规加工或非传统加工工艺，如电火花加工、电解加工、高能束流（电子束、离子束、激光束）加工、高压水射流加工、超声波加工等。

4）表面工程技术

它是指采用物理、化学、金属学、高分子化学、电学、光学和机械学等技术及其组合，提高产品表面耐磨、耐蚀、耐热、耐辐射、抗疲劳等性能的各项技术。它主要包括热处理、表面改性、制膜和涂层等技术。通过各种新型精密热处理和复合处理使零件的组织性能精确、形状尺寸精密，并获得各种特殊性能要求的表面层，同时大大减少能耗及降低对环境的污染。

2.1.3 先进制造工艺技术的发展趋势

① 采用模拟技术，优化工艺设计。
② 成型精度向近无余量方向发展。

③ 机械加工向超精密、超高速方向发展。

④ 采用新型能源及复合加工，解决新型材料的加工和表面改性难题。

⑤ 采用自动化技术，实现工艺过程的优化控制。

⑥ 采用清洁能源及原材料。

⑦ 加工与设计之间的界限逐渐淡化，并趋向集成及一体化。

⑧ 工艺技术与信息技术、管理技术紧密结合，先进制造生产模式获得不断发展。

2.2 高速加工技术

自 20 世纪 30 年代德国 Carl Salomon 博士提出高速切削的概念以来，高速切削加工技术的发展经历了高速切削理论探索、应用探索、初步应用、成熟应用四个发展阶段。特别是从 20 世纪 80 年代以后，各工业发达国家相继投入大量人力财力进行高速加工及相关技术研究，在大功率高速主轴单元、高加/减速进给系统、超硬耐磨长寿命刀具材料、切屑处理和冷却系统、安全装置以及高性能计算机数控系统和测试技术等方面均取得了重大突破，为高速切削加工技术的推广和应用提供了基本条件。图 2-2 为高速加工技术体系结构及相应的关键技术研究。

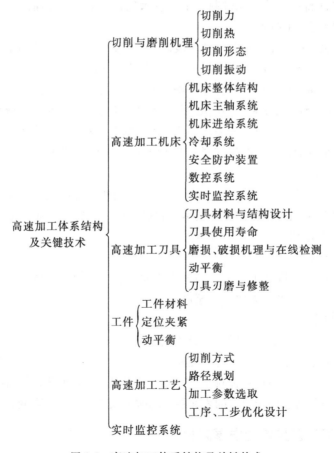

图 2-2 高速加工体系结构及关键技术

目前，高速切削机床均采用了高速的电主轴部件；进给系统多采用大导程多头滚珠丝杠或直线电机，最大加速度可达 10g 以上；计算机数控系统则采用多核 CPU 及相关配制，以满足高速切削加工对系统快速数据处理的要求；采用强力高压冷却系统以解决极热切屑冷却问题；采用温控循环水来冷却主轴电动机、轴承甚至主轴箱和床身等大构件；采用更完备的安全保障措施来保证操作者安全。

随着近年来高速切削技术的迅速发展，各项关键技术包括高速主轴系统技术、快速进给系统技术、高性能 CNC（计算机数控）控制系统技术、先进机床结构技术、高速加工刀具技术等也在不断上升到新的阶段。

2.2.1 高速切削加工

(1) 高速主轴系统

高速主轴单元是高速加工机床最关键的部件。目前，高速主轴的转速范围一般为 25000～100000r/min，切削速度在 30m/min 以上。为适应这种切削加工，高速主轴应具有先进的主轴结构、优良的主轴轴承、良好的润滑和散热等新技术。

1）电主轴

在高速运转条件下，传统的齿轮变速和带传动已无法适应，研究人员以宽调速交流变频电动机来实现数控机床主轴的变速，从而使机床主传动的机械结构大为简化，并形成一种新型的功能部件——电主轴单元（见图 2-3）。电主轴取消了主电动机与机床主轴之间的一切中间传动环节，将主传动链的长度缩短为零，因此这种驱动与传动方式被称作"零传动"。

图 2-3　高速电主轴

电主轴具有结构紧凑、惯性小、噪声低、响应快的特点。由于采用直接传动，减少了高精密齿轮等关键零件，消除了齿轮的传动误差。同时，集成式主轴也简化了机床设计的一些工作，如简化了机床外形设计，容易实现高速加工中快速换刀时的主轴定位。这种电主轴较过去内圆磨床内置式电动机主轴有很大的区别，主要表现在：

① 大驱动功率和转矩。

② 宽调速范围。

③ 有一系列监控主轴振动、轴承和电动机温升等运行参数的传感器、测试控制和报警系统，以确保主轴超高速运转的可靠性与安全性。

2）静压轴承高速主轴

目前，在高速主轴系统中广泛采用了液体静压轴承和空气静压轴承。

液体静压轴承高速主轴（见图 2-4）的最大特点是运动精度高，回转精度一般在 $0.2\mu m$ 以下，因而不但可以延长刀具寿命，而且可以达到很高的加工精度和较高的表面粗糙度。由于油膜的阻尼作用，液体静压轴承动态刚度很高，特别适合断续切削过程。液体静压轴承主轴的不足之处是由于存在液体摩擦，温升较高，功率消耗比滚珠轴承大。

采用空气静压轴承可以进一步提高主轴的转速和回转精度，其最高转速可达 100000r/min 以上，转速特征值可达 $2.7\times10^6\,mm\cdot r/min$，回转精度在 $10\mu m$ 以下。静压轴承为非接触式，具有磨损小、寿命长、旋转精度高、阻尼特性好的特点，且结构紧凑，刚度较高；但价格相对较高，使用维护较复杂。由于空气静压轴承承载能力低，主要用于高精度、高转速、轻载荷的场合。

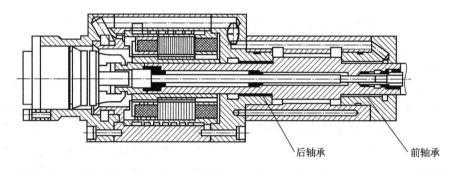

后轴承　　前轴承

图 2-4　液体静压轴承高速主轴结构图

3）磁浮轴承高速主轴

磁浮轴承高速主轴的结构如图 2-5 所示。磁浮主轴的转子由两个径向轴承和两个轴向轴承支撑，转子与支撑间隙为 0.1mm。由于空气间隙的摩擦热量很小，故磁浮主轴的转速特征值可达 $4\times10^6\,mm\cdot r/min$。磁浮轴承的回转精度主要取决于主轴内所用的位移传感器的精度和灵敏度以及控制电路的性能，目前回转精度可达 $0.1\mu m$。

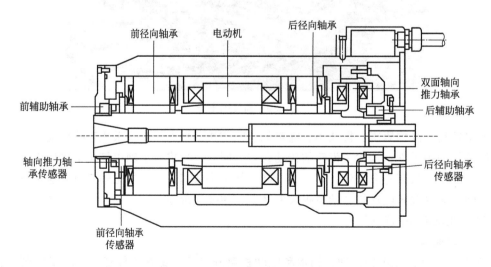

前径向轴承　　电动机　　后径向轴承

双面轴向推力轴承

前辅助轴承　　　　　　　　　　　后辅助轴承

轴向推力轴承传感器

后径向轴承传感器

前径向轴承传感器

图 2-5　磁浮轴承高速主轴结构图

磁浮主轴的优点是高精度、高转速和高刚度；其缺点是机械结构复杂，而且需要一整套的传感器系统和控制电路，所以成本较高。另外，主轴部件内除了驱动电动机外，还有轴向轴承和径向轴承的线圈，每个线圈都是一个附加的热源，因此必须有较好的冷却系统。

（2）高速进给系统

具有高定位精度的高速进给系统也是实现高速切削的关键技术之一。传统滚珠丝杠副传动系统对于高速进给系统不再适合，必须进行改进。主要措施有：

① 丝杠采用中空结构，将冷却液通入空心丝杠内部进行强制循环冷却，以保证滚珠丝杠副传动系统精度。

② 改进螺母结构设计，适当减小滚珠直径，钢制滚珠采用空心结构，以降低高速运行时噪声。

③ 选用陶瓷材料来制作滚珠，以降低温升。

④ 采用螺母旋转、丝杠不动的驱动方案。即将螺母安装于轴承中，由伺服电动机带动其旋转，或将螺母与驱动电动机的转子集成为一体。由于转子直接驱动，丝杠固定不动，螺母做高速旋转的同时还可做轴向移动，故可避免受丝杠临界转速的限制。

（3）高速切削刀具

随着切削速度的大幅度提高，对刀具材料、刀具几何参数、刀体结构以及切削工艺参数等都提出了不同于传统切削速度切削时的要求。正确选择和优化刀具及切削参数，对于提高加工效率和质量、延长刀具寿命、降低加工成本都会起到非常关键的作用。如高速切削中一个关键问题是要将切削热尽可能多地传给切屑，并利用高速切离的切屑把切削热迅速带走。因此，选择合适的刀具参数，除了使刀具保持锋利和足够的强度外，很重要的目的是能够形成足够厚度的切屑，让切屑成为切削过程的散热片。此外，就刀体结构而言，目前高连接强度的镶嵌式刀具在高速切削中使用量很大，这样才能保证高转速下的安全工作。总之，高速切削刀具的选用和普通机床不同，要完全从高速的角度考虑问题才能达到良好的切削效果。图 2-6 为国产镶刀叶根铣刀；图 2-7 为德国 walter F4050 PCD 铣刀，可通过平衡微调螺钉调整到最高平衡等级。

图 2-6　国产镶刀叶根铣刀　　　　　图 2-7　德国 walter F4050 PCD 铣刀

（4）高速切削刀具材料

目前适用于高速切削的刀具按材料来分主要有陶瓷刀具、金刚石刀具、立方氮化硼（CBN）刀具和涂层刀具等。

1) 陶瓷刀具

与硬质合金刀具相比，陶瓷刀具硬度高、耐磨性好，寿命比硬质合金刀具高几倍乃至十几倍。陶瓷刀具在 1200℃ 以上的高温下仍能进行切削，这时陶瓷的硬度与 200～600℃ 时硬质合金的硬度相当。陶瓷刀具优良的高温性使其能够以比硬质合金刀具高 3～10 倍的切削速度进行加工。它与钢铁的亲和力小，摩擦系数低，抗黏结和抗扩散能力强，加工表面质量好。另外，陶瓷刀具化学稳定性好，刀具切削刃即使处于炽热状态也能长时间连续使用，这对金属高速切削有着重要的意义。近几年来随着材料科学与制造技术的发展，已实现通过添加各种碳化物、氮化物、硼化物和氧化物等来改善陶瓷的性能，此外还有采用颗粒、晶须、相变、微裂纹和几种增韧机理协同作用来提高其断裂韧性及抗弯强度，从而制备出纳米复合陶瓷刀具、晶须增韧陶瓷刀具、梯度功能陶瓷刀具、粉末涂层陶瓷刀具和自润滑陶瓷刀具等方法，使陶瓷刀具的应用范围日益广泛。

2) 金刚石刀具

金刚石刀具具有高硬度、高耐磨性和高导热性的特点，在有色金属材料和非金属材料加工中得到广泛的应用。金刚石刀具有单晶金刚石刀具和多晶金刚石刀具两种，其中多晶金刚石刀具又包括聚晶金刚石（Poly Crystal Diamond, PCD）刀具和化学气相沉积（Chemical Vapour Deposition, CVD）金刚石刀具。

大量实践表明，CVD 金刚石刀具的使用性能在许多方面超过聚晶金刚石刀具的同类产品，而且其低表面粗糙度值接近单晶金刚石刀具，抗冲击性超过单晶金刚石刀具。CVD 金刚石刀具的超硬耐磨性和良好的韧性使之可加工大多数非金属材料和多种有色金属材料，而其成本又远低于天然金刚石刀具。目前，CVD 金刚石刀具被认为是汽车发动机制造业中具有广泛应用前景的新一代刀具材料。

3) 立方氮化硼刀具

立方氮化硼（Cube BN, CBN）在硬度和热导率方面仅次于金刚石，但其热稳定性极好，在大气中加热至 1000℃ 也不发生氧化。CBN 对于黑色金属具有极为稳定的化学性能，可以广泛用于钢铁制品的加工。CBN 刀具既能胜任淬硬钢（45～65HRC）、轴承钢（<60～62HRC）、高速钢（>62HRC）、工具钢（57～60HRC）和冷硬铸铁的粗、精车，又能胜任高温合金、热喷涂材料、硬质合金及其他难加工材料的切削加工，大幅度提高加工效率。

近年来开发的多晶立方氮化硼（Polycrystal CBN, PCBN）是在高温高压下将微细 CBN 颗粒通过结合相（TiC、TiN、Al、Ti 等）烧结在一起的多晶材料，是目前利用人工合成的硬度仅次于金刚石的刀具材料，它与金刚石统称为超硬刀具材料。

4) 涂层刀具

涂层刀具是在具有高强度和高韧性的基体材料上涂上一层耐高温、耐磨损的材料，从而使刀具性能大大提高。涂层材料及基体材料之间要求黏结牢固，不易脱落。涂层刀具可以提高加工效率，提高加工精度，延长刀具寿命，降低加工成本。根据涂层刀具基体材料的不同，涂层刀具可分为硬质合金涂层刀具、高速钢涂层刀具以及在陶瓷和超硬材料（金刚石和CBN）上的涂层刀具等。常用的刀具涂层方法除化学气相沉积法和物理气相沉积法外，还有等离子体化学气相沉积法、浴浸镀法、等离子喷涂法、热解沉积涂层法以及化学涂覆法等。常用涂层材料有碳化物、氮化物、氧化物、硼化物、碳氮化物等，近年来还发展了PCD 和 CBN 涂层。

（5）高速切削加工机床

高速机床是实现高速切削加工的前提和关键。相对于普通机床，高速切削技术对机床提出了许多新的要求，具体表现在：机床结构要有优良的静、动态特性和热态特性；主轴单元能够提供高转速、大功率和大转矩；纵向及轴向进给系统能够提供高速度、高加速度及大进给量。目前，高速机床在制造业中的占有比例逐年提高。图 2-8 是德国 DMG 机床集团的 DMU70 高速五轴加工中心。图 2-9 给出了日本日产公司汽车轮毂螺栓孔加工实例；从采用传统专用机床和采用高速加工中心进行的工艺比较可以看出，二者效率相同，但后者属于柔性加工，且工艺编排简易，更符合现代企业工序集中的需要。

图 2-8　高速五轴加工中心

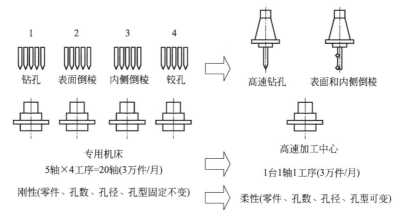

图 2-9　汽车轮毂螺栓孔高速加工实例

2.2.2　高速磨削加工

（1）高速磨削的概念及优势

高速磨削（High Speed Grinding，HSG）是提高磨削效率和降低工件表面粗糙度值的有效措施。随着技术的发展，关于高速磨削速度的定义也在不断变化。在 20 世纪 60 年代以前，磨削速度在 50m/s 即为高速磨削，而 20 世纪 90 年代磨削速度最高已达 500m/s。在实际应用中，普遍认为磨削速度在 100m/s 以上即被称为高速磨削。高速磨削与普通磨削相比具有以下技术优势：

① 使材料切除率由量的变化发展到质的变化。以往磨削仅适用于精加工，加工精度虽高但加工余量很小，磨削前必须有许多粗加工工序，并配有不同类型的机床，因此构成了一个冗长的工艺链。目前高速磨削的材料切除率已可与车削、铣削相比，磨削既可用于精加工又可用于粗加工，这样可以大大减少机床种类，简化工艺流程。对于某些以磨削为最终加工工序的产品而言，高速磨削可以大幅度地降低生产成本和提高产品质量。

② 可以明显降低磨削力，提高零件的加工精度。在材料切除率不变的条件下，提高切

削速度可以降低单一磨粒的切削深度，从而减小磨削力，降低工件表面粗糙度值，且在加工刚性较低的工件时，易于保证较高的加工精度。

③ 成功越过磨削"热沟"的影响，从而可以减少或避免工件表面的磨削"烧伤"。同时，工件表面层可获得残余压应力，有利于结构受力。

④ 磨削比（工件材料磨除量与砂轮磨损量之比）显著提高，有利于实现自动化磨削。

⑤ 实现对硬脆材料（如工程陶瓷、光学玻璃等）的高质量加工。

（2）高速磨削用砂轮

高速磨削砂轮必须满足下列要求：

① 砂轮基体的机械强度必须能承受高速磨削时的切削力。

② 高速磨削时的安全可靠性。

③ 磨粒突出高度尽可能大，以便能容纳大量的长切屑。

④ 结合剂必须具有很高的耐磨性，以减少砂轮的磨损。

高速磨削砂轮的磨粒主要是 CBN 和金刚石，所用的结合剂有多孔陶瓷和电镀镍。随着对高速磨削的深入研究，新型磨粒和结合剂也在不断出现。

电镀砂轮是高速磨削时最为广泛采用的一种砂轮。这种砂轮表面只有一层磨粒，其厚度接近磨粒的平均粒度，制造时通过电镀方式将磨粒附着到基体上，所以很适于高速磨削。CBN 砂轮或金刚石砂轮的使用速度可达 150m/s，而单层电镀 CBN 砂轮的线速度可达 300m/s 甚至更高。另外，电镀结合的砂轮磨粒突出高度很大，能够容纳大量磨屑，对高速磨削十分有利。单层磨粒的电镀砂轮生产成本较低，并可制成外形复杂的砂轮。在使用过程中，由于砂轮表面只有一层磨粒，因而不需进行修整，从而可以节省许多修整费用和修整工时。它的缺点在于使用时必须进行精心调整，以减小砂轮与主轴间的同轴度。普通的 CBN 砂轮的磨粒多为结实的八面体，在磨削过程中，磨粒的形状保持不变。瑞士 Winterthur 公司最近研制出一种新的 CBN 磨粒，它的基本形状是四面体，在磨削力强大到一定程度时会产生分裂，从而形成新的锋利磨削刃。使用该新型 CBN 磨粒砂轮来磨削合金工具钢时可有效地降低切削力和切削温度，在保证砂轮寿命的同时，还可显著提高材料切除率和工件精度。

多孔陶瓷结合剂的主要成分是再结晶玻璃。由于再结晶玻璃强度很高，制造砂轮时使用量很少，从而减少了其在砂轮中所占的容积比例。理论上讲，结合剂不产生切削作用，所以它的比例越小越好。采用这样的新型合成结合剂制造 CBN 砂轮时，比制造常规砂轮所需炉温低，因而可以保证不影响 CBN 的强度和硬度。如日本冈本 OKAMOTO 高速磨床，砂轮转速可达 160～200m/s，砂轮主轴相对工件轴心倾斜，使得磨削区范围缩小，实现了对多种形状工件的无振动低磨削力加工。日本三菱重工推出的 CA32U50A 型 CNC 超高速磨床采用陶瓷结合剂，使 CBN 砂轮转速达到了 200m/s。

高速磨削砂轮由于制造和调整装夹等误差，在更换砂轮或者修整砂轮后，砂轮主轴必须进行动平衡试验。为此，高速磨削主轴必须有连续自动动平衡系统，以便在磨削时将振动降低到最小限度，从而获得较高的加工精度。

（3）高速磨床结构

高速磨床除具有普通磨床的一般功能外，还必须满足如下的特殊要求：

① 尽可能组合多种磨削功能，实现在一个磨床上能完成全部的磨削工序。

② 高动态精度、高阻尼、高抗振性和热稳定性。

③ 高度自动化和可靠的磨削过程。

图 2-10 是德国 Schaudt 公司生产的凸轮轴磨床和高速曲轴磨床。主轴箱装在十字滑台上，滑台导轨为液体静压支撑，以提高支撑面的阻尼和刚性。滑台由液体静压丝杠驱动，以降低摩擦阻力和提高滑台的动态特性。工件轴由伺服电动机驱动并装有精密角度编码测量系统。磨床主轴为电主轴，可进行无级变速。所用的砂轮磨料为 CBN，切削速度可达 165m/s。在该磨床上加工曲轴时，曲轴毛坯不必进行车、铣等粗加工，精锻或精铸后的曲轴毛坯可直接由磨削加工到最终尺寸。

图 2-10　德 Schaudt 公司高速曲轴凸轮轴磨床

2.3　精密与超精密加工技术

精密与超精密加工技术是在传统切削加工技术基础上，综合应用近代科技和工艺成果而形成的一门高新技术，是现代装备制造业中不可缺少的重要基础技术，也是现代制造科学的发展方向。图 2-11 为精密与超精密加工的具体工艺分类。目前，超精密加工的精度范围已进入纳米级，它以不改变工件材料物理特性为前提，以获得极限的形状精度、尺寸精度、表面粗糙度、表面完整性（无或极少的表面损伤，包括微裂纹、残余应力、组织变化等）为目标。

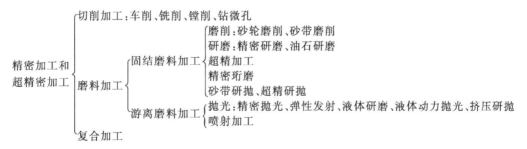

图 2-11　精密与超精密加工的具体工艺分类

通常，加工精度按其高低可划分为如表 2-1 的几种级别。由于生产技术的不断发展，加工精度划分的界限也会不断向前推移。

表 2-1　加工精度划分级别

加工领域	精度范围	制造精度		
		尺寸/位置精度	形状/轮廓深度	表面粗糙度 Ra
普通加工	微米级	$>3\sim8\mu m$	$>1\sim3\mu m$	钢件$\leqslant0.8\mu m$；铜件$\leqslant0.4\mu m$
精密加工	微米～亚微米级	$0.3\sim8\mu m$	$0.1\sim1\mu m$	钢件$\leqslant0.4\mu m$；铜件$\leqslant0.05\mu m$
超精密加工	深亚微米～纳米级	$0.01\sim0.3\mu m$	$0.003\sim0.1\mu m$	钢件$\leqslant0.1\mu m$；铜件$\leqslant0.01\mu m$

精密与超精密加工目前的水平如下：

① 美国哈勃望远镜形状精度为 $0.01\mu m$。

② 超大规模集成电路最小线宽为 32nm。

③ 日本金刚石刀具刃口钝圆半径达 2nm。

④ 美国陀螺仪转子圆度为 $0.1\mu m$，粗糙度 Ra 为 $0.01\mu m$，导弹命中精度控制在 20m 范围内（激光制导可达 3m 范围内，取决于制导形式、精密加工的执行件）。

⑤ 英国航空发动机涡轮转子叶片加工误差为 $10\mu m$，发电机压缩效率从 89% 提高到 94%。

2.3.1 超精密切削加工

超精密切削加工技术是 20 世纪 60 年代发展起来的新技术，它在国防和尖端技术的发展中起着重要的作用。目前超精密切削主要指使用精密的单晶天然金刚石刀具来加工有色金属和非金属，并直接切削出超光滑加工表面的工艺。由于超精密切削可以代替研磨等手工精加工工序，不仅节省工时，还可提高加工精度和表面质量，近年来受到科学界的广泛关注并得以迅速发展。

金刚石超精密切削适用于加工铝合金、无氧铜、黄铜、非电解镍等有色金属材料和某些非金属材料。在符合条件的机床和环境条件下，可以得到超光滑表面，表面粗糙度 Ra 为 $0.02\sim0.005\mu m$，精度小于 $0.01\mu m$。超精密切削用于加工陀螺仪、激光反射镜、激光打印机的多面棱镜、红外反射镜和红外透镜、菲尼尔透镜、雷达波导管内腔、计算机磁盘、录像机磁头、复印机硒鼓等（表 2-2）。目前，超精密切削使用范围日益扩大，不仅有为国防尖端技术服务的单件小批生产方式，也有为民用产品服务的大批量生产方式。

超精密切削零件的加工精度和表面粗糙度见表 2-2。

表 2-2 超精密切削零件的加工精度和表面粗糙度

零件	加工精度/μm	表面粗糙度/μm
激光光学零件	形状误差为 0.1	$0.01\sim0.05$
多面镜	平面度误差为 0.04	<0.02
磁头	平面度误差为 0.04	<0.02
磁盘	波度为 $0.01\sim0.02$	<0.02
雷达导波管	平面度垂直度误差<0.1	<0.02
卫星仪表轴承	圆柱度误差<0.01	<0.002
天体望远镜	形状误差<0.03	<0.01

(1) 超精密切削速度的选择

超精密切削时使用天然单晶金刚石刀具。金刚石刀具硬度极高，耐磨性好，热传导系数高，和有色金属间的摩擦系数低，加工时刀具耐用度很高，可以在很高的切削速度（1000~2000m/min）下进行长时间切削。切削速度的高低对金刚石刀具磨损影响甚微。

超精密切削要求得到超光滑的加工表面和极高的加工精度，这要求刀具有高的耐用度。刀具是否已磨损，将以加工表面质量是否下降超差为依据。金刚石刀具的尺寸耐用度很高，因此超精密切削时，切削速度并不受刀具耐用度的制约，这点与普通切削规律有所不同。

获得高质量的加工表面是超精密切削的首要问题。在选择切削速度时，经常根据所使用的超精密机床的动特性和切削系统的动特性来进行选取，即选择振动最小的转速。因为在该转速下加工时，表面粗糙度值最小，加工质量最高。如沈阳第一机床厂生产的 SI-255 液体静压主轴超精密车床在 $700\sim800\mathrm{r/min}$ 时振动最大，因此用该机床进行超精密切削时，要避开该转速范围，用高于或低于该转速切削时以获得较好的加工表面质量。

（2）超精密切削对刀具的要求

① 极高硬度、耐磨性和弹性模量，以保证刀具寿命和耐用度。

② 刃口磨得极其锋锐，即刃口半径 ρ 值极小，以实现超薄切削厚度。

③ 刀刃无缺陷，以使切削时刃形复印在加工表面上，从而获得超光滑的镜面。

④ 工件材料的抗黏结性好、化学亲和性小、摩擦系数低，以获得良好的加工表面完整性。

上述四项要求决定了超精密切削使用刀具的性能要求。天然单晶金刚石具有一系列优异特性，能磨出极锋锐的刀刃。因此，虽然其价格昂贵，但仍被公认为是最理想、不能代替的超精密切削刀具材料。在超精密切削的发展初期，人们把金刚石刀具切削和超精密切削等同起来，称为单点金刚石切削（Simple Point Diamond Turning，SPDT）。

（3）机床设备

精密机床是实现精密加工的首要基础条件。随着加工精度要求的提高和精密加工技术的发展，机床的精度不断提高，精密机床和超精密机床也获得了迅速的发展。瑞士 Schaublin 公司、德国 Boley 公司、美国 Hardinge 公司等的精密机床主轴回转精度在 $0.5\mu\mathrm{m}$，直线度可达 $0.1\mu\mathrm{m}/100\mathrm{mm}$；瑞士 Studer 公司、美国 Boown Sharp 公司的精密磨床加工的工件圆度可达 $0.5\sim1\mu\mathrm{m}$，精密坐标镗床和坐标磨床的定位精度可达 $1\sim3\mu\mathrm{m}$。

目前，美国超精密机床的发展水平最高，不仅有不少企业生产中小型超精密机床，而且针对国防和尖端技术的需要，也研究开发出了很多大型超精密机床，典型代表是 Lawrence Livermore 国家实验室（LLNL）于 1984 年研制成功的 DTM-3 和 LODTM 大型金刚石超精密车床。这两台机床是现在世界公认的水平最高、达到当前技术最前沿的大型超精密机床（见图 2-12）。

图 2-12　美国 LLNL 研制的 LODTM 车床

美国 Moore Nanotechnology System 公司研制的超精密金刚石车床 Nanotech 250UPL，代表着纳米级加工机床的发展水平。机床床身采用天然黑花岗岩结构，控制系统采用激光全息式直线移动全闭环控制系统，分辨率高达 0.034nm，采用精确的运动控制系统，线性编程精度为 0.01nm、旋转编程精度为 0.0000001°，铝合金试件加工面精度最大差别值（Peak Value，PV）$\leqslant0.125\mu\mathrm{m}$，表面粗糙度 Ra 为 2nm（见图 2-13）。

图 2-13　美国 Moore 公司 Nanotech 250UPL 超精密金刚石车床及其加工的零件

2.3.2　超精密磨削加工

超精密磨削是近年来发展起来的拥有最高加工精度、最低表面粗糙度的砂轮磨削方法，一般是指加工精度达到 $0.1\mu m$、表面粗糙度 Ra 低于 $0.025\mu m$ 的亚微米级加工方法，并正向纳米级发展。金刚石刀具超精密切削技术的研究虽然比较成熟，但是金刚石刀具不宜切削钢铁材料和陶瓷、玻璃等硬脆材料。因为在切削铁碳合金时，切削所产生的局部高温使金刚石中的碳原子很容易扩散到铁素体中而造成金刚石的炭化磨损（扩散磨损）。在微量切削陶瓷、玻璃时，剪切应力很大，临界剪切能量密度也很大，切削刃处的高温和高应力易使金刚石产生较大的机械磨损。因此，对于钢铁材料和陶瓷、玻璃等硬脆材料，超精密磨削显然是一种重要且理想的加工方法，这就促进了超精密磨削的发展。

（1）超精密磨削的分类

① 超精密砂轮磨削。

精密砂轮磨削是利用精细修整的粒度为 W60～W80 的砂轮进行磨削，其加工精度可达 $1\mu m$，表面粗糙度 Ra 可达 $0.025\mu m$。超精密砂轮磨削是利用经过修整的粒度为 W40～W5 的砂轮进行磨削，可获得加工精度为 $0.1\mu m$、表面粗糙度 Ra 为 $0.025～0.008\mu m$ 的加工表面。图 2-14 为电解磨削（Electrolytic In-process Dressing，ELID）原理图，其冷却液为一种特殊的电解液。通电后，砂轮结合剂发生氧化，氧化层阻止电解进一步进行。在切削力作用下，氧化层脱落，便露出了新的锋利磨粒。由于电解修锐连续进行，因此能够使砂轮在整个磨削过程中始终保持同一锋利状态。

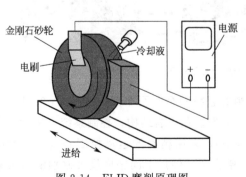

图 2-14　ELID 磨削原理图

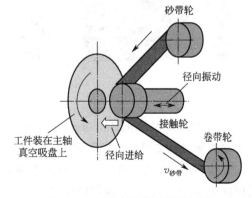

图 2-15　超精密砂带磨削原理图

② 超精密砂带磨削。

聚碳酸酯薄膜的带基材料上植有细微砂粒，砂带在一定工作压力下与工件接触并做相对运动，进行磨削或抛光（见图2-15）。粒度为 W63～W28 的砂带加工精度可达 $0.1\mu m$，表面粗糙度 Ra 可达 $0.025\mu m$。

③ 其他磨削加工工艺。

它包括油石研磨、精密研磨、精密砂带研抛、精密珩磨等。

（2）超精密磨削的特点

① 超精密磨床是技术的关键。

超精密磨削是在超精密磨床上进行的，加工精度主要取决于机床精度，不可能加工出比机床精度更高的工件。由于超精密磨削的精度要求越来越高，已达 $0.1\mu m$ 甚至纳米级，这就给超精密磨床的研制带来了很大困难，需要多学科多技术的交叉融合。比如，为适应超精密加工微米级甚至纳米级加工精度的需要，必须对超精密加工的支撑环境加以严格控制。这里的支撑环境是指工艺系统与操作者经验及技术水平以外的各外部环境，主要包括空气环境、热环境、振动环境、声环境、光环境和电场、电磁环境等。各种不同的加工方法须对不同的支撑环境进行不同程度的控制，这些支撑环境方面所须的控制要求见表2-3。

表 2-3　超精密加工对外部支撑环境的控制要求

外部支撑环境	控制要求	外部支撑环境	控制要求
空气环境	洁净度、气流速度、压力、有害气体等	声环境	噪声、频率、声压等
热环境	温度、湿度、表面热辐射等	光环境	照度、眩光、色彩等
振动环境	频率、加速度、位移、微振动等	静电环境	静电量、电磁波、放射线等

② 磨削机理微观化。

超精密磨削是一种超微量的切除加工，其去除的余量可能与工件所要求的精度数量级相当，甚至小于公差要求，因此其加工机理与一般磨削加工是不同的。

③ 超精密磨削是一个系统工程。

影响超精密磨削的因素诸多（见图2-16）。超精密磨削需要一个高稳定性的工艺系统，对力、热、振动、材料组织、工作环境的温度和净化等都有稳定性的要求，并要求具有较强的抗干扰能力，只有这样才能保证加工质量的要求。

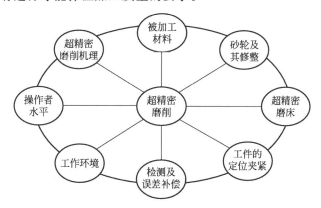

图 2-16　影响超精密磨削的因素

欧洲许多国家也进行了超精密机床的开发研究。英国 Cranfield 精密加工中心于 1991 年研制成功 OAGM 2500 多功能三坐标联动数控磨床，其工作台尺寸为 $2.5m \times 2.5m$。该机床采用油膜轴承技术，有利于减小振动，实现运动的平稳控制。该机床单位宽度砂轮上的材料磨除率可达 $100\sim300\text{mm}^3/\text{mm}\cdot\text{s}$，表面粗糙度 Ra 为 $10\sim50\text{nm}$，形状误差小于 $5\mu\text{m/m}$，亚表面损伤小于 $10\mu\text{m}$。英国 Cranfield 大学 Paul Shore 等人设计制造了新型超精密磨床 BOX，机床主轴采用油膜轴承，功率可达 10kW，材料磨除率可达 $200\text{mm}^3/\text{mm}\cdot\text{s}$。该机床具有较好的动静态特性，其静态刚度大于 100N，运动件质量小于 750kg，共振频率大于 100Hz，PV 值小于 $1\mu\text{m}$。

日本 TOYOTA 公司生产的 AHNIO 型高效专用超精密车床，主轴采用空气轴承，最大加工直径为 100mm，刀架设计成滑板结构。直线移动分辨率为 $0.01\mu\text{m}$，采用激光测量反馈系统，定位精度全行程为 $0.03\mu\text{m}$，B 旋转轴回转分辨率为 $1.3°$。砂轮轴由气动透平驱动，转速为 100000r/min。该机床加工的模具形状精度为 $0.05\mu\text{m}$，表面粗糙度 Ra 为 $0.025\mu\text{m}$。日本 FANUC 公司研制的 ROBONANO α-0iB 超精密加工机床，利用了纳米级控制技术，直线轴（X、Y、Z）分辨率可达 1nm，B、C 旋转轴回转分辨率为 $0.00001°$。机床的运动部件（导轨、进给丝杆螺母副、驱动电动机）全部采用空气静压支撑结构，将系统摩擦系数减小至最低。机床的发热量仅为 5W，通过供给机床恒温压缩空气可使温升控制在 $\pm0.01℃$ 范围以内。

2.4　高能束加工技术

常用的高能束加工方法主要有激光加工、电子束加工、离子束加工等。高能束加工具有以下通用的特点：

① 加工速度快，热量输入少，对工件热影响极小，工件变形小。

② 束流能够聚焦且有极高的能量密度，激光加工、电子束加工可使任何坚硬、难熔的材料在瞬间熔融汽化，而离子束加工是以极大能量撞击零件表面，使材料变形、分离破坏。

③ 工具与工件不接触，无工具变形及损耗问题。

④ 束流控制方便，易实现加工过程自动化。

2.4.1　激光加工

激光加工是利用激光束投射到材料表面产生的热效应来完成加工过程，包括激光焊接、激光切割、表面改性、激光打标、钻孔和微加工等。激光能适应任何材料的加工制造，尤其在一些有特殊精度要求、特别场合和特种材料的加工制造方面起着无可替代的作用。

(1) 激光加工的原理

激光是一种经受激辐射产生的加强光。激光光强度高，方向性、相干性和单色性好。通过光学系统可将激光束聚焦成直径为几十微米到几微米的极小光斑，从而获得高达 $10^7\sim10^{11}\text{W/cm}^2$ 的能量密度，温度高达 $10000℃$ 以上，将材料瞬时熔化或汽化。当激光照射到工件表面时，光能被工件快速吸收并转化为热能，致使光斑区域的金属蒸气快速膨胀，压力突然增大，熔融物以爆炸形式高速喷射出来，在工件内部形成方向性很强的冲击波。激光加工就是工件在激光光热效应下产生的高温熔融和冲击波的综合作用过程。

常用的激光器有固体和气体两大类。图 2-17 为固体激光器的结构示意图。固体激光器常由主体光泵（激励源）及谐振腔（由全反射镜、部分反射镜组成）、工作物质（如钇铝石榴石、红宝石、钕玻璃等）、聚光器等组成。当工作物质受到脉冲氙灯（光泵）的激发后，便产生受激辐射跃迁，造成光放大，并通过由两个反射镜组成的谐振腔产生振荡，由谐振腔一端输出激光，经过透镜将激光束聚焦到工件的待加工表面上，即可进行加工。

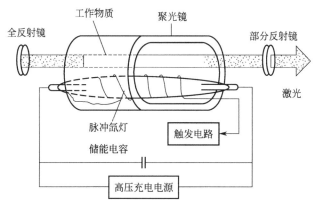

图 2-17 固体激光器结构原理

激光加工过程大体上可分为如下几个阶段：

① 激光束照射工件材料（光的辐射能部分被反射，部分被吸收并对材料加热，部分因热传导而损失）。

② 工件材料吸收光能。

③ 光能转变成热能使工件材料无损加热（激光进入工件材料的深度极浅，所以在焦点中央表面温度迅速升高）。

④ 工件材料被熔化、蒸发、汽化并溅出，发生去除或破坏。

⑤ 作用结束与加工区冷凝。

由于激光加工是无接触式加工，工具不会与工件的表面直接摩擦产生阻力，所以激光加工的速度极快、加工对象受热影响的范围较小而且不会产生噪声。由于激光束的能量和光束的移动速度均可调节，因此激光加工应用范围广泛。

（2）激光加工的特点

① 属非接触加工，无明显机械力，工具无损耗，工件不变形，加工速度快，热影响区小，可达高精度加工，易实现自动化。

② 因功率密度是所有加工方法中最高的，所以不受材料限制，几乎可加工任何金属材料与非金属材料。

③ 可通过惰性气体、空气或透明介质对工件进行加工，如通过玻璃对隔离室内的工件进行加工或对真空管内的工件进行焊接。

④ 激光可聚焦形成微米级光斑，输出功率大小可调节，常用于精密细微加工，最高加工精度可达 0.001mm，表面粗糙度 Ra 值可达 0.4～0.1μm。

⑤ 能源消耗少，无加工污染，在节能、环保等方面具有较大优势。

（3）激光加工的应用

1）激光打孔

采用脉冲激光器可进行打孔，脉冲宽度为 0.1～1ms，特别适于打微孔和异形孔，孔径为 0.005～1mm。激光打孔广泛用于仪表中的宝石轴承、陶瓷、玻璃、金刚石拉丝模等非金属材料和硬质合金、不锈钢等金属材料的细微孔的加工。

激光打孔的效率非常高，功率密度通常为 10^7～10^8 W/cm²，打孔时间甚至可缩短至传统切削加工的百分之一以下，生产率大大提高。

激光打孔的尺寸公差等级可达 IT7，表面粗糙度 Ra 值可达 $0.16\sim0.08\mu m$。

2）激光切割

激光切割是利用聚焦以后的高功率密度（$10^5\sim10^7\,W/cm^2$）激光束连续照射工件，光束能量以及活性气体辅助切割过程附加的化学反应热能均被材料吸收，引起照射点材料温度急剧上升，到达沸点后材料开始汽化并形成孔洞，若此时光束与工件发生相对移动，则会使材料形成切缝，切缝处熔渣被一定压力的辅助气体吹除。

激光切割是激光加工中应用较广泛的一种，其不仅具有切割速度快、质量高、材料利用率高、热影响区小、变形小、无刀具磨损、无接触能量损耗、噪声小、易实现自动化的优点，而且可穿透玻璃切割真空管内的灯丝。由于具有以上诸多优点，因此在各制造领域均有广泛应用，不足之处是一次性投资较大，且切割深度有限。

3）激光焊接

激光束焊接是以聚集的激光束作为能源的特种熔化焊接方法。焊接用激光器有 YAG 固体激光器和 CO_2 气体激光器，此外还有 CO 激光器、半导体激光器和准分子激光器等。

激光焊接强度高、热变形小、密封性好，可以焊接尺寸和性质悬殊以及熔点很高（如陶瓷）和易氧化的材料。如采用激光焊接的心脏起搏器，密封性好、寿命长，而且体积小。

4）激光打标

激光打标是利用高能量密度的激光对工件进行局部照射，使表层材料汽化或发生颜色变化的化学反应，从而留下永久性标记的一种打标方法。激光打标可以打出各种文字、符号和图案等，字符大小可以从毫米量级到微米量级，这对产品的防伪有特殊的意义。准分子激光打标是近年来发展起来的一项新技术，特别适用于金属打标，可实现亚微米打标，已广泛用于微电子行业和生物工程领域。此外，用激光可对流水线上的工件刻字或打标记，并不影响流水线的速度，刻划出的字符和图案可长期保持。

5）激光蚀刻技术

激光蚀刻技术比传统的化学蚀刻技术工艺简单，可大幅度降低生产成本，可加工 $0.125\sim1\mu m$ 线宽印制电路板，非常适合用于超大规模集成电路的制造。

6）激光表面热处理

当激光能量密度在 $10^3\sim10^5\,W/cm^2$ 左右时，对工件表面进行扫描，在极短的时间内加热到相变温度（由扫描速度决定时间长短），工件表层由于热量迅速向内传导而快速冷却，因此实现了工件表层材料的相变硬化（激光淬火）。激光热处理的优点是可以控制热处理的深度，可以选择和控制热处理部位，工件变形小，可处理形状复杂的零件和部件，可对盲孔和深孔的内壁进行处理等。例如，汽缸活塞经激光热处理后可延长寿命；用激光热处理可恢复受离子轰击所引起损伤的硅材料。

与其他表面热处理工艺相比，激光热处理工艺简单，生产率高，工艺过程易实现自动化，对环境无污染。该工艺对工件表面加热快，冷却迅速，一般无须冷却介质，热处理后工件硬度比常温淬火高 15%～20%，此外还有耗能少、工件变形小的优点，尤其适合精密局部表面硬化及内孔或形状复杂零件表面的局部硬化处理；但激光表面热处理设备费用高，工件表面硬化深度受限，因而不适合大负荷的重型零件。

7）其他应用

近年来，激光表面合金化、激光抛光、激光冲击硬化、模具激光清洗等技术也在不断深入地研究及应用之中。

2.4.2　电子束加工

利用电子束的热效应可以对材料进行表面热处理、焊接、刻蚀、钻孔、熔炼，或直接使材料升华。作为加热工具，电子束的特点是功率高和功率密度大，能在瞬间把能量传给工件，电子束的参数和位置可以精确、迅速地进行调节，能利用计算机控制并在真空中进行加工。根据电子束功率密度和电子束与材料作用时间的不同，可以完成各种不同的加工。因此，电子束加工技术广泛应用于制造加工的许多领域，如航空、航天、电子、汽车、核工业等。

电子束加工包括焊接、打孔、热处理、表面加工、熔炼、镀膜、物理气相沉积、雕刻以及电子束曝光等，其中电子束焊接是发展最快、应用最广泛的一种电子束加工技术。

（1）电子束加工的原理

在真空条件下，电子枪中产生的电子经加速、聚焦成能量密度为 $10^6 \sim 10^9\,\mathrm{W/cm^2}$ 的极细束流高速冲击到工件表面上极小的部位，并在几分之一微秒时间内，其能量大部分转换为热能，使工件被冲击部位的材料达到几千摄氏度，致使材料局部熔化或蒸发，从而去除材料（见图 2-18）。

（2）电子束加工的特点

① 属非接触式加工。工件不受机械力作用，很少产生宏观应力变形，同时也不存在工具损耗问题。

② 电子束强度、位置、聚焦可精确控制。电子束通过磁场和电场可在工件上以任何速度行进，便于自动化控制。

③ 加工速度快。如在 0.1mm 厚不锈钢板上加工微小孔每秒可达 5000 个，切割 11mm 厚钢板速度可达 7mm/s。

④ 环境污染少。电子束加工是在真空状态下进行，对环境几乎没有污染。

（3）电子束加工的应用

1）电子束打孔

用电子束对材料进行打孔加工时，电子束脉冲的能量高，不受材料硬度的限制，没有磨损，打孔的速度快，可以对难熔、高强度和非导电材料进行打孔加工。如机翼吸附屏的孔、喷气发动机套上的冷却孔，此类孔数量巨大（高达数百万），且孔径微小，密度连续分布而孔径也有变化，非常适合采用电子束打孔。此外，在人造革上利用电子束打出许多微孔，可以令其像真皮一样具有透气性。

此外，由于电子束的束斑形状可控，因此能加工包括异形孔、斜孔、锥孔和弯孔（见图 2-19）在内的各种孔，加工效率高，加工材料的适应范围广，加工精度高、质量好。

2）电子束切割

可对各种材料进行切割，切口宽度 $3 \sim 6\,\mu\mathrm{m}$。配合工件的相对运动，可加工所需要的曲面形状。

3）电子束焊接

电子束焊接是将高能电子束作为加工热源，用高能量密度的电子束轰击焊件接头处的金

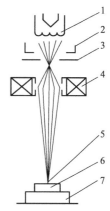

图 2-18　电子束加工原理

1—发射阴极；2—控制栅极；
3—加速阳极；4—聚焦系统；
5—电子束斑点；6—工件；
7—工作台

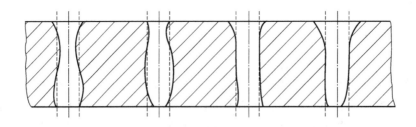

图 2-19　电子束加工曲面、弯孔示意图

属，使其快速熔融，然后迅速冷却来达到焊接目的。

电子束焊接具有深熔的特点，焊缝的深宽比可达 20∶1 甚至 50∶1，可实现多种特殊焊接方式。利用电子束焊接几乎可以焊接任何材料，包括难熔金属（W、Mo、Ta、Nb）、活泼金属（Be、Ti、Zr、U）、超合金和陶瓷等。此外，电子束焊接的焊缝位置精确可控、焊接质量高、速度快，在核、航空、电子、汽车等工业中可用作精密焊接。在重工业中，电子束焊机的功率已达 100kW，可平焊 200mm 厚的不锈钢板。

4）光刻

当使用低能量密度的电子束照射高分子材料时，将使材料分子链被切断或重新组合，引起分子量的变化即产生潜象，再将其浸入溶剂中将潜象显影出来，这种工艺即称为光刻，把这种方法与其他处理工艺结合使用，可实现在金属掩膜或材料表面上刻槽。

2.4.3　离子束加工

（1）离子束加工的原理

离子束加工是在真空条件下利用离子源（离子枪）产生的离子经加速聚焦形成高能离子束流投射到工件表面，使材料变形、破坏、分离以达到加工目的。因为离子带正电荷且质量是电子的千万倍，且加速到较高速度时，具有比电子束大得多的撞击动能，因此，离子束撞击工件将引起变形、分离、破坏等机械作用，而不像电子束是通过热效应来进行加工。

离子束加工装置可分为离子源系统、真空系统、控制系统和电源系统。其中离子源系统与电子束加工装置不同，其余系统均与其类似（图 2-20）。

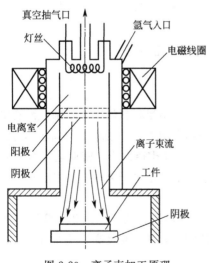

图 2-20　离子束加工原理

（2）离子束加工的特点

① 加工精度高。离子束流密度和能量可以精确控制，因此加工精度高。

② 在较高真空度下进行加工，环境污染少。特别适合加工高纯度的半导体材料及易氧化的金属材料。

③ 加工应力小，变形极小，加工表面质量高，适合用于各种材料和低刚度零件的加工。

（3）离子束加工的应用

离子束加工方式包括离子蚀刻、离子溅射沉积、离子镀膜和离子注入等。

1）离子刻蚀

直径为十分之几纳米的氩离子以一定角度轰击工件，当高能离子所传递的能量超过工件表面原子或分子间的键合力时，表面原子逐个剥离，以达到加工目的（见图 2-21）。这种加工本质上是一种原子尺度的切削加工，因此被称为离子铣削，即纳米加工。

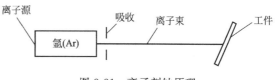

图 2-21 离子刻蚀原理

离子束刻蚀可用于加工空气轴承的沟槽、打孔、加工极薄材料及超高精度非球面透镜，还可用于刻蚀集成电路等的高精度图形。

2）离子溅射沉积

离子以一定角度轰击某种材料制成的靶材，靶材原子逐个剥离后，沉积在工件上，使工件镀上一层靶材薄膜。这实质是一种镀膜工艺（见图 2-22）。

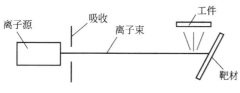

图 2-22 离子溅射沉积原理

3）离子镀膜

离子分两路以不同角度同时轰击靶材和工件，一方面靶材射出的原子向工件表面沉积；另一方面有高速中性粒子打击工件表面以增强镀层与基材之间的结合力（可达 10～20MPa），目的在于增强靶材镀膜与工件基材的结合力。

离子镀膜法具有适应性强、膜层均匀致密、韧性好、沉积速度快的特点，目前已获得广泛应用，主要应用于各种润滑膜、耐热膜、耐蚀膜、耐磨膜、装饰膜、电气膜的镀膜；离子镀氮化钛代替镀硬铬可以减少公害；还可用于涂层刀具的制造，因此需碳化钛、氮化钛刀片及滚刀、铣刀等复杂刀具。

4）离子注入

离子以较大的能量垂直轰击工件，由于离子能量相当大，可使离子进入被加工工件材料表面层，改变其表面层化学成分，从而改变工件表面层的机械物理性能。该工艺不受温度和注入元素种类及离子数量的限制及注入何种元素及粒量限制，可根据不同需求注入不同离子（如磷、氮、碳等）。注入表面元素的均匀性好，纯度高，其注入的粒量及深度可控制，但设备费用大、成本高、生产率较低。离子注入应用还在进一步研究，目前得到应用的主要有：制造半导体 PN 结；金属表面改性，提高制件的润滑性、耐热性、耐蚀性、耐磨性；制造光波导等。

2.4.4 超声波加工

(1) 超声波加工的原理

超声波加工（Ultrasonic Machining，USM）是利用工具端面作超声频振动，通过磨料悬浮液加工脆硬材料的一种成型方法（见图 2-23）。

加工时，超声波发生器将工频交流电能转变为有一定功率输出的超声频电振荡（16～25kHz），通过换能器将此超声频电振荡转变为超声机械振动，借助于振幅扩大棒把振动的位移幅值由 0.005～0.01mm 放大到 0.01～0.15mm，驱动工具进行振动。工具端面在振动中冲击工作液中的悬浮磨粒，使其以很大的速度不断地撞击、抛磨被加工表面，把加工区域的材料粉碎成很细的微粒后打击下来。工作液循环流动，将被打击下来的材料微粒带走。随着工具的逐渐伸入，其形状便"复印"在工件上。

当工具端面以一很大的加速度离开工件表面时，加工间隙中的工作液内可能由于负压和局部

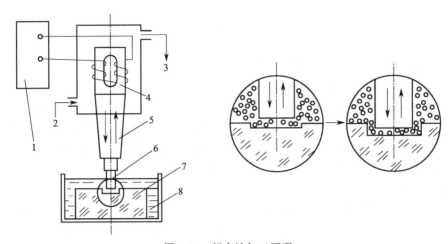

图 2-23 超声波加工原理

1—超声波发生器；2，3—冷却水；4—换能器；5—振幅扩大棒；6—工具；7—工件；8—工作液

真空形成许多微空腔。当工具再以很大的加速度接近工件表面时，空腔闭合，从而形成可以强化加工过程的液压冲击波，这种现象称为"超声空化"。可以认为，超声波加工过程是磨粒受工具端面的超声振动驱使，产生以对工件的机械锤击和研磨为主、超声空化为辅的综合作用。

（2）超声加工的特点

超声波加工的表面粗糙度受磨粒尺寸、超声振幅大小和工件材料硬度的影响，通常 Ra 值可达 $0.01\sim0.8\mu m$。磨粒尺寸越小、超声振幅越小、工件材料越硬，则 Ra 越小，但效率越低。

在加工难切削材料时，常将超声振动与其他加工方法配合进行复合加工，如超声车削、超声磨削、超声电解加工、超声线切割等。这些复合加工方法把两种甚至多种加工方法结合在一起，起到取长补短的作用，使加工效率、加工精度及表面质量显著提高。

（3）超声波加工的应用

既然超声波加工基于局部撞击作用，因此越是脆硬的材料，受撞击作用遭受的破坏越大，越宜采用超声波加工。因此，对于各种硬脆材料，尤其是用电火花和电解难以加工的不导电材料和半导体材料，如玻璃、陶瓷、宝石、金刚石、锗和硅等，宜采用超声波来进行加工。如掺钕钇铝石榴石激光棒（Nd：YAG 晶体棒）就是通过超声旋转套料加工工艺来进行制备的（见图 2-24）。

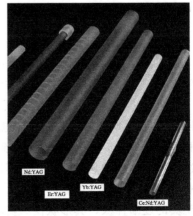

图 2-24 精密超声波加工设备及加工的 Nd：YAG 激光棒

2.5　快速成型技术

20 世纪 80 年代后期发展起来的快速成型（Rapid Prototyping，RP）技术，被认为是近 20 年来制造领域的一次重大突破，其对制造行业的影响可与 20 世纪 50～60 年代的数控技术相比。RP 技术有别于传统的去除成型（如车、削、刨、磨等机械加工）、受迫成型（如铸造、锻造、粉末冶金）、焊接拼合成型等加工方法，它是采用材料累加法制造零件原型，直接将 CAD 数据在计算机控制下，快速精确地制造出三维实体模型，而无需传统的刀具和夹具。RP 技术集成了 CAD、数控、激光和材料技术等现代科技成果，是先进制造技术的重要组成部分。

2.5.1　RP 技术的原理

RP 技术是采用软件离散——材料堆积的原理来实现零件成型的。具体过程是：首先对零件的 CAD 数据进行分层处理，得到零件的二维截面数据，然后根据每一层的截面数据，以特定的成型工艺（挤压成型材料、固化光敏树脂或烧结粉末等）制作出与该层截面形状一致的一层薄片，这样不断重复操作，逐层累加，直至"生长"出整个实体模型。正是由于这样的过程，RP 技术也被称为增材制造（Material Incress Manufacturing）。RP 技术工艺过程如图 2-25 所示。

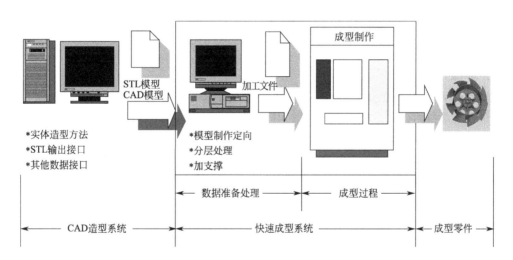

图 2-25　RP 技术工艺过程示意图

由图 2-25 可以看出，由 CAD 造型系统输出的 STL 模型或 CAD 模型，经 RP 快速成型系统的数据准备处理，生成用于成型制造的加工文件，由成型过程将 CAD 模型转化为物理实体模型。在数据准备处理过程中，完成对 CAD 模型的制作定向、分层处理、加支撑和输出加工文件等功能。

2.5.2　RP 技术的特点

RP 技术的出现，开辟了不用刀具、模具来制作原型和各类零部件的新途径，也改变了传统机械加工去除式的加工方式，带来了制造方式的变革。RP 技术具有以下特点。

（1）高度柔性

RP 技术之所以具备高自动化和集成化的优点，不仅因其制造工艺简单，而且它可以接受通用的三维数据格式，方便信息传送，从而能够较好地融合集成化和网络化制造等先进制造概念和技术，便于进行异地加工。例如若要修改零件，只需修改 CAD 模型和其后续制作数据即可，成型系统不必作任何改动和调整，所以特别适合用于单件或小批量生产。同传统的数控加工方法相比，RP 过程克服了 CAD/CAM 集成时 CAPP（计算机辅助工艺规程）这个瓶颈问题，它用重复的二维扫描来成型复杂的三维零件，避免了数控加工复杂的编程步骤，从而实现高度自动化和程序化。

（2）自由成型制造

自由成型制造也是 RP 技术的另一术语，其含义有两个方面：一是指在无需准备任何模具、刀具和工装卡具的情况下，直接接受产品设计（CAD）数据，快速制造出新产品样件、模具或模型，由此可以大大缩短新产品的试制周期并节省工具、模具费用；二是指不受形状复杂程度的限制，由于 RP 将三维制造转化为二维制造，使制造步骤简单且周而复始，因此不管实体的三维形状如何复杂，都可分解为二维数据进行成型，且制作的零件无繁简之分。所以，RP 技术特别适合于成型形状复杂、传统方法难以制造甚至无法制造的零件。

（3）快速性

从 CAD 数据到制成原型，一般仅需要数小时或十几小时，速度比传统成型加工方法快得多。该项技术在新产品开发中改善了设计过程的人机交流，缩短了产品设计与开发周期。以 RP 为母模的快速模具技术，能够在几天内制作出所需材料的实际产品；而通过传统的钢制模具制作产品，至少需要几个月的周期。该项技术的应用，大大降低了新产品的开发成本和企业研制新产品的风险。

（4）易操作性

产品的 CAD 三维造型设计完成需要进行原型的制作准备工作，包括零件的分层、加支撑和制作工艺参数的设定。由于商业化的 RP 系统的操作软件通常具有良好的人机界面，使用较为简单，故一般人员在经过短时间培训后就可掌握。在曲面制造过程中，CAD 数据的转化（分层）可自动完成，不需要像数控加工中由工程人员来编制数控加工代码。

（5）经济效益突出

RP 技术制造原型或零件，无需工具、模具，也与原型或零件的复杂程度无关。与传统的机械加工方法相比，其原型或零件本身制作过程的成本显著降低。此外，RP 的设计可视化、外观评估、装配及功能检验以及快速模具母模的功用，显著缩短了产品的开发与试制周期，带来了明显的时间效益。也正是因为 RP 技术具有突出的经济效益，才使得该项技术一出现，便得到了制造业的高度重视和迅速而广泛的应用。

（6）应用领域广泛

除了制造原型外，该项技术也特别适合用于新产品的开发、单件及小批量零件制造、不规则或复杂形状零件制造、模具设计与制造、产品设计的外观评估和装配检验、快速反求与复制，以及难加工材料的制造等。这项技术不仅在制造业具有广泛的应用，而且在材料科学与工程、医学、文化艺术及建筑工程等领域也有广阔的应用前景。

2.5.3 RP 技术的分类

RP 技术按具体工艺来区分有十几种，目前典型的商业化 RP 工艺方法主要有立体光固化成（Stereolithography，SL）法、叠层实体制造（Laminated Object Manufacturing，LOM）法、激光选区烧结（Selected Laser Sintering，SLS）法、熔融沉积制造（Fused Deposition Modeling，FDM）法、三维打印（Three Dimensional Printing，3DP）法、掩模固化（Solid Ground Curing，SGC）法、弹射颗粒成型（Ballistic Particle Manufacturing，BPM）法等。其中，SL 工艺以误差小、精度高的技术优势，成为市场占有率最高的 RP 技术。

（1）立体光固化成型（StereoLithography，SL）

立体光固化成型亦称为立体光刻成型，其基本原理是以激光光束照射光敏树脂，使被照射区域的树脂固化并逐层堆栈，从而制造出产品原型（见图 2-26）。

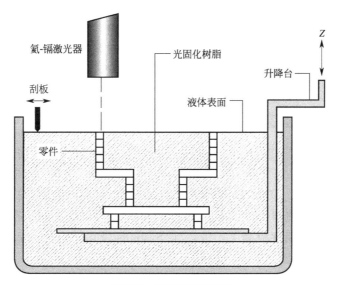

图 2-26　SL 工艺原理图

具体过程如下：液槽中盛满液态光敏树脂，氦-镉激光器或氩离子激光器发出的光束在控制系统控制下按零件的各分层截面信息，在光敏树脂表面进行逐点扫描，使被扫描区域的树脂薄层产生光聚合反应而固化，形成零件的一个薄层。一层固化完毕后，升降台下移一个层厚的距离，以使在原先固化好的树脂表面再涂敷上一层新的液态树脂，利用刮板将树脂液面刮平，然后进行下一层的扫描加工，新固化的一层牢固地黏结在前一层上，如此重复直至整个零件制造完毕，得到一个三维实体原型。

1）成型工艺特点

在当前应用较多的几种 RP 工艺方法中，由于 SL 工艺所制作出的原型表面具有质量好、尺寸精度高、原型实物制作迅速、成型材料收缩量小以及能够制造比较精细的结构特征等优点，因而应用最为广泛。但该工艺也具有成型材料种类少、液态树脂性能不够稳定、常常需要二次固化并且避光保存等缺点。

2）成型设备

20 世纪 80 年代初，美国 3M 公司的 Alan J. Hebert、美国 UVP 公司的 Charles W. Hull、日本 Nagoya Prefecture 研究所的小玉秀男，在不同地点各自独立地提出了 RP 的概念，即利用连续层的选区固化生产三维实体的新思想。Hull 在 UVP 的支持下，发明了 Stereolithography 工艺，并于 1986 年申请了专利（美国专利号 4575330），同时他和 UVP 的股东们一起创立了 3D System 公司，开始进行立体光刻技术的商业开发，并于 1988 年首次推出 SLA-250 机型（见图 2-27）。

图 2-27　美国 3D Systems 公司
SLA-250 成型机

目前，研究光固化成型设备的有美国 3D Systems 公司、Aaroflex 公司，德国 EOS 公司、F&S 公司，法国 Laser 3D 公司，日本 SONY/D－Meiko 公司、Denken Engieering 公司、Unipid 公司、CEMT 公司，以色列 Cubital 公司以及国内的清华大学、西安交通大学、上海联泰科技有限公司、华中科技大学等。

在上述研究 SL 设备的公司中，美国 3D Systems 公司在国际市场上所占份额最大。该公司继 1988 年推出第一台商品化设备 SLA-250 以来，又于 1997 年推出 SLA-250HR、SLA-3500、SLA-5000 三种机型，在技术方面有了长足的进步。其中 SLA-3500 和 SLA-5000 使用半导体激励的固体激光器，扫描速度分别达到 2.54m/s 和 5m/s，成型层厚最小可达 0.05mm。此外，这两种机型还采用了一种称为 Zephyr Recoating System 的新技术，该技术是在每一成型层上，用一种真空吸附式刮板在该层上涂一层 0.05～0.1mm 的待固化树脂，使成型时间平均缩短了 20％。该公司于 1999 年推出 SLA-7000 机型（见图 2-28）。与 SLA-5000 机型相比，该设备的扫描速度提高至 9.52m/s，平均成型速度提高了 4 倍，成型层厚最小可达 0.025mm，精度提高了 1 倍。3D Systems 公司推出的较新机型还有 Viper-si2 SLA 及 Viper Pro SLA 系统（见图 2-29）。Viper Pro SLA 系统装备了 2000mW 激光器，激光扫描最大速度可达 25m/s，升降台的垂直精度为 0.001mm，有三种规格的最大成型尺寸，分别为中等尺寸 650mm×350mm×300mm、大型尺寸 650mm×750mm×550mm 及超大尺寸 1500mm×750mm×500mm。3D Systems 公司最新推出的机型为 iPro 系列，型号有 iPro8000、iPro8000MP、iPro9000 与 iPro9000XL 等，可更换不同尺寸的液槽以满足成型空间需要。

图 2-28　3D Systems 公司
SLA-7000 型快速成型机

图 2-29　3D Systems 公司
Viper Pro 型 SLA 快速成型机

图 2-30　西安交通大学
SPS600C 成型机

图 2-30 是西安交通大学先进制造技术研究所研发的 SPS600C 型光固化成型机，图 2-31 是该设备操作界面及成型的零件模型。系统界面包含激光参数、扫描速度、原型尺寸、叠层

数、层距、当前层数据、工作台升降速度等信息。

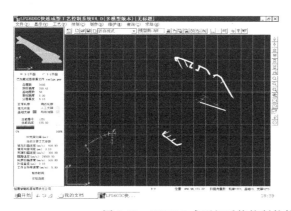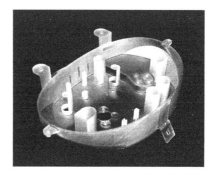

图2-31 SPS600成型机系统控制软件界面及加工的SL原型

（2）激光选区烧结（Selective Laser Sintering，SLS）

激光选区烧结使用的材料为固态粉末，与SL工艺相似，它也是用激光束来扫描各层材料，只不过用粉末材料代替了液体树脂。制作时，粉末被预热到稍低于其熔点温度，然后控制激光束加热粉末，使其达到烧结温度，从而把它和上一层黏结到一起。激光未扫描到的地方仍是粉末，可以作为下一层的支撑并在成型完成后用刷子清除掉。一层制作完毕后成型活塞下降一个层厚的距离，供粉活塞上升，用铺粉辊筒将粉体从供粉活塞移到成型活塞，将粉体铺平后即可扫描下一层，不断重复铺粉和选区烧结的过程，直到一个三维实体制作完成（见图2-32）。

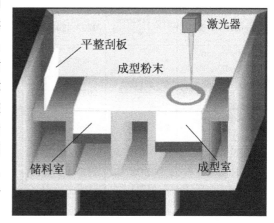

图2-32 SLS工艺原理图

SLS使用的激光器是CO_2激光器，使用的原料有蜡、聚碳酸酯、尼龙、金属以及其他一些粉状物料。根据所使用的成型材料不同，激光选区烧结的具体烧结工艺也有所不同，可大致分为高分子、金属、陶瓷粉末三种烧结工艺。

1）成型工艺特点

与其他快速成型工艺相比，SLS最大的独特性是能够直接烧结金属模具和陶瓷模具，用作注塑、压铸、挤塑等塑料成型模及钣金成型模（见图2-33）。同时该工艺还具有成型材料选择广泛、无需支撑结构、材料利用率高等优点。该工艺的缺点表现在经激光选区烧结后的聚合物高分子材料粉末强度较弱，必须进行渗蜡或渗树脂等补强处理（见图2-34）；此外，在烧结过程中有一定的气味和毒性，且成型室对环境要求较严格。

2）成型设备

美国DTM公司首次获得此项技术专利，并于1992年研制了激光烧结设备"Sinterstation 2000"系统。该设备烧结的材料主要有铸造用蜡、标准工程热塑性塑料（如聚碳酸酯、尼龙等）。此外，美国3D Systems公司、德国EOS公司以及国内的北京隆源公司、华中科技大学等都生产出不同型号的激光选区烧结设备。目前国内外部分激光选区烧结成型设备见表2-4。

图 2-33 采用 SLS 工艺制作的
高尔夫球头模具及产品

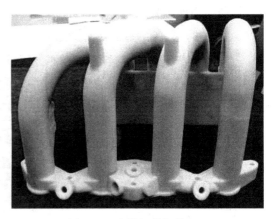

图 2-34 内燃机进气管 SLS
原型（渗蜡处理）

表 2-4 国内外部分激光选区烧结成型设备

型号 / 参数	研制单位	加工尺寸/mm ×mm×mm	厚度 /mm	激光光源	扫描速度 /(m/s)	控制软件
Vanguard si2 SLS	3D Stystem （美）	370×320×445		100W CO_2	7.5（标准） 10（快速）	VanguardHS si2™ SLS@system
Sinterstation 2500hps	DTM （美）	368×318×445	0.1016	50W CO_2		
Sinterstation 2000		203×254×152	0.05～ 0.7	50W CO_2		
Sinterstation 2500		350×250×500	0.07～ 0.12	50W CO_2		
Eosint S750	EOS （德）	720×380×380	0.2	2×100W CO_2	3	Eos RP tools Magics RP Expert series
Eosint M250		250×250×200	0.02～ 0.1	200W CO_2	3	
Eosint P360		340×340×620	0.15	50W CO_2	5	
Eosint P700		700×380×580	0.15	50W CO_2	5	
AFS-320MZ	北京隆源	320×320×435	0.08～ 0.3	50W CO_2	4	AFS Control2.0
HRPS-Ⅲ	华中科大	400×400×500		50W CO_2	4	HPRS2002

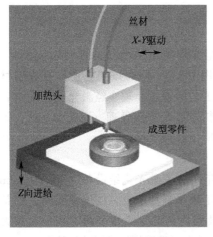

图 2-35 FDM 工艺原理图

（3）熔融沉积造型（Fused Deposition Modeling, FDM）

熔融沉积造型是由美国明尼阿波利斯工程师 Scott Crump 于 1988 年发明的，其基本原理如图 2-35 所示。将丝状的热熔性材料加热熔化，通过带有一个微细喷嘴的喷头挤喷出来，如果热熔性材料的温度始终稍高于固化温度，而成型部分的温度稍低于固化温度，就能保证热熔性材料在挤喷出来后，立即与前一层面熔结在一起。一个层面沉积完成，工作台按预定的分层高度下降一个层厚，二维层面是通过 X-Y 工作台的移动，带动喷头将熔融材料按每层截面形状进行铺敷，如此逐层累积从而形成三维实体模型。

1）成型工艺特点

突出优势是成型材料选择范围很广，如铸造石蜡、尼龙、热塑性塑料、ABS 等；此外设备体积小，运行维护费用低，易于实现桌面化。该工艺的缺点是成型速度和精度都不高；制作复杂零件时必须添加辅助支撑结构，并在后续工序中加以去除（见图2-36）。

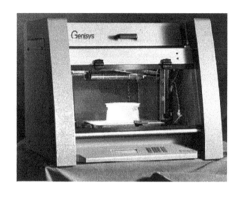

图 2-36　FDM 添加工艺支撑　　　　　图 2-37　美 Stratasys 公司的 FDM-Genisys 成型机

2）成型设备

熔融沉积成型工艺以美国 Stratasys 公司开发的 FDM 制造系统的应用最为广泛。该公司自 1993 年开发出第一台 FDM1650 机型后，先后推出了 FDM2000、FDM3000、FDM8000 及 FDM Quantum 机型，其中 FDM Quantum 机型最大造型体积可达 600mm×500mm×600mm。此外，该公司推出 Genisys 机型和 Dimension 系列小型 FDM 设备并得到市场广泛认可，仅 2005 年 Dimension 系列成型机的销量就突破千台（见图 2-37）。此外还有美国 3D Systems 公司、MedModeler 公司等也研制了 FDM 成型设备。其中 3D Systems 的 Invision 3-D Modeler 系列成型机，采用了多喷头结构和水溶性支撑，成型材料具有多种颜色。国内清华大学与北京殷华公司也较早地进行了 FDM 工艺商品化系统的研制工作，并推出了 MEM300 型成型设备。西安交通大学在 FDM 工艺基础上开发出了气压式熔融沉积成型机——AJS 系统。该系统由于没有送丝部分而使得喷头结构轻巧，从而减小了机构振动。同时，AJS 系统采用双喷头结构，可以通过控制不同温度和扫描速度成型出不同直径的丝材，提高制作精度（见图 2-38）。

图 2-38　AJS 系统设备外观及内部双喷头结构

（4）叠层实体制造（Laminated Object Manufacturing，LOM）技术

叠层实体制造技术是通过逐层激光剪切薄纸材料制造零件的一种 RP 工艺，其基本原理如图 2-39 所示。首先在基板上铺上一层箔材（如纸张），然后用一定功率的 CO_2 激光器按照计算机提取的截面轮廓，逐一在工作台上方的材料上切割出轮廓线，并将无轮廓区（非零件部分）切割成小方网格，以便在成型之后加以剔除。加工完一层后，再铺上一层箔材，用热压辊碾压，使新的一层箔材在黏结剂的作用下黏结在已形成的形体上，再切割该层的轮廓，如此反复直至加工完毕。最后去除非零件的多余部分，便可得到完整的实体零件。

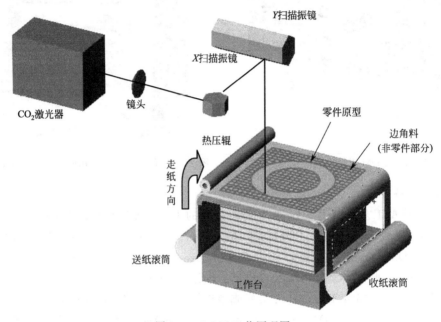

图 2-39　LOM 工艺原理图

1）成型工艺特点

优点是无需设计支撑；无需填充扫描，扫描工作量少；成型过程无相变，残余应力较小。缺点是后续去除废料过程工作量大，且材料浪费严重；成型的表面精度低。

2）成型设备

叠层实体制造成型工艺出现于 1985 年，主要制造商是美国 Helisys 公司。目前生产 LOM 成型设备的有美国 Helisys 公司，日本 Kira 公司、Sparx 公司，以色列 Solidimension 公司，新加坡 Kinergy 公司以及国内华中科技大学和清华大学等，其中美国 Helisys 公司技术较为领先，在国际市场上所占份额最大。该公司于 1992 年推出第一台商业机型 LOM-1015（380mm×250mm×350mm）后，1996 年推出 LOM-2030 机型（815mm×550mm×508mm），成型时间较原机型缩短 30%（见图 2-40、图 2-41）。Helisys 公司除 LPH、LPS 和 LPF 三个系列纸材品种外，还开发了塑料品种和复合材料品种。在软件方面，Helisys 公司开发了面向 Windows NT 的 LOMSlice 软件包新版本，增加了 STL 可视化、纠错、布尔操作等功能，功能更加完善。日本 Kira 公司的 PLT-A4 机型采用了一种硬质合金刀具来代替激光器进行纸材切割。以色列 Solidimension 公司 SD300 机型类似于一台印刷机，具有 USB 接口，可置于办公台面上，所使用材料为透明的工程塑料（PVC）薄膜，模型最小壁厚可以小至 1.0mm。图 2-42 为 SD300 设备外观及所制作的模型样件。国内的西安

交通大学的 CLM400 叠层实体快速成型机、华中科技大学研制的 HRP 系列成型机,在硬件和软件方面都有各自的创新之处。图 2-43～2-45 给出了 CLM400 成型机加工现场及制备的零件模型。

图 2-40　美国 Helisys 公司
LOM-2030 成型机

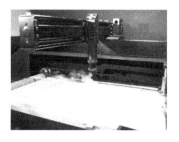

图 2-41　LOM-2030 成型机
切纸过程

图 2-42　以色列 Solidimension
公司 SD300 成型机

图 2-43　西安交通大学 CLM400 成型机外观及内部结构

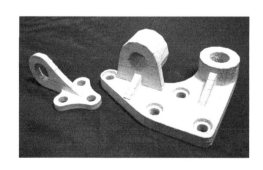

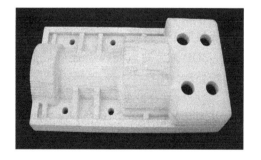

图 2-44　CLM400 制备的常规机械零件 LOM 原型　　图 2-45　CLM400 制备的某铸件 LOM 原型

(5) 三维打印(Three Dimensional Printing,3DP)**技术**

三维打印技术起初是由美国麻省理工学院机械工程系 Emanuel Sachs 和材料工程系 Michael Cima 等联合研制的。Sachs 于 1989 年申请了 3DP(Three Dimensional Printing)专利,该专利是非成型材料微滴喷射成型范畴的核心专利之一。最初 3DP 工艺与 SLS 工艺相似,也是采用陶瓷粉末作为成型材料,不同之处是材料粉末不是通过烧结连接起来的,而是通过喷头用黏结剂微滴将零件截面"印刷"在材料粉末上面。分层加工完毕后,再用高温烧结的方法使原型固化,从而得到所需模型(见图 2-46)。

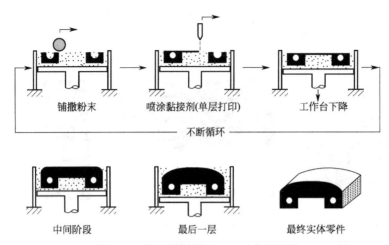

图 2-46 粉末黏接成型 3DP 工艺原理图

另一种喷墨式 3DP 技术，成型过程类似于 FDM 工艺，其喷头更像是喷墨打印机的打印头，与铺粉后喷涂黏结剂固化不同，它是从喷头直接喷射液态工程塑料微滴，依靠瞬间凝固而形成薄层。多喷嘴喷射成型为喷墨式 3DP 设备的主要成型方式，喷嘴呈线性分布（见图 2-47）。喷嘴数量和微滴直径是两个关键的技术参数，喷嘴数量越多，成型效率越高；微滴直径越小，打印精度或打印分辨率也就越高。如美国 3D Systems 公司的 ProJet6000 设备，在特清晰打印模式（XHD）下打印

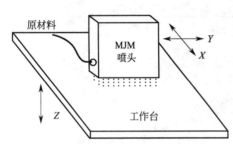

图 2-47 多喷嘴喷射成型 3DP 工艺原理图

精度为 0.075mm，层厚为 0.05mm。

1）工艺特点

3DP 作为喷射成型技术之一，采用黏结剂和喷射方式，原则上几乎可以采用任何材料来进行成型加工，且具有成型速度快、成本低、适用材料广等诸多优点，并且能够制作出彩色产品。3DP 工艺缺点是模型强度较低，易发生变形甚至出现裂纹；成型表面精度较低，必须后续处理。

2）成型材料及设备

目前已开发出来的部分 3DP 商品化设备有美国 Z Corp 公司的 Z 系列（见图 2-48），美国 Objet 公司的 Eden 系列、Connex 系列及桌上型 3D 打印系统，美国 3D Systems 公司的 Personal 系列 Professional 系列以及 Solidscape 公司的 T 系列等。2009 年以来，3D Systems 公司推出价格低廉、面向小客户的 Personal 3DP 设备，主要型号有 Glider、Axis Kit、RapMan、3D Touch、ProJet 1000、ProJet 1500、V-Flash 等，其中 ProJet1500 型号个人打印机及 3D Touch 个人打印机具有更高的打印分辨率和速度、更明亮的色彩及打印的模型耐久性更好（见图 2-49）。

值得一提的是，将陶瓷粉末换成不锈钢金属粉末，同时保证金属粉末对所喷射的化学黏结剂具有好的润湿性，便可制造出金属"绿件"，"绿件"经去除黏结剂和渗铜处理，便可得到高密度件。美国 Extrude Hone 公司的 RTS-300 机型，就是以钢、钢合金、镍合金和钛钽合金粉末为原料，采用喷射黏结剂的技术直接生产出金属零件。

图 2-48 美国 Z Corp 公司 Z650 三维打印机

图 2-49 美国 3D Systems 公司
3D Touch 三维打印机

2012 年，美国政府正式宣布建立国家增材制造创新机构，推动 3D 打印技术向国家主流制造技术发展，也促使各国政府开始重视 3D 打印。据著名咨询机构 Wohlers Associates 统计，2012 年全球 3D 打印市场规模已达 22.04 亿美元，同比增长 29%，预计未来 3D 打印市场将保持快速增长的势头。从设备数量上看，美国目前各种 3D 打印设备的数量占全世界 40%，而中国只有 8% 左右。令人可喜的是，我国工信部于近期发布 3D 打印规划，表态将通过加大财税支持力度、拓宽投融资渠道等方式切实支持国内 3D 打印行业的发展，力争完成增材制造产业销售收入年均增长速度 30% 以上的目标。同时提出到 2016 年，初步建立较为完善的增材制造产业体系，整体技术水平与国际同步。中国物联网校企联盟亦把 3D 打印称作"上上个世纪的思想，上个世纪的技术，本世纪的市场"。

(6) 掩模固化工艺（Solid Ground Curing，SGC）

掩模固化工艺亦称为面曝光制程，由以色列 Cubital 公司率先开发。SGC 工艺原理是：利用丙烯基光敏树脂和光学掩模技术，首先在一块特殊玻璃上通过曝光和高压充电产生与截面形状一致的静电潜像，同时吸附上炭粉形成截面形状的负像，接着以此为"底片"用强紫外灯对涂敷的一层光敏树脂进行曝光固化，将多余树脂吸附掉后，用石蜡填充截面中的空隙部分。之后用铣刀把该截面修平，并在此基础上进行下一个层面的固化（见图 2-50）。同 SL

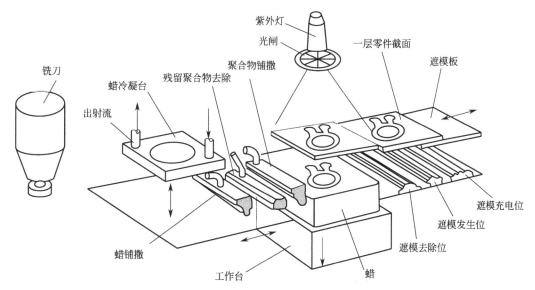

图 2-50 SGC 工艺原理图

一样，掩模固化系统也是利用紫外光来固化光敏树脂，但光源和具体的工艺方法与 SL 不同，它的曝光是采用光学掩模技术和电子成像系统来进行的。由于每层固化是瞬间完成的，因此相比 SL 来说，SGC 制作效率更高。而且 SGC 的工作空间较大，可以一次制作多个零件，也可以制作单个大零件。

SGC 的优点一是同时曝光，速度快；二是无需设计支撑结构。SGC 的缺点是树脂和石蜡的浪费较大，且工序复杂。

(7) 直接金属快速成型

RP 技术主要用于制作非金属样件。由于样件力学性能较差，远不能满足工程实际需求，所以大大限制了 RP 技术的工程实际应用。从 20 世纪 90 年代初开始，探索实现金属零件直接快速制造的方法，已成为 RP 技术的研究热点，国外知名 RP 公司均在进行金属零件快速成型技术研究，但目前大多仍处于研究与半商品化阶段。在诸多直接制造金属零件的 RP 工艺中，除前面介绍的 SLS、3DP、LOM 外，还有激光熔融沉积（Direct Metal Deposition，DMD）、电子束熔焊（Electron Beam Melting，EBM）、三维焊接（Three Dimensional Welding，3DW）等工艺。

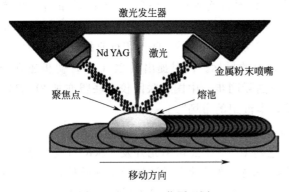

图 2-51 DMD 工艺原理图

1）DMD 工艺

美国 Sandia 国家实验室、LosAlamos 国家实验室、密歇根大学与十余家企业单位开展了以制作致密金属零件为目标的 DMD 技术，也称为金属激光净成型（Laser Engineering Net Shaping，LENS）。DMD 工艺原理如图 2-51 所示。使用聚焦的激光在金属基体上熔化一个局部区域，同时喷嘴将金属粉末喷射到熔池里，基体置于工作台上，工作台具有 XYZ 方向、旋转及倾斜的运动自由度。移动工作台的同时，系统沉积一层新金属，当一层沉积完成后，抬升喷嘴一个分层厚度，新金属就可再次沉积，如此层层叠加制作金属原型零件。金属粉末由一个固定于机械顶部的料仓送入喷嘴，成型室内充满氩气以防止熔融金属氧化。

DMD 工艺的优点是不需要浸渗等后处理工序，即可直接获得致密度和强度较高的组织；缺点是由大功率激光器、五轴运动系统、密封保护气成型室所组成的成型系统造价昂贵，且成型时热应力和变形较大，成型精度不是很高。因此，DMD 技术目前主要应用于航空、航天、军工领域的特殊合金零件制造与修补。

基于这种技术，美国 Optomec 公司、POM 公司和 AeroMet 公司针对不同的应用领域，分别推出了商业化的成型机和服务项目（见表 2-5）。

表 2-5 不同 DMD 系统比较

机型	Optomet'CTMA 850	POM'DMD	AeroMet
激光器	1kW Nd YAG	5kW CO_2	18kW CO_2
成型尺寸	18 英寸×18 英寸×42 英寸	60 英寸×20 英寸×18 英寸	10 英尺×10 英尺×3 英尺
成型材料	316、304 不锈钢，H13 工具钢，Inconel625、629 镍基固溶变形超耐热合金，718、2024 铝，Ti_6Al_4V	不锈钢、工具钢、镍基变形超耐热合金	纯钛及钛合金
应用领域	零件的制作与修补	零件和模具制作与修补，表面处理	飞机、军舰上的大型零件

由于在 DMD 技术中，添加的材料要经过固态-液态-固态的相变过程，成型过程中熔融金属的流淌以及冷却过程中的变形都难以避免。因此，为保证成型精度往往需要与切削加工的后处理过程相结合。图 2-52 是 AeroMet 公司利用 DMD 沉积获得初具形态的零件毛坯，再经切削加工精整，使零件获得所需的尺寸精度。

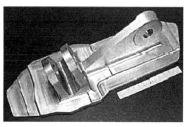

(a) 成型过程　　　　　　(b) 零件毛坯　　　　　　(c) 精整后的零件

图 2-52　美国 AeroMet 公司 DMD 工艺

2013 年 11 月，国产 C919 大型客机翼身组合体综合验证项目中机身、外翼翼盒总装大部段在中航飞机西飞成功下线，其中首次采用激光三维打印技术加工钛合金中央翼缘条，最大尺寸为 3070mm，最大质量为 196kg。图 2-53 为西北工业大学凝固技术国家重点实验室通过激光熔焊工艺制造的飞机翼缘条样件。

图 2-53　激光立体成型 C919 飞机中央翼缘条

2) EBM 工艺

同激光装置相比，电子束的能量密度与激光相近，而运行成本较低，其成型过程具有焊接能量密度高、焊缝成分纯净、焊接质量好的优点。其工艺原理如图 2-54 所示。

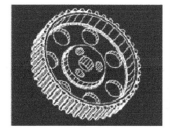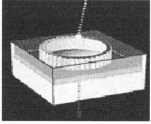

(a) CAD建模　　　　　　(b) EBM成型过程　　　　　　(c) 实体金属零件

图 2-54　EBM 工艺原理图

瑞典 Arcam 公司的 EBM S-12 直接金属成型系统，采用具有自主知识产权的 CAD to Metal 技术，使用高能真空电子束作为能量，逐层熔融金属粉末进行成型。目前该公司已开发了针对普通零件成型的 200 号低合金钢和针对模具制造的 H13 工具钢粉末材料，并积极开展针对生物工程的生物适应性金属材料的研究工作。但是，电子束工作时的真空要求和 X 射线屏蔽措施，降低了其可操作性。真空隔离的操作环境，虽然可以避免成型材料的污染与氧化，但是对于连续热输入的堆积成型过程，这种环境不利于散热，会导致熔融金属的过热流淌，以及成型后零件的整体收缩变形，难以保证成型件的制造精度。

3）3DW 工艺

三维焊接是以成熟的焊接工艺作为技术依托，结合数控及 RP 原理来直接成型金属零件的。具体是采用弧焊热源熔化金属基体和填充材料，按照所要成型零件的几何特征，逐层堆积金属材料以实现零件成型（见图 2-55）。成型件的尺寸精度可根据使用要求，通过焊接工艺控制与数控切削相结合来保证。

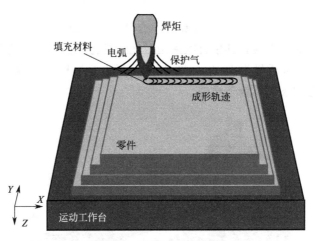

图 2-55　3DW 工艺原理图

美国肯塔基大学、南教会大学和英国诺丁汉大学的研究人员采用熔化极气体保护焊的方法构建了试验平台，并对基于弧焊的直接金属成型方法的扫描工艺、温度控制、应力及变形问题进行了研究。西安交通大学先进制造技术研究所提出了基于常规弧焊工艺的经济型直接金属成型方法，并开发出了相应的 3DW 设备（见图 2-56）。

图 2-56　3DW 设备外观及制作的薄壁圆柱精度测试件

2.5.4　RP 技术的应用

目前，RP 技术已广泛应用于汽车、航空航天、船舶、家电、工业设计、医疗、建筑、工艺品制作以及儿童玩具等领域，并且随着技术本身的不断发展和完善，其应用范围也将不断拓广。

(1) 产品设计评估与审核

新产品的开发总是从外形设计开始的，外观是否美观和实用往往决定了该产品是否能够被市场接受。在传统的加工方法中，二维工程图在设计加工和检测方面起着重要作用。二维工程图做法是根据设计师的思想，先制作出效果图及手工模型，经决策层评审后再进行后续设计。但由于二维工程图或三维工程图不够直观，表达效果受到很大限制，而手板制作模型耗时长，精度较差，修改困难。尽管目前造型软件的功能十分强大，但是设计出来的概念模型仍然停留在计算机屏幕上。概念模型的可视化对于开发人员修改和完善设计是十分必要的。有学者形象地形容，RP 系统好比一台三维打印机，能够迅速地将 CAD 概念设计的物理模型非常高精度地"打印"出来。这样，在概念设计阶段，设计人员有了初步设计的物理模型。借助于物理模型，设计人员可以比较直观

图 2-57　设计人员对原型进行评估

地进行进一步设计，大大提高了产品设计的效率和效果。如设计人员可以进行模型的合理性分析、模型的观感分析，根据原型或零件评价设计正确与否并可加以改正。

为提高设计质量，缩短生产试制周期，RP 系统可在几小时或几天内将设计人员的图纸或 CAD 模型变成看得见摸得着的实体模型。这样就可根据设计原型进行设计评定和功能验证，迅速地取得用户对设计的反馈信息（见图 2-57）。同时也有利于产品制造者加深对产品的理解，合理地确定生产方式、工艺流程和费用。与传统模型制造相比，RP 技术不仅速度快、精度高，而且能够随时通过 CAD 进行修改与再验证，使设计走向尽善尽美。

(2) 工程测试、功能测试及结构运动的分析

RP 技术除了可以进行设计验证和装配校核外，还可以直接用于性能和功能参数试验与相应的研究，如机构运动分析、流动分析、应力分析、流体和空气动力学分析等。采用 RP 技术可严格地按照设计将模型迅速地制造出来进行实验测试，对各种复杂的空间曲面更体现出 RP 技术的优点。如风扇、风扇轮毂等设计的功能检测和性能参数确定，可获得最佳扇叶曲面、最低噪声的结构。

在 RP 系统中使用新型光敏树脂材料制成的产品零件原型具有足够的强度，可用于传热、流体力学试验。用某些特殊光敏材料制成的模型还具有光弹特性，可用于产品受载应力应变的试验分析。例如，美国通用汽车公司在某车型开发中，直接使用 RP 原型进行车内空调系统、冷却循环系统及冬用加热取暖系统的传热学试验，较之以往的同类试验节省花费 40% 以上；克莱斯勒汽车公司（Chrysler）直接利用 RP 制造的车体原型进行高速风洞流体动力学试验，节省成本 10% 以上。总体来说，通过快速制造出物理原型，可以尽早地对设计进行评估，缩短设计反馈周期，方便而又快速地进行多次反复设计，大大提高了产品开发的成功率，开发成本大大降低，总体的开发时间也大大缩短。

（3）与客户或订货商的交流手段

在国外，RP 原型成为某些制造商家争夺订单的手段。例如位于美国底特律的一家仅组建两年的制造商，由于装备了 2 台不同型号的快速成型机及以此为基础的快速精铸技术，仅在接到美国 Ford 公司标书后的 4 个工作日内便生产了第一功能样件，从而在众多的竞争者中夺到为 Ford 公司生产年总产值达 3000 万美元的发动机缸盖精铸件合同。另一方面，客户总是更乐意对实物原型"品头论足"，提出对产品的修改意见。因此，RP 模型是设计制造商就其产品与客户交流沟通的最佳手段。

（4）快速模具的母模

在模具制造业，快速成型技术可以有效地翻制经济模具的母模，如对硅橡胶模具、聚氨酯模具、金属喷涂模具、环氧树脂模具等软质模具进行单件、小批量的试制。

硅橡胶软模在小批量制作具有精细花纹、无拔模斜度甚至倒拔模斜度的零件时，有很大优越性，几乎所有的 RP 原型都可以作为硅橡胶模具制作的母模。环氧树脂模具因为成本低廉且制件数量较硅胶模具多而更适合用于小批量产品的试制，而环氧树脂模具的制作同样可以通过 RP 技术来制作母模，且模具表面质量高。

（5）直接制作快速模具

以 RP 生成的模型作模芯或模套，结合精铸、粉末烧结或电极研磨等技术可以快速制造出企业产品所需的功能模具或工装设备，其制造周期一般为传统数控切割的 1/10～1/5，而成本仅为其 1/5～1/3。模具的几何复杂程度越高，这种效益越显著。如利用 SL 壳形样件作为熔模铸造，能快速制备出金属制品或金属材料模具，以用于冲压模或压铸模。这种工艺可获得 90％左右的成功率，极具应用前景。再如，利用 SLS 工艺可以直接烧结金属模具和陶瓷模具，用作注塑、压铸、挤塑等塑料成型模及钣金成型模。美国 DTM 公司在 Sinterstation2000 成型机上将 Rapidsteel 粉末（钢制微粒外裹一层聚酯）进行激光烧结，得到模具后放在聚合物的溶液中浸泡一定时间，然后放入加热炉中加热使聚合物蒸发，接着进行渗铜，出炉后打磨并嵌入模架内即可得到完整模具。

（6）医学应用

RP 技术最早应用于航空、汽车、铸造、家电等领域，随后在医学领域也得到了广泛应用，同时医学应用也对 RP 技术提出了更高的要求。将高分辨率的医学图像数据（CT 或 MRI）通过专业软件处理，再导入快速成型机，便可制作出精确的人体器官模型（见图 2-58）。这项技术可以在不经手术的条件下，增强医生对患者病变部位的了解。在颅外科、

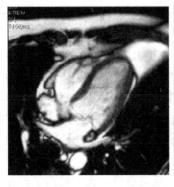

图 2-58 从 CT 图像到 RP 模型

神经外科、口腔外科、颌面整形外科等方面，可帮助外科医生进行外科手术方案规划和评估、复杂手术预演及进行个体适配性假体的设计和制造。

彩色光固化（Color Stereolithography）法的出现进一步验证了 RP 技术在医学领域上的优势。彩色光固化法是一种特殊的光固化法，它利用不同固化程度的工艺使树脂原型显示出深浅不同的颜色。该技术对于肿瘤及其相关病灶区域的直观表达具有明显优势，如存在于骨骼内部的肿瘤可透过"骨骼"观察到；在复杂的颌骨手术准备中，外科医生可以很容易地确定牙齿位置，及对存在于上下颌中的牙根部位进行观察等（见图 2-59）。

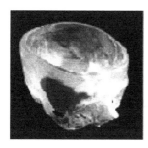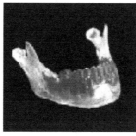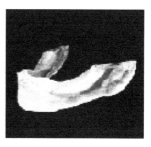

图 2-59 彩色光固化法原型实例

生物模型为医生和病人提供了一个很好的交流工具，可准确传递医生的手术意图，使患者更好地配合完成高难度的手术。总之，生物模型改进了现代医疗诊断和外科手术水平，缩短了手术时间，节约了手术费用；与过去的三维计算机模型相比，更直观、更准确、更具人性化。

（7）组织工程载体支架制备

随着光敏材料的深入研究，一些具有生物相容性和可降解性的光敏生物材料诞生了，如 Polyethylene Glycol（PEG）、Polyvinyl Alcohol（PVA）、Polyethylene Oxide（PEO）、Polypropylene Fumarate（PPF）等。一些研究者开始利用这些材料通过 SL 技术直接制造组织工程支架（见图 2-60）。

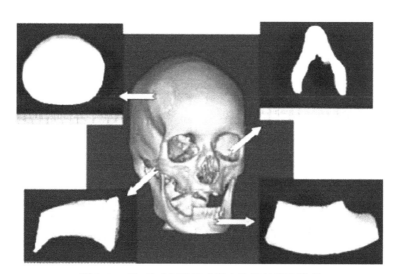

图 2-60 SL 技术制造的光敏生物材料骨骼模型

瑞士联邦工学院 E. Charrière 等人采用 ink jet 技术，用热塑性材料制备了宏观支架结构，并填充浆状的羟基磷灰石（Hydroxylapatite，HA）材料，再通过铸造的办法来融化负型支架并使其固化成型［见图 2-61(a)］；德国 Albert-Ludwigs 大学 Rüdiger Landers 等人利用 3DP 工艺制作硅树脂支架结构；美国新泽西州 Therics 医疗器械公司利用 3DP 技术，通过开发的"Theriform"工艺成型出 HA＋聚丙烯酸支架；伦敦大学 I. Grida 等人利用氧化锆、微晶蜡和硬脂酸混合物，通过 3DP 成型＋高温烧结工艺，制备出多孔结构支架；美国 Michigan 大学 J. M. Taboas 等人采用 Solidscape 公司 MM2 喷蜡机制作出支架铸件，然后选用聚乳酸（PLA）和陶瓷的复合材料作为支架材料，通过烧结工艺来制备可控孔隙率和孔径的微孔结构支架［见图 2-61(b)］；美国 Oklahoma 大学 E. G. Manuela 等人利用 FDM 工艺制备出乙烯醇与淀粉的混合物支架结构［见图 2-61(c)］；美国华盛顿州立大学 S. J. Kalita 等人设计制造了具有可控孔隙率的聚丙烯-磷酸三钙（PP-TCP）混合物支架，并进行了人成骨细胞体外培养试验［见图 2-61(d)］。

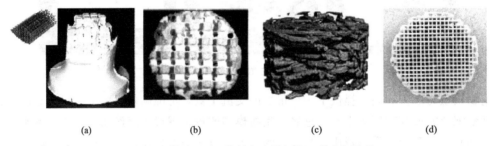

(a)　　　　　　(b)　　　　　　(c)　　　　　　(d)

图 2-61　利用 RP 工艺制备出的组织工程支架结构

(8) 艺术品制造

快速成型技术在玩具及艺术品创作的可视化展示中得到了非常好的应用效果。艺术品和建筑装饰品是根据设计者的灵感构思设计出来的。采用 RP 技术可使艺术家的创作、制造一体化，为艺术家提供最佳的设计环境和成型条件。许多离奇的雕塑艺术品的创作灵感来源于海洋生物的形貌、有机化学的晶体结构、细胞结构的生长图形、数学计算演变的结构等方面，而 RP 独特的工艺过程，为艺术品的创作开创了一个崭新的设计、制造概念（图 2-62、图 2-63）。

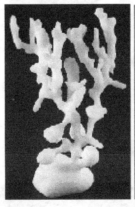

图 2-62　基于生物螺旋环面　　　　　　图 2-63　基于细胞生长的有机体结构模型
形貌而创作的艺术雕塑　　　　　　（RP 原始模型和着色后的模型）

2.6　快速模具技术

技术引进、消化吸收、创新是发展中国家提高技术能力、赶超世界先进水平的必由之路。在瞬息万变的产品市场中，能否快速生产出合乎市场要求的产品已成为企业成败的关键。随着市场竞争的日趋激烈，制造业重心也由过去的扩大生产规模、降低产品成本、提高产品质量逐步转移到加快市场响应速度上。谁能够在新产品研制与开发过程中走在前面，谁就在激烈的市场竞争中占据有利的位置。

快速模具（Rapid Tooling，RT）技术突出的特点就是显著的经济效益，与传统的数控加工模具方法相比，周期和费用都降低 1/10～1/3。图 2-64 为基于 RP 技术的 RT 制作流程。近年来，工业界对 RT 的研究开发投入了日益增多的人力和资金，RT 的收益由此也获得了巨大增长。据统计，近年来 RT 服务的收益年增长率均高于 RP 系统销售。

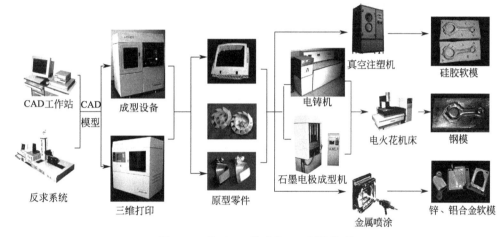

图 2-64　基于 RP 技术的 RT 制作流程

在现代工业中，模具工业已成为制造业发展的基础，使用模具生产零件具有生产率高、质量好、节约能源和原材料以及成本低等一系列优点。模具工业已成为现代生产的重要手段和工艺发展方向，在国民生产中发挥着日益重要的作用。

模具的制作过程涉及设备、工艺、材料等各种因素。传统机械加工工艺生产周期长、成本高，而基于 RP 的 RT 技术由于集成度高、从 CAD 数据到物理实体转化过程快，因此国外工业发达国家已将 RP/RT 技术作为缩短产品开发时间及模具制作周期的重要研究课题和核心技术之一。表 2-6 为 RT 和钢模的制作成本、周期和相对寿命的对比表。可以说，从 RP 到 RT 是快速成型技术发展的第二次飞跃。

表 2-6　RT 和传统钢模对比

模 具 材 料	制作成本/美元	制作周期/周	模具寿命/件
硅橡胶	5	2	30
金属树脂合成材料	10	5	300
金属热喷涂	25	6～7	1000
镍蒸发沉积	30	6～7	5000
钢（机加工）	60	16～18	25000

RT 技术主要制模领域为注塑模、冲压模、压铸模、锻模（见图 2-65）。按模具制造方式来分，RT 技术可分为直接制模法和间接制模法。直接制模法是采用直接金属快速成型工艺来制作金属模具的方法。用该方法制造的钢铜合金注射模，寿命可达 5 万件以上。但此法在激光烧结或粘接固化过程中，材料发生较大收缩且不易控制，故难以快速得到高精度的模具。目前，基于 RP 的快速模具制作多为间接制模法，它是利用 RP 原型间接翻制模具的方法。依据材质不同，间接制模法生产出来的模具一般分为软质模具和硬质模具两大类。

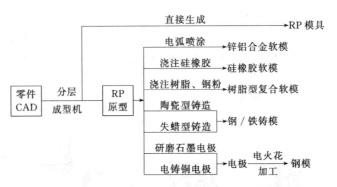

图 2-65　基于 RP 技术的 RT 制造工艺主要制模领域

软质模具因所使用的软质材料，如硅橡胶、环氧树脂等而得名。由于软质模具制造成本低、制作周期短，因而在新产品开发过程中作为产品功能检测和试运行，以及国防、航空等领域中单件、小批量产品的生产方面受到高度重视，尤其适合用于批量小、品种多、改型快的现代制造模式。目前提出的基于 RP 制作软质模具的主要方法有硅橡胶浇注法、金属喷涂法、树脂浇注法等。软质模具生产制品的数量一般为 50～5000 件；对于上万件乃至几十万件的产品，仍然需要传统的钢质模具，即硬质模具。基于 RP 制作硬质模具的主要方法有熔模铸造法、电火花加工法、陶瓷型精密铸造法等。

2.6.1　基于 RP 的软模快速制造技术

(1) 硅橡胶模具快速制造技术

硅橡胶模具制造工艺是一种比较普及的 RT 制造方法。由于硅橡胶模具具有良好的柔性和弹性，能够制作结构复杂、花纹精细、无拔模斜度甚至具有倒拔模斜度以及具有深凹槽类的零件，制作周期短，制件质量高，因而备受关注。

1) 硅橡胶模具的特点

模具简单易行，无需特殊的技术及设备，只需数小时在室温下即可制成。硅橡胶模具能经受重复使用和粗劣操作，能保持制件原型和批量生产产品的精密公差，并能直接加工出形状复杂的零件，免去铣削和打磨加工等工序，而且脱模容易，大大缩短了产品的试制周期，同时模具修改也很方便。此外，由于硅橡胶模具有很好的弹性，对凸凹部分浇注成型后可直接取出，这也是它的独特之处。

硅橡胶模具的诸多优点使它成为制模材料的佼佼者，一部分已进入机械制造领域并与金属模具相竞争。目前用硅橡胶制造的弹性模具已用于代替金属模具生产蜡模、石膏模、陶瓷模、塑料件，乃至低熔点合金如铅、锌以及铝合金零件，并在轻工、塑料、食品和仿古青铜器等行业的应用不断扩大，对产品的更新换代起到不可估量的作用。利用硅橡胶制造模具，可以更好地发挥 RP 技术的优势。

2）基于 RP 的硅橡胶模具制作工艺

硅橡胶模具的制造工艺过程如图 2-66 所示。

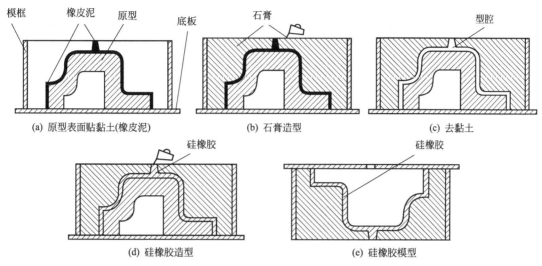

图 2-66　硅橡胶模具工艺过程

对于采用 RP 原型件作母模的硅橡胶模的制作，在制模时首先需要考虑分模、脱模的难易，决定采用整体一次浇注、两次或多次分体浇注，分型面的设置应根据母模的具体情况来确定，同时考虑模具的定位要求。整体一次浇注的优势在于成型的模具精度较高、成型效率高，适用于结构相对简单的硅橡胶模成型；对于结构复杂的原型制件母模，采用整体一次浇注时，取模困难甚至不能开模，宜采用两次或多次分体浇注。基于 RP 的硅橡胶模具的制作工艺过程如下：

① 设计 RP 原型。利用三维 CAD 软件（UG、Pro/E 等）进行零件的 CAD 设计，获得硅橡胶模具工作表面的三维 CAD 模型，确定分型方向，设计分型面，设计硅橡胶模具浇口，获得硅橡胶模具的三维 CAD 模型。

② 制作 RP 原型。

③ 安放原型。把准备好的原型放置到平板上固定好，再将模框套到原型上，并使原型周围距模框的距离均匀，在模框内表面及平板上涂刷脱模剂。

④ 贴黏土和浇石膏背衬。为增加硅橡胶模具的刚性，同时也为了节省硅橡胶材料和降低成本，可进行贴黏土，配石膏浆，浇注石膏背衬。待石膏浆固化后，再去掉黏土层。

⑤ 硅橡胶造型。根据去掉的黏土层的体积，计算所需调配的硅橡胶体积。调配均匀后的硅橡胶放入抽真空装置中排除混合体中的气泡，之后进行浇注。

⑥ 硅橡胶固化。浇注好的硅橡胶模具在室温 25℃左右放置 4～8h，待硅橡胶不粘手时取出原型，再把硅橡胶模具放入烘箱中进行完全固化。

⑦ 脱模。从模框中取出已固化的硅橡胶模，抽出浇口棒及形成排气孔用的圆棒，沿分模标记把模具切割开来。为防止浇注时模具的错位，切割模具时，切口应切成波形状或锯齿形状。

⑧ 修型。

3）应用案例——改进型叶轮 RT 制作

某企业提供未改型的叶轮实物，利用反求系统测得其点云数据，在反求软件 Surfacer 构造出叶轮的曲面模型，导入三维 CAD 软件；根据企业要求反复修改叶轮的几何模型，生成 STL 文件并导入快速成型机，制造出叶轮 SL 原型；以原型作母模，采用室温硫化的有机硅橡胶浇注制作叶轮硅橡胶模，最后利用硅橡胶模翻制 ABS 塑料样件。与传统开发流程相比，采用基于 RP 硅橡胶模具制造工艺制造的叶轮，生产周期缩短为原来的 40％，制造费用降低为原来的 60％。叶轮橡胶模具制作工艺流程如图 2-67 所示。

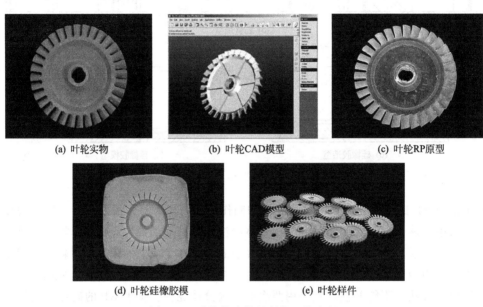

(a) 叶轮实物   (b) 叶轮CAD模型   (c) 叶轮RP原型

(d) 叶轮硅橡胶模   (e) 叶轮样件

图 2-67　叶轮橡胶模具制作工艺流程

（2）基于 RP 的电弧喷涂 RT 制造技术

1）电弧喷涂制模的原理及特点

电弧喷涂制模的思想起源于 20 世纪 60 年代提出的净形热喷涂成型（Net-shape Thermal Spray Forming），基本工艺过程是：以 RP 原型作基体样模，将低熔点金属（如锌铝合金）雾化后高速喷射沉积于基体上形成金属薄壳，然后在背衬上充填复合材料，从而快速制作出模具。作为一种典型的快速制模技术，该方法具有工艺简单、制作周期短、型腔及其表面精细花纹可一次同时成型、耐磨性能好、尺寸精度高等优点，特别适用于小批量、多品种的生产使用。图 2-68 为基于 RP 的电弧喷涂制模工艺流程。

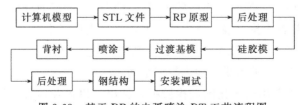

图 2-68　基于 RP 的电弧喷涂 RT 工艺流程图

2）应用案例——轿车前翼子板拉延模具制造

现代模具设计的最新发展趋势表明，汽车车身设计的概念或总体设计阶段的效果图、油泥模型将逐渐由计算机完成，称为无实物模型设计方法。电弧喷涂制作 AUTO 汽车前翼子板拉延模的过程如图 2-69 所示。

图 2-69　电弧喷涂制作模具及冲压工艺流程

为实现拉延成型，需要在零件本体以外添加一些具有一定形状的材料，以构成拉延工序件。这些添加的工艺补充区域是拉延件不可缺少的部分。以 AUTO 车前翼子板为模型，扩充工艺面后的造型如图 2-70 所示。

电弧喷涂制作 AUTO 汽车前翼子板拉延模，其中关键工艺流程为过渡模的制作、浇注背衬材料以及模具的装配。下面介绍过渡模制作、喷涂工艺、背衬材料的浇注以及试模过程。

① 石膏过渡模型的制作。将混合好的石膏

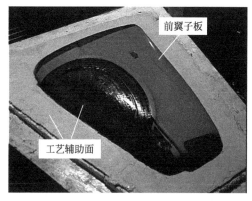

图 2-70　轿车覆盖件主模型

浆料浇注到 AUTO 汽车前翼子板模型的负型中，石膏型凝结 3h 后，采用大功率红外线暖风机烘干石膏型，之后脱模得到石膏过渡模（见图 2-71、图 2-72）。在石膏型表面喷涂油漆，以便于后续工序的脱模。

图 2-71　浇注石膏

图 2-72　石膏过渡模

② 电弧喷涂。石膏过渡模的表面处理工序结束后，即可进行表面电弧喷涂（见图 2-73）。

③ 加强件和背衬材料的浇注。电弧喷涂层在满足厚度要求之后，即可在金属涂层与金属框之间，浇注背衬材料，大型模具的背衬材料可以部分采用树脂＋金属粉，其余部分采用高强度混凝土填充。树脂混合料由环氧树脂、固化剂和填料组成。其中填料的作用是调节环氧树脂固化过程，改善固化体的机械性能和物理性能。为提高背衬材料与涂层的黏结力，在浇注背衬材料前，刷涂环氧树脂（见图 2-74）。

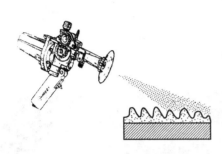

(a) 小角度喷涂阴影区域示意图   (b) 喷涂现场

图 2-73　电弧喷涂制作凹模

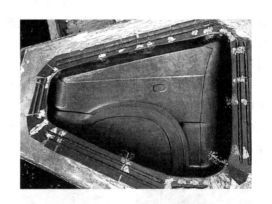

图 2-74　金属涂层表面浇注环氧树脂   图 2-75　凹模表面贴铅皮

④ 脱模和表面抛光。由于采用的是石膏模型，很容易采用破坏方式脱模。对于型腔比较复杂的模具可以采用溃散型石膏来制作模型，溃散型石膏是在石膏浆料中加入 1% 的 $CuSO_4$ 制成的，这种石膏固化体加热到 160℃ 时会自行溃散，易脱模。电弧喷涂颗粒细密，复型性非常好，模具表面光洁度主要取决于石膏模型表面质量，当模型表面质量较好时，金属喷涂模具表面只需用细砂纸稍稍打磨即可，有时甚至不需要任何抛光处理。

⑤ 凸模与凹模间隙确定。凸模与凹模之间应留有板料厚度的间隙，间隙过小，增加板料与模具面之间的摩擦力，使拉延件容易破裂，且易使制件擦伤和缩短模具寿命；间隙过大，拉延件又容易起皱，且影响零件精度。采用在凹模表面贴铅皮的办法，保证凸凹模之间间隙。本例中板料厚度为 0.8mm，选择铅皮厚度 1mm，图 2-75 为凹模贴铅皮过程。重复制作凹模的过程，得到制作好的凹模、凸模（见图 2-76、图 2-77）。

⑥ 试冲压。根据板料变形量设计制作压边圈，压边圈制作和试压过程中压边力的调整是模具制作和试压过程的重要组成环节，直接决定冲压件是否无皱折、开裂。采用硬橡胶对板料施加压边力。本例中硬橡胶尺寸为 150mm×150mm×300mm，橡胶硬度为 HS60，压缩量为 40%，压力为 40kN，通过增减硬橡胶数量调整压边力。

图 2-76　凹模型腔　　　　　　　　　　图 2-77　凸模

冲压设备选用额定压力 3150kN 的四柱式单动油压压力机，压边力调整至 8×10^2 kN，冲压最大压力 2×10^3 kN，精整压力为 1000kN，保压 2min，试模过程及冲压件如图 2-78 所示。

图 2-78　试模及冲压件

2.6.2　基于 RP 的钢质硬模快速制造技术

金属钢质硬模的直接快速制造，是快速成型技术向快速制造技术的转变，是国内外 RP/RT 领域研究的热点及发展方向。这是由于金属钢质硬模制作的快速性，可以使得设计人员想象中的概念模型快速地转换成为试验产品。而试验产品一旦成功，人们又可以利用金属钢质模的刚度与硬度大批量地投入生产，使产品快速占领市场，为企业赢得先机。

目前，基于 RP 的钢质硬模快速制造技术，除了 SLS、3DP、激光熔焊、三维焊接等直接金属快速成型的方法外，还有 Keltool 法、EDM 快速钢模制造等工艺。

（1）Keltool 法快速钢模制造

Keltool 法快速钢模制造由美国 3D Systems 公司开发成功，后转让给美国 Keltool 公司，其技术实质上是一种粉末冶金工艺。

1）Keltool 法基本原理及工艺流程

首先基于三维 CAD 软件设计的概念原型（包括型腔和型芯），采用 RP 技术来制造产品原型，并利用原型制得硅橡胶软模；之后在真空状态下向硅橡胶软模内浇注由两种不同成分、不同粒径组成的双形态混合金属粉末与有机树脂黏结剂组成的混合物，固化后制得待烧结坯；下一步将待烧结坯放置于具有氢气气氛的烧结炉内进行烧结，在烧结过程的低温阶段，黏结剂被烧除并由流动的氢气带走；然后继续升温烧结，将纯金属粉末烧结在一起，从而制得孔隙分布均匀的骨架状坯体；最后向骨架状坯体中渗入另一种金属（一般是渗铜），使之成为完全致密的金属模具。由此工艺所制得的金属钢质硬模一般为70%的双形态混合金属和30%的铜，其硬度可以因双形态混合金属的成分不同而不同。比如由A6模钢粉末及碳化钨粉末组成的双形态混合铁粉作为基体并经过渗铜致密和热处理后得到钢质硬模，硬度可达HRC46～50。图2-79、图2-80分别给出了Keltool法的快速制模技术进行型芯和型腔制作的工艺原理及工艺流程。

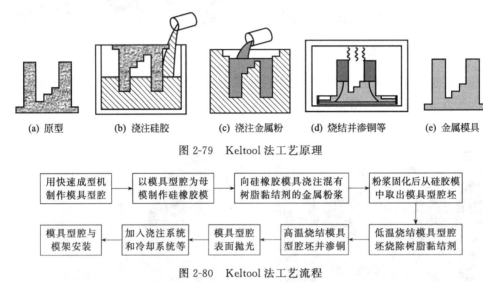

| (a) 原型 | (b) 浇注硅胶 | (c) 浇注金属粉 | (d) 烧结并渗铜等 | (e) 金属模具 |

图 2-79 Keltool 法工艺原理

用快速成型机制作模具型腔 → 以模具型腔为母模制作硅橡胶模 → 向硅橡胶模具浇注混有树脂黏结剂的金属粉浆 → 粉浆固化后从硅胶模中取出模具型腔坯

模具型腔与模架安装 ← 加入浇注系统和冷却系统等 ← 模具型腔表面抛光 ← 高温烧结模具型腔坯并渗铜 ← 低温烧结模具型腔坯烧除树脂黏结剂

图 2-80 Keltool 法工艺流程

2）Keltool 法工艺特点

Keltool 法快速制模一般使用以 WC（碳化钨）粉末和 A6 工具钢粉末组成的双形态混合粉末为基体材料。在上述双形态混合粉末中，精细研磨的 WC 颗粒，直径为 $1～4\mu m$（平均有效粒径为 $2.5\mu m$），一般为多边形或粒状；A6 工具钢粉末直径为 $20～38\mu m$（平均有效粒径为 $27\mu m$）。与简单地采用单一形态的粉末相比，这种双形态混合颗粒的优点如下：

① 充分发挥了各组分的特点，粒径较小的 WC 颗粒能够提高表面光洁度，且有助于改善镶块的耐磨性，而粒径较大的 A6 工具钢颗粒则可以提供良好的韧性。

② 两组分粗细粒径比大于 7，WC 颗粒能填充在 A6 工具钢颗粒之间的空隙中，因此双形态包的密度较金属粉末单形态包大得多。

③ 黏结剂的密度小，在还原炉中需要去除的黏结剂较少。

④ 烧结过程中平均收缩率较小，有利于提高精度。

图 2-81 Keltool 法制作的模具型腔及装配的模具

3）Keltool 法应用

Keltool 法快速制模成型工艺适合生产低公差、精细的模具，图 2-81 是采用 Keltool 法制作的模具型腔及装配的模具，其尺寸精度为 $250mm\pm0.04mm$。

（2）EDM 快速钢模制造

1）EDM 快速钢模制造的工艺流程

首先通过对零件 CAD 数据的分层处理，在快速成型机上制造出 RP 原型；然后由原型或样件翻制出振动研磨加工的三维研具，在石墨电极研磨机上加工出石墨电极；最后用此石墨电极在电火花加工机床上（EDM）加工出生产零件的钢质模腔（见图 2-82）。

图 2-82　EDM 快速钢模制造工艺流程

2）应用案例

① 连杆钢模制造。首先利用 CAD 软件对连杆进行三维几何造型设计；其次将此几何模型以 STL 文件格式输出，经过分层和加支撑处理后，用 SPS600 激光快速成型机制造出连杆的树脂原型件；再次以此原型件为铸芯，通过精密铸造工艺制造出研具；然后将研具在 GET500 型石墨研磨成型机上制作出石墨电极；最后在电火花机床上加工出连杆的钢模（见图 2-83）。

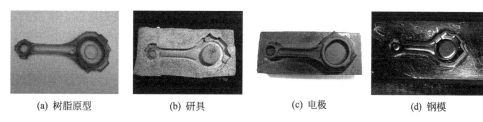

(a) 树脂原型　　　(b) 研具　　　(c) 电极　　　(d) 钢模

图 2-83　连杆 EDM 快速钢模制造过程

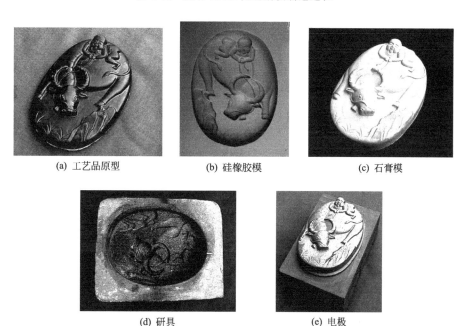

(a) 工艺品原型　　　(b) 硅橡胶模　　　(c) 石膏模

(d) 研具　　　(e) 电极

图 2-84　工艺品石墨电极制造过程

② 工艺品石墨电极的制造。首先以工艺品的实际原型为母模，翻制硅橡胶模；然后以此为基础翻制石膏模，并制作研具；最后在研磨机上制造出工艺品的石墨电极，以作为电火花加工钢模的阳极（见图 2-84）。

2.7 微细加工技术

现代制造技术的发展有两大趋势：一个是向着自动化、柔性化、集成化、智能化等方向发展，使现代制造成为一个系统，即现代制造系统的自动化技术。另一个就是寻求固有制造技术的自身微细加工极限，探索有效实用的微细加工技术，并使其能在工业生产中得到应用。微机械由于具有能够在狭小空间内进行作业而又不扰乱工作环境和对象的特点，在航空航天、精密仪器、生物医疗等领域有着广阔的应用潜力，受到世界各国的高度重视并被列为21 世纪的关键技术之首。

微细加工原指加工尺度在微米级范围的加工方法。在微机械研究领域中，从尺寸角度，微机械可分为 1～10mm 的微小机械、$1\mu m～1mm$ 的微机械、$1nm～1\mu m$ 的纳米机械。微细加工则是微米级精细加工、亚微米级微细加工、纳米级微细加工的统称。

广义地讲，微细加工技术包含了各种传统精密加工方法以及与其原理截然不同的新方法，几乎涉及各种现代加工方式，如微细切削加工、微细磨削、各种微细特种加工和能量束加工等。而且微机械制造过程往往又是多种现代加工方式的组合。狭义地讲，微细加工技术目前一般是指 MEMS 技术。MEMS 一词是 20 世纪 80 年代末提出的，即微电子机械系统（Micro Electro Mechanical Systems，MEMS），在欧洲也被称为微系统技术（Micro System Technology，MST），在日本则被称为微机器（Micro Machine）。它是以微细加工技术为基础，将微传感器、微执行器和电子线路、微能源等组合在一起的微机电器件、装置或系统。它既可以根据电路信号的指令控制执行元件实现机械驱动，也可以利用传感器探测或接收外部信号。MEMS 器件目前较多地采用硅材料制造，在工艺上沿袭了半导体集成电路（Integrated Circuit，IC）制造工艺的规范和步骤，更容易兼容"机"、"电"两部分。

目前，从国际上微细加工技术的研究与发展看，主要形成了以美国为代表的硅基MEMS 制造技术、以德国为代表的 LIGA（德语光刻、电铸成型、注塑三个单词的缩写）技术和以日本为代表的传统加工方法的微细化等方向。

20 世纪 80 年代美国 U. C. Berkeley 在硅片上发明了表面牺牲层工艺，并采用该工艺制备了可动的微型静电电动机，引起了国际社会的极大轰动，因为这显示出集成电路技术的进一步发展可以制造可动部件。这一技术的发明使单片集成制作具有传感信息处理、执行功能的新型芯片成为可能，此后 MEMS 技术的研究开始出现突飞猛进的发展。

日本在此领域的研究虽然起步晚于美国，但是目前注重程度和投资强度均超过美国。日本通产省 1991 年开始启动一项为期 10 年、耗资 250 亿日元的微型机械大型研究计划。该计划研制了两台样机，一台用于医疗，进入人体进行诊断和微型手术；另一台用于工业，对飞机发动机和原子能设备的微小裂纹实施维修。日本政府还投资 3 千万美元建了一座新的"微型机器人中心"。日本通产省工业技术院机械工程实验室（MEL）于 1996 年开发了世界上第一台微型车床（见图 2-85）。该机床长 32mm、宽 25mm、高 30.5mm，质量为 100g，主轴电机额定功率为 1.5W，转速为 10000r/min。日本名古屋大学于 1998 年研制了直径为6mm、具有 16 个爪的管道微机器人。

德国在微细加工方面首创了 LIGA 工艺，可实现高深宽比的微结构制作。例如 LIGA 工艺制作出直径 $80\mu m$、厚度 $140\mu m$ 的微齿轮，可用于微机械的动力传输。用 LIGA 技术制造的微加速器，可用于汽车安全气囊的控制系统。我国微细加工技术虽然起步较晚，但是经过政府和研究部门的共同努力，某些单项关键技术的研发已取得很大进步，如在微细结构表面超精密加工等方面已达到国际先进水平。

图 2-85　日本微型车床（1996 年）

2.7.1　典型微细加工技术

现代微细加工技术已经不仅仅局限于纯机械加工方面，电、磁、声等多种手段已经被广泛应用于微细加工。从基本加工类型看，微细加工可大致分为三类。

① 分离加工：将材料的某一部分分离出去的加工方式，如分解、蒸发、溅射、切削、破碎等。

② 接合加工：同种或不同材料的附着加工或相互结合的加工方式。如果这层材料与工件基体材料不发生物理化学作用，只是覆盖在上面，就称之为附着，也可称之为弱结合，典型的加工方法有电镀、蒸镀等。如果这层材料与工件基体材料发生化学作用，并生成新的物质层，则称之为结合，也可称之为强结合，典型的加工方法有氧化、渗碳等。

③ 变形加工：使材料形状发生改变的加工方式，其特点是不产生切屑，典型的加工方法是压延、拉拔、挤压等。

目前几种工艺较为领先的微细加工方法介绍如下。

（1）光刻加工技术

光刻加工是对薄膜表面及金属板表面进行精密、微小和复杂图形加工的技术，用它制造的零件有刻线尺、微型电动机转子、印制板电路、微孔金属网板和摄像管帘栅网等。光刻的主要工艺过程如图 2-86 所示。它是利用光致抗蚀剂（或称为光刻胶）化学反应的特点，在紫外线或激光照射下，将照相制版（掩膜板）上的图形精确地印制在涂有光致抗蚀剂的工件表面，再利用光致抗蚀剂的耐腐蚀特性，对工件表面进行腐蚀，从而获得极为复杂的精细图形。该技术是半导体工业中一项极为重要的制造技术。

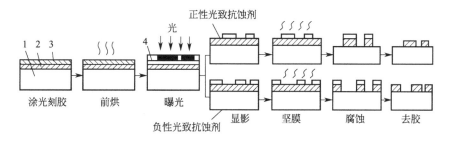

图 2-86　半导体光刻的主要工艺过程

1—衬底；2—光刻薄膜；3—光致抗蚀剂；4—掩膜板

应用光刻加工技术可以使制造的电动机更微型化，且无需组装并易于实现批量生产。但由于它刻制的薄膜厚度仅有 $2\mu m$，与用电火花加工制出的微型电动机相比电极面积很小，因而其转矩仅为后者的万分之一。

1）掩膜制作

掩膜的基本功能是当光束照在掩膜上时，图形区和非图形区对光有不同的吸收和透过能力。理想的情况是图形区可让光完全透射过去，非图形区则将光完全吸收，或与之完全相反。掩膜原版的制作是光刻加工技术的关键，其尺寸精度、图像对比度等将直接影响光刻加工的质量。

由于掩膜有两种结构（即图形区吸收光或不吸收光），而基底上涂布的抗蚀剂也有正负之分，故掩膜和硅片结构共有四种组合方式。通过它们的不同组合，可以将掩膜图形转印到硅片抗蚀剂上再经过显影、刻蚀和沉积金属等工艺，即可获得诸如集成电路的图形结构。掩膜制作工艺流程如图 2-87 所示。

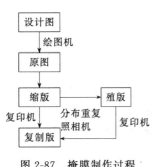

图 2-87　掩膜制作过程

① 绘制原图。原图一般要比最终要求的图像放大几倍到几百倍。它是根据设计图，在绘图机上用刻图刀在一种称为虹膜的材料上刻成的。虹膜是在透明或半透明的聚酯薄膜表面涂敷一层可剥离的红色醋酸乙烯树脂保护膜而制成的。刻图刀将保护膜刻出后，剥去不需要的那一部分保护膜而形成红色图像，即为原图。

② 缩版、殖版制作。将原图用缩版机缩成规定的尺寸，即制成缩版，具体操作视原图放大倍数而定，有时需要多次重复缩小才能得到缩版。如果要大量生产同一形状制品，可用缩图在分步重复照相机上做成殖版。

③ 工作原版或工作掩膜制作。缩版、殖版可直接用于光刻加工，但一般都作为母版保存。从母版复印形成复制版，这就是光刻加工时的原版，称工作原版或工作掩膜（版）。

目前一般由 CAD 制版，而后在计算机控制下经电子束曝光机直接制作主掩膜板，或计算机控制光学图形发生器制版。为提高掩膜精度，绘图机→图形发生器→电子束曝光的流程正成为掩膜制造工艺的主流。

2）光刻过程

光刻加工过程如图 2-88 所示，其主要工序如下：

① 预处理。基底材料通常为单晶硅或其他硅基材料。采取打磨、抛光、脱脂、酸洗、水洗等方法，对硅材料表面进行光整和净化处理，以保证光刻胶与基底表面有良好的附着力。

② 涂胶。把光致抗蚀剂（光刻胶）涂敷在氧化膜上的过程称为涂胶。它又可分为正性胶和负性胶。常用的涂胶方法有旋转（离心）甩涂、浸渍、喷涂和印刷等。

③ 曝光。在涂好光刻胶的硅片表面覆盖掩膜板，或将掩膜置于光源与光刻胶之间，利用紫外光等透过掩膜对光刻胶进行选择性照射。在受到光照的地方，光刻胶发生光化学反应，从而改变了感光部分中胶的性质。曝光时准确的定位和严格控制曝光强度与时间是该道工序的关键。

从成本考虑，曝光光源多采用紫外光；当对分辨率或深宽比有很高要求时，采用电子束

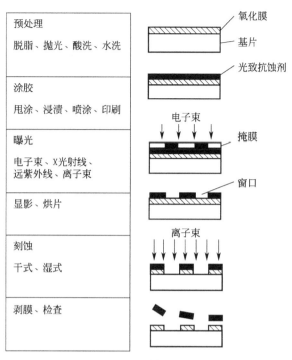

图 2-88　光刻加工过程

或 X 射线曝光。电子束光刻可以制造出亚微米级图形，而且由于图形是由电子束扫描运动形成的，因此可以不用掩膜进行直接刻写。X 射线光刻可获得高分辨率和高生产率，在 LIGA 技术中起到了关键作用。

④ 显影与烘片。曝光后的光致抗蚀剂，其分子结构产生化学变化，在特定溶剂或水中的溶解度也不同。利用曝光区和非曝光区的这一差异，可在特定溶剂中把曝光图形呈现出来，这就是显影。有的光致抗蚀剂在显影干燥后，要进行 200～250℃ 的高温处理，使它发生热聚合作用，以提高强度，防止胶层脱落，称为烘片。

⑤ 刻蚀。用刻蚀工艺，将没有光致抗蚀剂部分的氧化膜去除，得到期望的图形。由于有侧面刻蚀现象，使刻蚀成的窗口比光致抗蚀剂窗口大，因此在设计时要进行修正。侧面刻蚀越小，刻蚀系数越大，制品尺寸精度就越高，精度稳定性也越好。双面刻蚀比单面刻蚀的侧面刻蚀量明显减小，时间也短，当加工贯通窗口时多采用双面刻蚀。

⑥ 剥膜与检查。用剥膜液去除光致抗蚀剂的过程称为剥膜。剥膜后洗净修整，再进行外观线条尺寸、间隔尺寸、断面形状、物理性能和电学特性等检查。

（2）压印光刻技术

传统的集成电路制造工艺是光学刻蚀工艺，也是目前国际主流集成电路制造工艺。但现有光刻技术向 0.1μm 和亚 0.1μm 程度延伸所涉及的技术难度越来越大，因此下一代光刻技术（Next Generation Lithography，NGL）应运而生，其中压印光刻技术是一种很有竞争力的替代方案。它将传统的模具复型原理从宏观领域应用到微观领域，实现微纳米电子器件的制造。压印光刻工艺原理如图 2-89 所示。将一表面具有纳米结构的模具压入液态的阻蚀胶内，阻蚀胶靠压力发生变形，实现模具特征的复制。

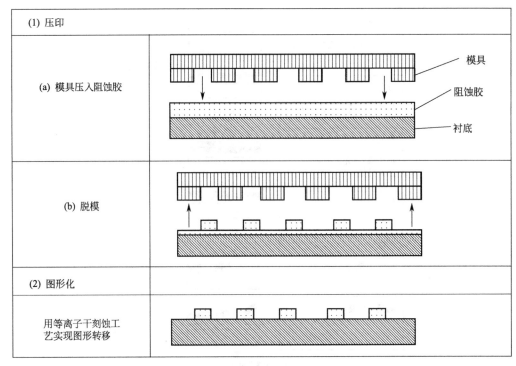

图 2-89　压印光刻工艺原理

压印光刻工艺不是基于改变阻蚀胶的化学性质以实现阻蚀胶的图形化，而是通过模具使阻蚀胶发生变形实现阻蚀胶的图形化。因此，压印光刻工艺的分辨率不受光的驻波效应、光刻胶表面光反射、光刻胶内部光散射、衬底反射和显影剂等因素的限制，可以突破传统光刻工艺的分辨率极限。西安交通大学先进制造技术研究所提出软压印常温成型刻蚀技术工艺方案，并开发出纳米级定位精度的压印工作台，实现基于超高分辨率压印光刻 IC 装备技术的多项突破（见图 2-90～图 2-92）。

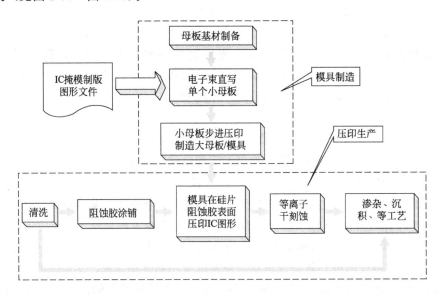

图 2-90　软压印常温成型刻蚀技术工艺流程

图 2-91　IC 压印光刻设备　　　　　图 2-92　硅树脂软模具压印结果

（3）硅微加工技术

硅微加工主要包括在硅片中制造各种微细圆孔、锥孔、槽、台阶、锥体、薄膜片、悬臂梁等形态的构件，并可通过一定的工艺构成复杂的 MEMS 系统。该技术源于 IC 技术，加工过程中仍要借助于如光刻、扩散、离子注入、外延和沉积等 IC 工艺。硅微机械加工技术可分为体微加工技术和表面微加工技术两个主流。

1）硅的体微加工

硅的体微加工技术是指利用刻蚀等工艺对块状硅进行准三维结构的微加工，即去除部分基体或衬底材料，以形成所需要的硅微结构。

体微加工在微机械制造中应用最早，可以在硅基体上得到一些凹槽、凸台、带平面的孔洞等微结构，成为建造悬臂梁、膜片、沟槽和其他结构单元的基础，利用这些结构单元可以研制出压力传感器或加速度传感器等微型装置。具体可分为湿法刻蚀和干法刻蚀两类加工形式。

① 湿法刻蚀。湿法刻蚀是通过化学刻蚀液和被刻蚀物质之间的化学反应将被刻蚀物质剥离下来的刻蚀方法。湿法刻蚀不仅可用于硅材料刻蚀，还可用于金属、玻璃等很多材料刻蚀，是应用非常广泛的微细结构（如悬臂梁、齿轮等微型传感器和微型执行器的精密三维结构）图形制备技术。

湿法刻蚀成本比较低，不需要太昂贵的装置和设备。刻蚀速度取决于基底上被腐蚀的材料和溶液中化学反应物的浓度以及溶液的温度。

② 干法刻蚀。当半导体制造业进入微米、亚微米时代以后，要求刻蚀的线宽越来越细。传统的湿法化学刻蚀因线宽不易控制而难以满足要求，取而代之的是干法刻蚀技术。干法刻蚀包括以物理作用为主的反应离子溅射腐蚀、以化学反应为主的等离子体腐蚀以及兼有物理、化学作用的反应溅射腐蚀。该方法是将被加工的硅片置于等离子体中，在带有腐蚀性、具有一定能量的离子轰击下，反应生成气态物质，去除被刻蚀膜。干法刻蚀不需要大量的有毒化学试剂，不必清洗，而且分辨率高，各向异性腐蚀能力强，可以得到较大的深宽比结构，易于自动操作。

2）硅的面微加工（Surface Micomachining）

硅的面微加工是通过薄膜沉积和蚀刻工艺，在晶片表面上形成较薄微结构的加工技术。表面微加工使用的薄膜沉积技术主要有物理气相沉积（Physical Vapour Deposition，PVD）

和化学气相沉积（Chemical Vapour Deposition，CVD）等方法。典型的表面微加工方法是牺牲层技术。

所谓牺牲层技术就是在微结构层中嵌入一层牺牲材料，在后续工序中有选择地将这一层材料（牺牲层）腐蚀掉（也称为释放）而不影响结构层本身。这种工艺的目的是使结构薄膜与衬底材料分离，得到各种所需的可变形或可动的表面微结构。常用的衬底材料为单晶硅片，结构层材料为沉积的多晶硅、氮化硅等，牺牲层材料多为二氧化硅。

图 2-93 给出了牺牲层技术表面微加工的工艺步骤。图 2-93（a）基础材料，一般为单晶硅晶片；图 2-93（b）在基板上沉积一层绝缘层作为牺牲层；图 2-93（c）在牺牲层上进行光刻，刻蚀出窗口；图 2-93（d）在刻蚀出的窗口及牺牲层上沉积多晶硅或其他材料作为结构层；图 2-93（e）从侧面将牺牲层材料腐蚀掉，释放结构层，得到所需微结构。

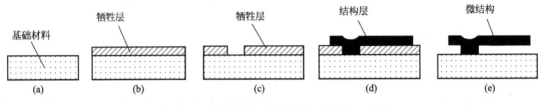

图 2-93　用牺牲层技术制作微结构的基本过程

面微加工对所用材料一般有如下要求：

① 结构层必须能够保证所要求的使用性能，如电学性能（如静电电动机、静电制动器等需要的导电结构元件，绝缘层所需要的电绝缘材料等）、力学性能（如薄膜的残余应力、结构层的屈服应力和强度、抗疲劳特性等）、表面特性（如静摩擦力、抗磨损性能等）等。

② 牺牲层必须具有足够的力学性能（如低残余应力和好的黏附力），以保证在制作过程中不会引起分层或裂纹等结构破坏，而且牺牲层还不应对后续工序产生不利影响。

③ 选择牺牲层和结构层材料后，薄膜沉积和腐蚀将起重要作用。沉积工艺需要有很好的保形覆盖性质，以保证完成微结构设计要求。腐蚀所选的化学试剂，应能优先腐蚀牺牲层材料而不是结构层材料，必须有适当的黏度和表面张力，以便能充分地除去牺牲层而不产生残留。

④ 表面加工工艺还应注意与 IC 工艺的兼容性，以保证微机械结构的控制和信号传输。

(4) LIGA 技术

为克服光刻法制作的零件厚度过薄的不足，1986 年德国学者 W. Ehrfeld 首先开发了 LI-GA 技术。该技术将 X 射线的深度光刻与电铸相结合，可以实现大深宽比微细结构的成型，并可获得几百微米厚的微结构，可在晶片顶面形成微机械零件。

1）技术原理

LIGA 技术主要包括深层同步辐射 X 射线光刻、电铸成型和模型复制三个典型工艺过程（图 2-94）。

① 深度 X 射线刻蚀。利用深度同步辐射 X 射线在数百微米厚的光刻胶上刻蚀出较大深宽比的光刻胶图形，深宽比一般可达 100。

② 电铸成型及制模。利用光刻胶层下面的金属膜层作为电极进行电镀，将显影后的光刻胶所形成的三维立体结构间隙用金属填充，直到光刻胶上面完全覆盖了金属为止，此时形成一个与光刻图形互补的稳定的相反结构图形。该金属结构可作为最终产品，也可作为批量

复制的模具。

③ 注模复制（塑铸）。由于深度 X 射线光刻的代价大，制作 X 光刻掩膜也比较复杂，所以在批量生产中常采用子母模的具体工艺。塑铸可为大批量生产电铸产品提供塑料铸模。将去掉基板和光刻胶的金属模壳附上带有注入孔的金属板，从注入孔向模腔中注入塑料，然后去掉模壳。在金属板上留下一个塑料结构，此塑料结构可作为产品，也可作为模芯，以复制塑料微结构产品。

然而，仅利用 LIGA 所包含的三种典型工艺还不能制造出有活动要求的可动微结构。美国威斯康星大学 Henry Guckel 教授领导的研究小组对 LIGA 进行了改进，通过引入牺牲层技术，可以制作出能自由摆动、旋转、直线运动的可动微结构器件，特别适合用于制作电容式微加速度传感器这样带有活动结构的三维金属微器件。目前所说的 LIGA 技术通常已包括牺牲层技术。图 2-95 是利用 LI-GA 技术制作的高深宽比的各种 MEMS 器件。

2）技术特点

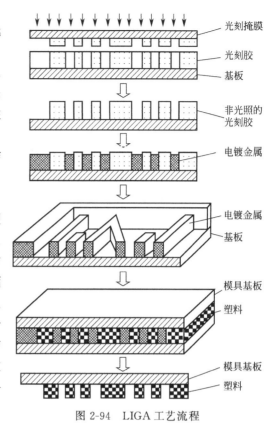

图 2-94　LIGA 工艺流程

(a) 多晶硅上的微结构(2002年日本)　(b) 微机械零件(2001年新加坡)　(c) 蜻蜓型弹簧四环陀螺仪共鸣器(2002年美国)

图 2-95　LIGA 制作的 MEMS 器件

LIGA 技术的研究成果有微型传感器、微电机、微型泵、集成光学和微光学元件、微波元件、真空电子学元件、微型马达、涡轮机、微型喷嘴、微型滤波片、微型机械零件、微型医疗器件和装置、流体技术微元件及系统等。与其他立体微加工技术相比，LIGA 工艺具有如下特点：

① 可制作高度达数百至 $1000\mu m$，深宽比大于 200，侧壁平行线偏离在亚微米范围内的三维立体微结构。对微结构的横向形状没有限制，横向尺寸可达 $0.5\mu m$ 以下，加工精度可达 $0.1\mu m$ 以下。

② 取材广泛。LIGA 技术所胜任的几何结构不受材料特性和结晶方向的限制，较传统硅材料加工有了一个很大的飞跃，材料可以为镍、铜、金、镍钴合金、塑料等。

③ 可以制作复杂图形结构。这一特点是硅微细加工技术所不具备的，因为硅微细加工

采用各向异性刻蚀，硅晶体沿晶轴各方向的溶解速度不同，从而在硅晶体中生成的结构不可能是任意设计的；用 LIGA 技术制作微结构，其二维平面内的几何形状可以按设计者的意图自由设计，微结构的形状只取决于所设计的掩膜图案。

④ 可重复复制。由于结合了模具成型技术，LIGA 技术为微结构的廉价制造提供了可能，具有大批量生产的特性，符合工业生产要求。

⑤ 需要专用的同步辐射光源，加工成本昂贵，与微电子工艺的兼容性差。

(5) 准 LIGA 工艺

LIGA 工艺需要昂贵的同步辐射 X 光源和制作复杂的 X 光掩膜，且与 IC 工艺不兼容。1993 年美国学者 Allen 提出用光敏聚亚酰胺实现准 LIGA 工艺。它是利用常规的紫外光光刻设备和掩膜，制作高深宽比金属结构的方法。由于紫外光光刻深度的限制，要实现较厚的结构需实行重复涂胶法。准 LIGA 工艺过程与 LIGA 工艺基本相同，主要过程有紫外光光刻、电铸或化学镀成型及制模和塑铸（见图 2-96）。

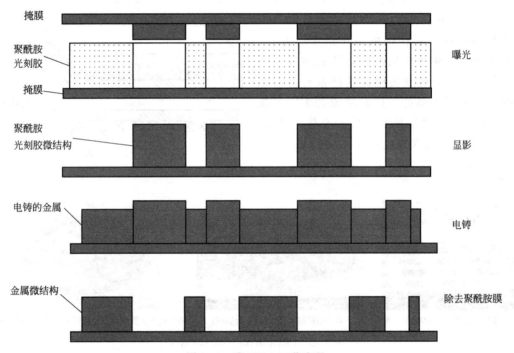

图 2-96 准 LIGA 工艺流程

准 LIGA 工艺对设备条件要求低，与 IC 工艺有很好的兼容性，具有更高的灵活性和实用性。准 LIGA 工艺能制作多种材料的具有较大厚度和高深宽比的微结构，目前加工精度达到微米级，能满足微机械制作中的许多需要，因此对该方法的研究较 LIGA 技术更加广泛。

(6) 微立体光刻成型技术

以上提到的各种微机械加工工艺都有一个共同的缺陷，即不能加工出任意形状的立体构件。这给 MEMS 的设计和功能实现带来了很大障碍。为实现微结构的真三维立体加工，日本学者将 RP 技术应用于微结构制作，并称之为微立体光刻成型技术（Micro Stereo Lithography，MSL）。

MSL 工艺的光刻对象是液态紫外聚合物，它在紫外光的辐射下固化，通过层层扫描，堆积出三维紫外光聚合物微结构。用这种结构作为模具进行电铸可获得三维金属微结构。

MSL 工艺的主要特点是能制作复杂截面的微结构。此外它还有如下特点：

① 无需掩膜，能与 CAD/CAM 系统相连，具有极大的加工灵活性，适合小批量生产。

② 成型材料多样性，可以是聚合物也可以是金属。

③ 成型速度快，它是微机械工艺中加工周期最短的方法之一。

④ 加工精度中等。

⑤ 可制作高深宽比很大的微结构。

虽然 MSL 工艺目前仅有微米级的分辨率，但其曲面和复杂截面的加工能力、加工高度不受限制都是其他三维结构微加工技术所无法比拟的。随着光斑和硬化单元尺寸的缩小、光刻胶性能的提高，MSL 工艺发展到亚微米级水平不会太远。现阶段，MSL 工艺因具有设备简单、成本低、生产周期短的优点，已成为真正实用的三维立体微加工手段。

（7）DEM 技术

DEM 技术由深层刻蚀（Deepetching）、深层微电铸（Electroforming）和微复制（Microreplication）三大工艺组成。

国外近年来开发出了主要用于进行硅深层刻蚀技术的先进硅刻蚀工艺。该工艺利用感应耦合等离子体和侧壁钝化工艺，可对硅材料进行高深宽比三维微加工，其加工厚度可达数百微米，刻蚀速度可达 $2.5\mu m/min$。

然而如果用深层刻蚀出的硅微结构直接作为模具，由于硅本身较脆，在模压过程中很容易破碎，所以不能利用硅模具进行微结构的大批量生产。但是可以利用该模具对塑料进行第一次模压加工，然后对获得的塑料模具微结构进行微电铸，制造出金属模具后，就可以进行微结构器件的批量生产。

DEM 技术充分利用了体微加工技术和 LIGA 技术的优点，解决了体微加工技术中只能加工硅材料的局限性。该技术不像 LIGA 技术那样需要昂贵的同步辐射 X 射线源和 X 射线掩膜板。利用该技术可对非硅材料，如金属、塑料或陶瓷进行高深宽比三维微加工。图2-97是利用 DEM 技术制备的各种微器件。

(a) 单晶硅传感器电极(2002年美国)　　(b) 微流路分析芯片(2002年德国)　　(c) 微陀螺仪(2002年韩国)

图 2-97　LIGA 制作的 MEMS 器件

2.7.2　其他微细加工技术

（1）微细电火花加工

微细电火花加工是特种微细加工中发展较为成熟的方法。它非常适合实现微米级结构尺寸的微细加工，同时易实现自动化。该方法一般是指用棒状电极电火花加工或用线电极电火花磨削的方式，来对微孔、微槽、窄缝、各种微小复杂形状及微细轴类零件进行加工。加工尺寸通常在数十微米以下，甚至可以加工像 PCD、CBN 一类的超硬材料。

严格来说，微细电火花加工与常规电火花加工并无本质区别。但要将电火花加工技术应用于微细加工领域，必须具备以下 3 个基本条件：

① 使电极能以稳定微步距进给的高精度伺服系统。

② 能产生极微能量并且可控性好的脉冲电源。

③ 具备制造微细高精度电极的手段及工艺。

（2）微细电解加工

微细电解加工是指在微细加工范围内（1～999nm），利用金属阳极电化学溶解去除材料的制造技术，其中材料的去除是以离子溶解的形式进行的，在电解加工中通过控制电流的大小和电流通过的时间、控制工件的去除速率和去除量，从而得到高精度、微小尺寸零件的加工方法。

加工间隙直接影响微细电解加工的成型精度与加工效果，通过降低加工电压、提高脉冲频率和降低电解液浓度，电解微细加工间隙可控制在 $10\mu m$ 以下。图 2-98 是用电解微细加工技术在镍片上加工深为 $5\mu m$ 的螺旋槽，使用的电解液为 $0.2mol/L$ 的 HCl 溶液，其加工间隙为 600nm，表面粗糙度 Ra 值为 100nm。

（3）微细机械加工

微细机械加工是一种由传统切削技术衍生出来的加工方法，主要包括微细车削、微细铣削、微细钻削、微细磨削、微冲压等。微细车削是加工微小型回转类零件的主要手段，与宏观加工类似，也需要微细车床以及相应的检测与控制系统，但其对主轴的精度、刀具的硬度和微型化有很高的要求。图 2-99 为用单晶金刚石刀头加工的微型丝杠。微细钻削的关键是微细钻头的制备，目前借助于电火花线电极磨削可以稳定地制成直径为 $10\mu m$ 的钻头，最小的可达 $6.5\mu m$。微细铣削可以实现任意形状微三维结构的加工，生产率高，便于扩展功能，对于微机械的实用化开发很有价值。

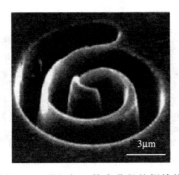

图 2-98 微细加工技术获得的螺旋槽

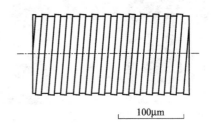

图 2-99 微型丝杠

微细磨削是在小型精密磨削装置上进行的，能够进行外圆以及内孔的加工。已制备的微细磨削装置，工件转速可达 2000r/min，砂轮转速为 3500r/min，磨削采用手动走刀方式。为防止工件变形或损坏，加工中心用显微镜和显示屏实时对砂轮与工件的接触状态进行监控。微细磨削加工的微型齿轮轴的材料为硬质合金，轮齿表面粗糙度 Ra 可达 $0.049\mu m$。

（4）微细能量束加工

将电子束、激光束或离子束等能量束照射到工件表面，工件吸收的光能瞬时转化为热能。根据能量密度高低，可以实现打微孔、精密切削、加工精微防伪标记、焊接和表面热处理等。

美国 ART 公司研制出了一种三坐标激光微细加工中心。该加工中心的视觉系统可提供加工过程的连续图像，并自动寻找、对准、测量和修正加工对象，精度在百分之几微米内。它还有一个专门的能束成型镜片，能产生加工各种特定形状所需的光束。该加工中心适用于加工如氧化铝、碳化硅等硬脆材料，所刻蚀出的线宽仅 $0.25\mu m$；打孔直径小于 $70~\mu m$，深度 $75~\mu m$；加工出的压电陶瓷圆环直径仅为 $20~\mu m$，高度为 $15~\mu m$；还可以对两个微型配合表面的接缝和各种材料的裸芯多芯电缆或光导纤维进行微细焊接。

微细能量束焊接在微型继电器、航空膜盒、高灵敏热电偶和微电机电刷等元器件的密封焊接中发挥着重要作用，具有焊接牢固、焊点成型好和不破坏材料强度及弹性等优点。

利用微细能量束还可以对电阻、电容和混合集成电路进行微调整，不但加工点小，误差值可调整到允许范围，而且有高的可靠性和重复精度，显著优于其他调整方法。

2.8　绿色制造技术

环境、资源、人口是当今人类社会面临的三大问题，尤其是环境和资源问题，不仅是确保经济社会可持续发展的基本条件，而且直接涉及人类的生存质量，因此保护生态环境、节约资源、合理使用资源是保证人类社会持续发展的长期战略。

制造业将制造资源转变为产品的制造过程以及产品的使用过程和废弃处理过程中，一方面消耗大量人类社会有限的资源；另一方面造成环境污染，是当前环境污染问题的主要根源。当微电子技术、大规模集成电子技术和机械工业相结合，从而使古老的机械工业蓬勃发展的同时，却产生了对能源和原材料的巨大消耗和浪费及对生态环境的日益破坏。面对当前人类社会可持续发展的需要，制造业必须尽可能减少资源消耗和尽可能解决所带来的环境问题。

长期以来，我国经济发展一直以粗放型为主，以高投入、高污染实现经济增长，导致资源过度消耗，环境污染日趋严重，生态破坏加剧。目前机械制造工业存在的主要问题包括：废旧或闲置设备回收和再利用率较低，如何改造和利用这些旧设备是摆在全民面前的重大课题；能源和原材料的浪费现象十分严重，比美国和日本等先进国家高出数十倍之多；环境保护意识淡薄，尤其是一些中小企业对环境的污染还比较严重；产品的回收利用率低。

未来制造业的目标将不再局限于实现产品的功能、满足用户的需要，而是必须在产品的生产和消费两个方面都承担起节约资源和保护环境的重要职责。在产品的设计中，应该充分考虑到防止环境污染的要求。应该采取"设计时就让产品在全生命周期内不产生环境污染"的策略，而不是采取"产品产生污染后再采取措施消除"的策略，这其中就包含了消费环节的防污染措施。在产品的加工过程中，应采用先进的少污染、无污染加工工艺，尽可能地节省资源，包括材料、能源和人力资源。

近年来开始发展的绿色制造技术，正是针对上述现象，提出综合考虑环境因素和资源利用效率的现代制造模式。传统制造和绿色制造的最大区别就是传统制造只根据市场信息设计生产和销售产品，而其余就考虑得较少；绿色制造则通过绿色生产过程（绿色设计、绿色材料、绿色设备、绿色工艺、绿色包装、绿色管理等）生产出绿色产品，产品使用完以后再通过绿色处理加以回收利用。采用绿色制造能最大限度地减少对环境的负面影响，同时原材料和能源的利用效率也能达到最高。

绿色制造是制造业发展的必由之路，它将使传统制造业发生巨大变化，为可持续发展战略提供重要保证。

2.8.1 绿色制造概述

绿色制造（Green Manufacturing，GM），又称环境意识制造（Environmentally Conscious Manufacturing，ECM）、或面向环境的制造（Manufacturing for Environment，MFE），是利用绿色材料、绿色能源，通过绿色生产过程生产出绿色产品，产品使用完再通过绿色处理后加以回收利用的全过程。

GM 生产模式是一种清洁生产模式，是循环利用废弃物的生产模式。在这种清洁循环的制造模式中，从产品的原材料开发到产品的损坏或者寿命结束，对材料的回收、利用等过程都全面考虑过。传统制造技术和 GM 最主要的区别是传统制造对资源利用率低，环境污染严重，能源消耗量大；而 GM 则不论是产品上游的设计，还是最后的报废处理等都采用了最优化的控制，充分利用了资源，节约了能量，减少了对环境的影响。

(1) GM 相关研究内容

① 产品全生命周期。产品全生命周期包括了从原材料制备到产品报废后的回收处理及再利用的全过程。从地球环境（土地、空气和海洋）中提取材料，加工制造成产品，并流通给消费者使用，产品报废后经拆卸、回收和再循环将资源重新利用。在产品整个生命周期过程中，不断地从外界吸收能源和资源，排放各种废弃物质。

② 环境影响问题和资源优化问题。这两个问题与制造技术本身相互交叉和影响。在满足社会效益和经济效益的同时，最终实现节约资源能源和环境保护的 GM 目标。

③ GM 不仅涉及制造科学问题，还涉及环境科学和管理科学领域的问题。

④ GM 必须与市场需求、经济发展相适应。随着相关科学技术的发展，GM 的目标、内容会产生相应的变化和提高，也会不断地走向完善。

GM 涉及的内容主要包括绿色设计、绿色材料、绿色工艺和绿色处理。其中，绿色设计是关键，绿色设计在很大程度上决定了产品整个生命周期的绿色性。

另外，在 GM 中有一个重要的分支——再制造（Re-manufacturing）技术。它是利用多种表面工程的技术和其他技术形成的先进再制造成型技术，引入全寿命周期的设计，通过恢复和提高废旧产品零部件的尺寸、形状和性能的途径制造新产品，从而为解决资源浪费、环境污染和废旧装备翻新创造了一个最佳方法和途径。

(2) GM 的特征

① GM 系统与传统的制造系统相比，其本质特征在于 GM 系统除保证一般的制造系统功能外，还要保证环境污染为最小。

② GM 的核心是原材料和能源的合理利用。合理利用程度主要由工艺和装备的水平来

决定，生产工艺及其装备的先进性是 GM 的关键。

③ GM 以改进生产方式、减少污染物的产生及排放为直接目标。采用强化管理的方式解决生产的运行成本及能耗、物耗，并通过工艺改造、设备改造、原材料替代等多种方式来实现。

④ GM 分析以工艺流程、物耗平衡等方法为主，确定最大污染点和最佳改进方法。

⑤ GM 是以现有的生产技术和经济投入为基准，有较大的不确定性，因而没有最终标准。

⑥ GM 向广大技术人员和生产管理人员提供了一种环境保护新理念，使企业的管理及技术人员把环境保护工作的重点从末端治理转移到始端和生产过程中来。

GM 是一种制造理念，它认为：制造系统应和自然协调互动发展，人和自然的关系是和谐的；GM 方式将会带来制造方式的变革和社会生产方式的变革，而不仅仅是单个企业制造方式的变革，生产和自然的关系将由对抗、征服转向协调和共生。

2.8.2　GM 的研究内容

（1）GM 的理论体系和总体技术

GM 的理论体系和总体技术是从系统、全局和集成的角度，研究 GM 的理论体系、共性关键技术和系统集成技术。

① GM 的理论体系。

包括 GM 的资源属性、建模理论、运行特性、可持续发展战略以及 GM 的系统特性和集成特性等。

② GM 的体系结构和多生命周期工程。

包括 GM 的目标体系、功能体系、过程体系、信息结构、运行模式等。GM 涉及产品整个生命周期中的绿色性问题，其中大量资源如何循环使用或再生，又涉及产品多生命周期工程这一新概念。产品生命周期是指本代产品从设计、制造、装配、包装、运输、使用到报废为止所经历的全部时间。而产品多生命周期则不仅包括本代产品生命周期的全部时间，而且包括本代产品报废或停止使用后，产品或其有关零部件在换代、下一代、再下一代、……产品中的循环使用和循环利用的时间。

③ GM 的系统运行模式——GM 系统。

只有从系统集成的角度，才可能真正有效地实施 GM。为此需要考虑 GM 的系统运行模式——GM 系统。GM 系统将企业各项活动中的人、技术、经营管理、生态环境，以及信息流、物料流、能量流和资金流有机集成，并实现企业和生态环境的整体优化，达到产品上市快、质量高、成本低、服务好、有利于环境并赢得竞争的目的。GM 系统的集成运行模式主要涉及绿色设计、产品生命周期及其物流过程、产品生命周期的外延及其相关环境等。

④ GM 的物能资源系统。

鉴于资源消耗问题在 GM 中的特殊地位，且涉及 GM 全过程，因此应建立 GM 的物能资源系统，并研究制造系统的物能资源消耗规律、面向环境的产品材料选择、物能资源的优化利用技术、面向产品生命周期和多生命周期的物料和能源的管理与控制等问题。

（2）GM 的专题技术

① 绿色设计技术。

绿色设计是指在产品及其生命周期全过程的设计中，充分考虑对资源和环境的影响，在充分考虑产品的功能、质量、开发周期和成本的同时，优化各有关设计因素，使得产品及其制造过程对环境的总体影响和资源消耗减到最小。

② 绿色选择技术。

绿色材料选择技术是一个系统性和综合性很强的复杂问题。一是绿色材料尚无明确界限，实际中选用很难处理；二是选用材料，不能仅考虑其绿色性，还必须考虑产品的功能、质量、成本等多方面的要求，这些更增添了面向环境的产品材料选择的复杂性。美国卡奈基梅龙大学 Rosy 提出了基于成本分析的绿色产品材料选择方法，它将环境因素融入材料的选择过程中，要求在满足工程（包括功能、几何、材料特性等方面的要求）和环境等需求的基础上，使零件的成本最低。

③ 绿色工艺规划技术。

大量研究和实践表明，产品制造过程的工艺方案不同，物料和能源的消耗将不同，对环境的影响也不同。绿色工艺规划就是要根据制造系统的实际，尽量研究和采用物料和能耗少、废弃物少、对环境污染小的工艺方案和工艺路线。美国伯克利大学 P. Sheng. 等提出了一种环境友好型的零件工艺规划方法，这种工艺规划方法分为两个层次：一是基于单个特征的微规划，包括环境性微规划和制造微规划；二是基于零件的宏规划，包括环境性宏规划和制造宏规划。应用基于网络平台对从零件设计到生成工艺文件中的规划问题进行集成。在这种工艺规划方法中，对环境规划模块和传统的制造模块进行同等考虑，通过两者之间的平衡协调，得出优化的加工参数。

所谓绿色工艺是近几年才提出来的一个新概念，目前无统一的标准定义。根据机加工的特点，可总结为以下几点：

a. 设计人员必须具有良好的环境意识，综合考虑产品的 TQCSE（即开发周期 Time，产品质量 Quality，生产成本 Cost，售后服务 Service，面向环境 Environment）属性。其中 E 指的就是产品使用的绿色度。

b. 广泛采用标准化、模块化的零部件，更重要的是设计时就应充分考虑产品报废时的回收利用，产品报废后容易拆卸和分解，并可加以回收或再生将是 21 世纪绿色工业产品的一项重要指标。

c. 尽量简化工艺，优化配置，提高系统运作效率，使原材料和能源的消耗最少。

d. 减少不可再生资源和短缺资源的使用量，尽量采用各种替代物质和技术。

绿色工艺目前尚处在起步阶段，完全成熟的技术和在实际中应用的技术还不多。目前成型制造技术正向净成型的方向发展，成型制造技术包括铸造、焊接、塑性加工等，目前它正从接近零件形状向直接制成工件，即精密成型或净成型方向发展。这些工件可以直接或者稍加处理即可用于组成产品，这样就可以大大减少原材料和能源的消耗。

a. 在具体工艺里，干式加工法开始得到应用。目前干式加工的主要应用领域是机械加工行业，如干切削加工、干磨削加工等。干式加工顾名思义就是加工过程中不采用任何冷却液的加工方式。它简化了工艺、降低了成本并消除了冷却液及废液排除和回收等问题。如美国 Leblond Makino 公司研发的"红月牙"（Red Crescent）铸铁干切削技术就是利用陶瓷或 CBN 刀具进行高速铣削加工，由于切削速度和进给量很高，产生的热量很快聚集在刀具前端，使该处的工件材料达到红热状态，其屈服强度下降，可大大提高切削效率。

b. 工艺模拟技术得到迅速发展。工艺模拟技术主要应用于热加工过程，过去通常必须做大量的实验才能初步控制和保证加工工件的质量，采用工艺模拟技术将数值模拟、物理模拟和专家系统相结合，确定最佳工艺参数、优化工艺方案，预测加工过程中可能产生的缺陷和防止措施，从而能有效控制和保证加工工件的质量。

c. 新型制造技术不断涌现，像 RP 技术，节能家电、智能化房屋、环保汽车、复合材料等，这些技术之所以都被归于绿色工艺，是因为这些工艺和技术或减少原材料和能源的耗用量，或缩短开发周期、减少成本，而且有些工艺改进对环境起到保护作用。虽然现阶段由于种种原因还不能全面实施和应用这些工艺和技术，而且它们本身尚有需要完善之处，但是可以相信绿色工艺将在 21 世纪大显身手。

④ 绿色包装技术。绿色包装技术就是从环境保护的角度，优化产品包装方案，使得资源消耗和废弃物产生最少。目前这方面的研究较为广泛，大致可分为包装材料、包装结构和包装废弃物回收处理 3 个方面。当今世界主要工业国要求包装应做到"3R1D"原则，即：Reduce（减量化）、Reuse（回收重用）、Recycle（循环再生）和 Degradable（可降解）。

⑤ 绿色处理技术。产品生命周期终结后，若不回收处理，将造成资源浪费并导致环境污染。目前的研究认为面向环境的产品回收处理是一个系统工程，从产品设计开始就要充分考虑这个问题，并作系统分类处理。产品寿命终结后，可以有多种不同的处理方案，如再使用、再利用、废弃等。各种方案的处理成本和回收价值都不同，需要对各种方案进行分析与评估，确定出最佳的回收处理方案，从而以最少的成本代价获得最高的回收价值，即进行绿色产品回收处理方案设计。评价产品回收处理方案设计主要考察三方面：效益最大化、重新利用的零部件尽可能多、废弃部分尽可能少。

(3) GM 的支撑技术

① GM 的数据库和知识库。

研究 GM 的数据库和知识库，为绿色设计、绿色材料选择、绿色工艺规划和回收处理方案设计提供数据支撑和知识支撑。

比较理想的方法是将 CAD 和环境信息集成起来，以便设计人员能够获得所有有关的环境数据，这是绿色设计的前提条件。只有这样设计人员才能根据环境需求设计开发产品，获取设计决策所造成的环境影响的具体情况，并可将设计结果与给定的需求相比较，以便对设计方案进行评价。由此可见，为了满足绿色设计需求，必须建立相应的绿色设计数据库与知识库，并对其进行管理和维护。

② 绿色设计。

核心是不仅要减少物质和能源的消耗，减少有害物质的排放，而且要使产品及零部件能够方便地分类回收并再生循环或重新利用。

绿色设计的基本思想就是要在设计阶段就将环境因素和预防污染的措施纳入产品设计之中，将环境性能作为产品的设计目标和出发点，力求使产品对环境的影响达到最小。设计时就让产品在整个生命周期内不产生环境污染，而非产生污染后再采取措施补救。从这一点来说，绿色设计是从可持续发展的高度审视产品的整个生命周期，强调在产品开发阶段按照全生命周期的观点进行系统性的分析与评价，消除潜在的、对环境的负面影响。绿色设计与传统设计的主要区别见表 2-7。

表 2-7　传统设计与绿色设计的比较

比较因素	传　统　设　计	绿　色　设　计
设计依据	产品应满足功能、质量和经济性的要求	产品应满足功能、质量、经济性要求和生态环境的要求
设计思想	设计人员很少或没有考虑到产品对环境的影响和对资源的消耗	要求设计人员在产品设计阶段就考虑能源消耗、资源消耗和对环境的影响程度
设计过程	在设计、制造和使用过程中很少考虑产品回收，或仅是有限的材料回收，用完后就被废弃	在设计、制造和使用过程中，考虑产品的可拆卸性和可回收性，采用绿色材料和绿色包装，对环境的破坏和对资源的消耗尽可能少
设计目的	为功能需求而设计	为功能需求和环境而设计，满足可持续发展的需求
产品	传统意义的产品	绿色产品或绿色标志产品

③ 制造系统环境影响评估系统。

环境影响评估系统要对产品生命周期中的资源消耗和环境影响的情况进行评估，评估的主要内容包括：制造过程物料的消耗状况、制造过程能源的消耗状况、制造过程对环境的污染状况、产品使用过程对环境的污染状况、产品寿命终结后对环境的污染状况等。

制造系统中资源种类繁多，消耗情况复杂，因而制造过程对环境的污染状况多样，程度不一且极其复杂。如何测算和评估这些状况、如何评估 GM 实施的状况和程度是一个十分复杂的问题。因此，研究 GM 的评估体系和评估系统是当前 GM 研究和实施急需解决的问题。

④ 绿色企业资源计划管理模式和绿色供应链。

在 GM 的企业中，企业的经营和生产管理必须考虑资源消耗和环境影响及其相应的资源成本和环境处理成本，以提高企业的经济效益和环境效益。其中，面向 GM 的整个（多个）产品生命周期的绿色 ERP 管理模式及其绿色供应链是重要研究内容。

⑤ GM 的实施工具和产品。

研究 GM 的支撑软件，包括计算机辅助绿色设计、绿色工艺规划系统、GM 的决策支持系统，ISO14000 国际认证的支撑系统等。

2.8.3　清洁生产

清洁生产是时代的要求，是 21 世纪工业生产的基本模式，也是世界工业发展的一种大趋势。它对于改善日益恶化的生活环境有不可估量的作用。

(1) 清洁化生产的概念及特点

从产品生命周期概念角度，清洁生产可定义为：在不牺牲产品功能、质量和成本的前提下，系统地考虑产品开发制造及其活动对环境的影响，使产品在整个生命周期中对环境的负面影响最小，资源利用率最高。清洁化生产本质上是制造问题、环境保护问题和资源优化问题的交叉融合。

清洁生产的主要特点包括：

① 系统性。清洁生产除了保证一般制造系统的功能外，还要保证环境污染最小。

② 预防性。强调以预防为主，通过消减污染物源及保证环境安全回收，使废弃物最小化。

③ 适合性。使生产目标既符合企业生产经营发展的需要，又不损害生态环境和保持自然资源的潜力。

④ 经济性。通过清洁生产，可节省原材料和能源消耗，降低废弃物处理带来的费用，降低生产成本。

⑤ 有效性和动态性。清洁生产从末端治理转向对产品生产过程的连续控制，使污染物消失在生产过程中。综合利用再生资源和能源的循环利用技术，有效防止污染的再产生。

清洁生产作为一种解决环境污染问题的治标治本策略和根本途径，其实施的驱动力主要来源于以下几个方面，即可持续性发展要求、法令规定、国际标准要求、用户需求、产品服务要求、竞争压力要求、风险管理要求、生态工业要求等。

（2）清洁化生产系统的模型

清洁生产的主要内容包括三个部分：清洁化材料、清洁化能源、经清洁化生产过程生产出清洁化产品。

清洁生产的研究可归纳为两大领域：

① 清洁生产的概念、定义和方法。具体包括有关框架和理论、通用工具、能量模型、材料流动模型、资源优化模型和各种算法。

② 技术应用。具体包括清洁化材料、清洁化工艺、清洁化包装、产品使用、用后处置等。

清洁化材料的选择原则主要有：

① 优先选用可再生材料，尽量选用可回收材料，以提高资源利用率，实现可持续发展。

② 尽量选用低能耗、少污染材料。

③ 尽量选用环境兼容性好的材料和零部件，避免选用有毒、有害和有辐射特性的材料。

④ 尽量选用易于回收、再用、再制造或易于降解的材料。

（3）清洁生产工艺技术

清洁生产工艺技术包括以下三种类型：

① 节约资源的工艺技术。如设计中通过减少零部件数量、减轻零部件重量、采用优化设计技术等使原材料利用率最高；在工艺上通过优化毛坯制造技术、优化下料、少切屑或无切屑加工、干式切削等技术来减少材料的消耗。

② 节省能源的工艺技术。如采用减少磨损、降低能耗的方法或采用低能耗工艺等。如在热处理中采用感应加热，具有速度快、表面质量好、变形小、能耗低、无污染等优点，是有效且较为节能的表面加热方式。

在整体加热方面的流态床加热，虽然能量密度不高，但是加热快且均匀，工件变形小，表面光洁，处理后不需清洗，工艺转换容易，有利于提高产品质量，节能，公害小，成本低，并可以与化学热处理相结合，特别适合用于多品种、小批量和周期性生产，可用来取代传统的盐浴热处理。

③ 环保型工艺技术。如在工艺设计阶段就全面考虑，积极预防污染产生，同时增加末端治理环节。

2.8.4 再制造技术

再制造技术是充分利用各种表面工程技术和其他技术形成的再制造成型技术，能够形成再制造毛坯，制成再制造产品，是具有重大实用价值和优质、高效、低成本、少污染的绿色技术。再制造技术也是21世纪可持续发展的新技术，能够形成新的行业，从而产生巨大的经济效益和社会效益。

再制造技术的基本要求是：再制造产品的质量和性能要达到或超过新品，并且在成本、耗能、耗材、环保方面应均优于或不低于新品。否则，再制造技术就失去了意义。

(1) 再制造技术的内容

① 再制造加工。

主要针对达到物质寿命和经济寿命的产品，在失效分析和寿命评估的基础上，把有剩余寿命的废旧零部件作为再制造毛坯采用先进表面技术、复合表面技术和其他加工技术，使其迅速恢复或超过原技术性能和应用价值的工艺过程。

② 过时产品的性能升级。

主要针对已达到技术寿命或经济寿命的产品，通过技术改造、更新，特别是通过使用新材料、新技术、新工艺等，改善产品技术性能的新技术提升。

再制造产品既包括质量与性能等同于或高于原产品的复制品，也包括改造升级的换代产品。技术进步的加快和人们需求的提高，使得产品的使用时间缩短，废品数量增多。通过再制造技术以最低成本和资源消耗生产升级换代产品将是一条重要途径。如 B-52 轰炸机作为美国空军服役时间最长的亚音速远程战略轰炸机，设计始于 1948 年，于 1961—1962 年生产。按常理来说这种已经服役半个世纪的飞机早就该淘汰，但在 1999 年的科索沃战争、2001 年阿富汗战争和 2003 年伊拉克战争中，人们又见到了它的身影。使 B-52 再显威力的秘诀就是再制造。B-52 轰炸机在 1980 年、1996 年两次进行再制造，改造后综合性能得到大幅度提高，其战术技术性能至今仍保持先进，预计服役年限可到 2030 年。同样的应用还表现在 AH64 阿帕奇直升机和 M1A2 坦克上，美国军方在 2000—2005 年期间再制造了 269 架 AH64-A 直升机，之后十年又再制造了 750 架 AH64-D 直升机；在 1985 年再制造了 368 辆 M1A2 坦克，1996～2000 年又再制造 580 辆 M1A2 坦克（见图 2-100）。

图 2-100　美国军方再制造工程的主要军事装备

(2) 再制造技术的特点

1）以废旧产品为对象

废旧产品经分解、鉴定后可分为 4 类零部件：可继续使用的；通过再制造加工可修复或改进的；无法修复或修复在经济上不合算，通过再循环变成原材料的；只能作环保处理的。再制造技术的目标是要尽量加大前两者的比例，即尽量加大废旧零部件的回用次数和回用率，尽量减少再循环和环保处理部分的比例。经过再制造技术，产品寿命周期或其零部件的寿命周期可以延长。图 2-101 给出了再制造技术在产品寿命周期中所处的地位。

"废旧产品"是广义的，它既可以是设备、系统、设施，也可以是其零部件；既包括硬件，也包括软件。产品的报废是指产品寿命的终结。产品的寿命可分为物质寿命、技术寿命和经济寿命。

① 物质寿命是指从产品开始使用到实体报废所经历的时间。产品实体磨损、金属腐蚀、材料老化、机件损坏等原因决定了产品的物质寿命。做好产品的维护和修理能延长其物质寿命。因物质寿命终结而报废的产品中的零部件，有相当一部分可直接使用或通过再制造加工后使用。

② 技术寿命是指从产品开始使用到因技术落后被淘汰所经历的时间。科技发展的速度决定产品的技术寿命。进行适时的改造升级可延长产品的技术寿命。

③ 经济寿命是从产品开始使用到继续使用经济效益变差所经历的时间。产品的低劣化（因使用中维修费，燃料动力费，生产成本，停工损失逐渐增加等造成）决定其经济寿命，适时的维修、改造、升级可延长产品的经济寿命。

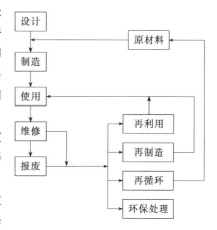

图 2-101　再制造技术在产品寿命周期中的地位

再制造与传统制造的重要区别在于毛坯不同。再制造的毛坯是已经加工成型并经过服役的零部件，要恢复甚至提高这种毛坯的使用性能，有很大的难度和特殊的约束条件。在这种情况下，只有依靠先进的制造技术和修复技术，并在产品设计时也提出再制造设计要求。

在再制造技术中，最重要的是机电产品的再制造。机电产品再制造的工艺流程与维修有相似之处，也有明显不同。维修是指在产品的使用阶段为了保持其良好技术状况及正常运行而采用的技术措施，维修的对象是有故障的产品，多以换件为主，辅以单个或小批量的零（部）件修复，难以形成批量生产。此外，维修后的产品多数在质量、性能上难以达到新品水平。再制造是规模化、批量化生产，必须采用先进技术和现代生产管理，包括现代表面工程技术、先进加工技术、先进检测技术，这是大修难以全面做到的。再制造不仅是恢复原机的性能，还兼有对原机进行的技术改造，再制造后的产品性能要达到新品或超过新品。

再制造也不同于再循环，再循环的基本技术途径是回炉，即把回收的金属零部件回炉冶炼作为原料。回炉时，原先制造时注入零件中的能源价值和劳动价值等附加值全部丢失，所获得的产品只能作为原材料使用，而且在回炉及以后的成型加工中又要消耗能源。再制造还是一个对旧机型升级改造的过程。以旧机型为基础，不断吸纳先进技术、先进部件，可以使旧产品的某些重要性能大幅度提升，具有投入少见效快的特点，同时又为下一代产品的研制积累经验。

2）通过修复与改造，充分提取原产品中的附加值

通过修复与改造，再制造技术充分提取投入到原产品里的附加值。一般来说，产品的附加值要远远高于原材料成本。如光学镜片，其原材料成本不超过产品成本的 5%，另外的 95% 则是产品的附加值。而通常所说的再循环不但不能回收产品的附加值，还需要增加劳动力、能源和加工成本，才能把报废产品变成原材料。

3）再制造技术必须确保其产品质量等同于或略高于原产品

再制造的重要特征是再制造产品的质量和性能达到甚至超过新品，对环境的不良影响与

制造新品相比显著降低。全寿命周期费用分析研究显示，机电产品的使用和维修所消耗的费用往往数倍于前期（开发、设计、制造）费用。再制造技术主要针对损坏或报废的零部件，在失效分析、寿命评估等全寿命分析的基础上，进行再制造技术设计，采用高新表面工程技术、RP 技术等先进制造技术，使再制造产品质量达到或超过新品，以形成再制造新产品的系统工程。

在再制造技术中，汽车发动机再制造技术已比较成熟，并初步形成了比较完善的产业链。在发达国家，发动机再制造技术从技术标准、生产工艺、加工设备、供应销售到售后服务，已建立完整的体系和足够的规模。欧美一些大型汽车制造厂，如通用、福特、大众、雷诺等，都有自己的发动机再制造厂，并积累了成熟的技术和丰富的经验，而且已形成足够的规模。

（3）再制造技术的实施条件

1）机器各部件的使用寿命不相等

再制造能够实施并具有潜在价值的根本原因在于机器中各部件的使用寿命不相等，而且每个零件的各工作表面的使用寿命也不相等。

机器中通常固定件的使用寿命长，如箱体、支架、轴承座等，而运转件的使用寿命短；在运转件中，承担扭矩传递的主体部分使用寿命长，而摩擦表面使用寿命短；与腐蚀介质直接接触的表面使用寿命短，不与腐蚀介质接触的表面使用寿命长。这种各零部件、零件各工作表面的不等寿命性，往往造成由于机器中部分零件以及零件上局部表面的失效而使整个机器不能使用。再制造的着眼点是对没有损坏的零部件继续使用，而对有局部损伤的零件采用先进的表面工程技术等手段通过再制造加工继续使用，并且延长其使用寿命。

2）可再制造产品中蕴含高附加值

机器及其零部件成本由原材料成本、制造劳动成本、能源消耗成本和设备工具损耗成本构成，后三项成本称为相对于原材料成本的成品附加值。据估算，汽车发动机原材料的价值只占 15％，而成品附加值却高达 85％，因此对汽车发动机进行再制造工程，其经济、社会效益巨大（见图 2-102）。表 2-8 为年再制造 1 万台斯太尔发动机产生的综合效益。

图 2-102　汽车发动机再制造工程

表 2-8　再制造 1 万台斯太尔发动机产生的综合效益

消费者节约投入/亿元	回收附加值/亿元	直接再用金属/万吨	提供就业/人	上缴利税/亿元	节电能/万千瓦时
2.9	3.59	0.85	330	0.34	1600

从表中数据中可以推断，随着高新技术的发展和在再制造产品上的应用，材料和能源消耗将会进一步降低，对节约能源、节省材料、保护环境的贡献会更大。

3）再制造的技术优于原始制造技术

对废旧机电产品进行再制造既可以提高易损零件、易损表面的使用寿命，又可以对老产品进行技术改造，使其整体性能能够跟上时代要求。再制造技术与原始制造技术的差别，是再制造产品的性能可以达到甚至超过新品。

再制造技术优于原始制造技术的典型例子是先进表面工程技术在再制造产品上的应用。机械产品的故障往往是由于个别零件失效造成的，而零件失效基本是由局部表面造成的，例如腐蚀从零件表面开始，摩擦磨损发生在零件表面，疲劳裂纹也是由零件表面向内延伸的。如果应用表面工程技术将机械产品中那些易损零件的易损表面的失效期延长，则产品的整体性能就可以得到提高。现在表面工程技术发展非常迅速，已由传统的单一表面工程技术发展到复合表面工程技术，进而又发展到以微纳米材料、纳米技术与传统表面工程技术相结合的纳米表面工程技术阶段。纳米表面工程中的纳米电刷镀、纳米等离子喷涂、纳米减摩自修复添加剂、纳米固体润滑膜、纳米黏涂等技术已进入实用化阶段。纳米表面工程技术在再制造产品中的应用使零件表面的耐磨性、耐蚀性、抗高温氧化性、减摩性、抗疲劳损伤性等性能大幅度提高，成为再制造中的关键技术之一。

（4）再制造技术的分类与组成

1）再制造技术的分类

根据目的与方法的不同，通常可以将再制造技术分为以下 4 种：

① 恢复性再制造。将批量报废的产品恢复到原来新品的性能。

② 升级性再制造。将因过时而退役的产品通过再制造进行升级，使之性能超过原来产品。

③ 改造性再制造。将退役后的产品通过功能易位生成另外的产品，满足新领域的需求。

④ 应急性再制造。在特殊条件下（如战场、施工现场等），通过适当的再制造方法，使产品具有部分的功能。

2）再制造技术的组成

再制造技术主要包括再制造技术的设计基础、再制造技术工艺、再制造技术的质量控制、再制造技术的技术设计等部分。

① 再制造技术的设计基础。包含多方面的理论研究内容，其中产品服役的环境行为和失效机理，是实施再制造过程从而决定产品性能的基本理论依据；产品的再制造性评价是在技术上和经济上综合评定废旧产品的再制造价值；产品寿命预测与剩余寿命评估是在失效分析的基础上，通过建模与实验建立寿命预测与评价系统，评估零部件的剩余寿命和再制造产品的寿命；再制造过程的模拟与仿真用以预览再制造过程，预测再制造产品质量和性能，以便优化再制造工艺。

② 再制造技术工艺。包含的工艺种类非常广泛，其中各种表面技术和复合表面技术主要用来修复和强化废旧零件的失效表面，是实施再制造技术的主要技术。由于废旧零部件的磨损和腐蚀等失效主要发生在表面，因而各种各样的表面涂敷和改性技术应用得最多；纳米

涂层及纳米减摩自修复技术是以纳米材料为基础，通过特定涂层工艺对表面进行高性能强化和改性，或应用摩擦化学等理论在摩擦损伤表面原位形成自修复膜层的技术（该技术也可以归入表面技术之中）；修复热处理是通过恢复内部组织结构来恢复零部件整体性能的特定工艺；应急修复技术是用来对战场武器装备或野外现场设备进行抢修的快速修复技术；再制造毛坯 RP 技术是根据要求的零件几何信息，采用积分堆积原理和激光同轴扫描等方法进行金属的熔融堆积技术；过时产品的性能升级技术不仅包括通过再制造技术使产品强化、延寿的各种方法，而且包括产品使用后的改装设计，特别是引进高新技术使产品性能升级的各种方法。除上述这些有特色的技术外，通用的机械加工和特种加工技术也经常使用。

③ 再制造技术的质量控制。毛坯的质量检测是检测废旧零部件的内部和外部损伤，在技术和经济上决定其再制造技术的可行性。为确保再制造产品的质量，要建立全面质量管理体系，尤其是要严格进行再制造过程的在线质量控制和再制造成品的检测。

④ 再制造技术的技术设计。包括再制造工艺过程设计，工艺装备、设施、车间的设计，再制造技术经济，再制造技术组织管理等多方面内容。

3）再制造技术的关键技术

① 先进表面技术。表面工程是再制造技术的主要技术基础。运用单一表面技术在某些苛刻工况下很难满足要求，往往需要与其他表面技术加以复合，形成具有不同功能性的多元、多层复合涂覆层，以提高再制造产品的综合性能和功能。先进表面技术包括复合表面工程技术、功能梯度材料（Functionally Graded Materials，FGM）、气相沉积和高能束沉积技术、特殊功能涂层技术。

② 再制造毛坯 RP 技术。再制造毛坯 RP 技术，是利用原有废旧零件作为再制造零件毛坯，根据离散/堆积成型原理，利用 CAD 零件模型所确定的几何信息，快速获得金属零件。

③ 修复热处理技术。修复热处理技术是解决长期运转的大型设备零部件内部损伤问题的再制造技术之一。有些重要零部件（如汽轮机叶片、锅炉过热管、各种转子发动机曲轴等）制造过程耗资巨大，价格昂贵，在其失效后往往只用作炼钢废料回收，是一种严重的浪费。修复热处理技术是在允许受热变形范围内通过恢复内部显微组织结构来恢复零部件整体使用性能，如采用重新奥氏体化并辅以适当的冷却使显微组织得以恢复，采用合理的重新回火可以使绝大部分微裂纹被碳化物颗粒通过"搭桥"而自愈合。

④ 应急快速维修技术。高科技条件下的局部战争及生产线协同运行作业方式压缩了损伤装备修理的时间和空间。应急快速维修的地位和作用也变得更为重要。采用先进技术快速修复损伤的装备，使其迅速恢复战斗力和生产力，也是装备再制造的重要研究方向。包括应急维修专家系统、应急快速抢修技术、应急机动保障体系等方面的研究。

⑤ 过时产品性能升级技术。为延长废旧产品及零部件的技术寿命和经济寿命，要适时地对过时产品进行技术改造，用高新技术装备过时产品，实现技术升级。包括以下两方面：

a. 性能升级性设计技术。使设计人员在设计阶段就考虑到产品今后在技术落后时改造升级的方便性，如采用模块化设计、标准化设计等。

b. 产品的改造升级技术。通过局部修改产品设计或连接、局部制造等方法，特别是引进高新技术，使产品的使用性能与技术性能得到提高，使产品适应新的服役环境或条件。

⑥ 纳米涂层与纳米减摩自修复技术。是以纳米粉体材料为基础，通过特定的工艺手段，对表面进行强化、改性，赋予表面新功能，或对损伤表面进行自修复。

　　a. 纳米涂层制备技术。纳米涂层制备技术是研究纳米粉体材料在介质中的分散和稳定等关键工艺，纳米涂层的高强度、高韧性及其他特殊优异性能，纳米涂层对热疲劳及高温磨损等苛刻条件下的微裂纹萌生、扩展和损伤抑制机理，纳米涂层抗氧化性和热稳定性的机理。

　　b. 纳米减摩自修复技术。纳米减摩自修复技术是研究在不停机、不解体的状态下，应用摩擦化学理论，利用纳米材料的特性在摩擦微损伤表面原位形成自修复膜层的方法及材料；自修复膜的形成及强化机理；原位自修复膜的控制和模拟技术。

2.8.5　绿色制造的现状和发展趋势

(1) 绿色制造（GM）的现状

　　GM 有关内容的研究可追溯到 20 世纪 80 年代，但比较系统地提出 GM 的概念、内涵和主要内容的文献是美国制造工程师学会（SME）于 1996 年发表的蓝皮书《Green Manufacturing》。1998 年 SME 又在国际上发表了关于 GM 发展趋势的主题报告，对 GM 研究的重要性和有关问题作了进一步的介绍。

　　GM 及其相关问题的研究近年来非常活跃，特别是在美国、加拿大、西欧等一些发达国家，开展了大量的研究工作。

　　在美国，从一些国家重点实验室到国家研究中心，从东海岸的麻省理工学院到西海岸的加州大学，大量的研究工作正在进行，如加州大学不仅设立了关于环境意识设计和制造的研究机构，而且在国际互联网上建立了可系统查询的 GM 专门网页。卡奈基美隆大学的绿色设计研究所从事绿色设计、管理、制造、法规制定等研究和教育工作，并与政府、企业、基金会等广泛合作。不少企业也进行了大量研究，如在 1996 年美国 SME 关于 GM 研究的圆桌会议上，大多数骨干来自企业界的负责人或代表。美国 AT&T 公司还在企业技术学报上发表了不少关于 GM 的研究论文。美国国家科学基金会（NSF）也对 GM 中相关问题的研究给予了高度重视和支持，如在 1999 年资助课题报告会所提出的与 GM 相关的研究课题就有十余项。在此届报告会上，NSF 设计与制造学部主任 Martin-Vega 指出了未来制造业面临的六大挑战性问题，环境相容性问题就是其中之一，而且指出 GM 的目标就是减少制造过程中的废弃物和把产品对环境的影响降到最低限度；同时他又提出未来的"十大关键技术"，其中包括"废弃物最小化加工工艺"。

　　目前，在一些发达国家，除政府采取一系列环境保护措施外，广大消费者热衷于购买环境无害产品的绿色消费新动向，也促进了 GM 的发展。产品的绿色标志制度相继建立，凡标有"绿色标志"图形的产品，表明该产品从生产到使用以及回收的整个过程都符合环保要求，对生态环境无害或危害极少，并利于资源的再生和回收，这为企业打开销路、参与国际市场竞争提供了条件。如德国水溶油漆自 1981 年开始被授予环境标志（绿色标志）以来，其贸易额已增加 20%。德国目前已有 60 种类型 3500 个产品授予环境标志，法国、瑞士、芬兰和澳大利亚等国于 1991 年对产品实施环境标志，日本于 1992 年对产品实施环境标志，新加坡和马来西亚也在 1992 年开始实施环境标志。目前已有 20 多个国家对产品实施环境标志，从而促进了这些国家"绿色产品"的发展，在国际竞争中取得更高的地位和更多的市场份额。

　　在国内，机械科学研究院围绕机械工业中九个行业对绿色技术需求和绿色设计技术自身发展趋势进行了调研，在国内首次提出适合机械工业的绿色设计技术发展体系，同时还进行了车辆的拆卸和回收技术的研究。目前正在开展国家自然科学基金项目"环境绿色技术评价体系的研究",以环境保护绿色技术评价体系(Environment Technology Valuation,ETV)为研究载体,将 ETV 评价技术导入机械制造业的绿色设计、绿色制造,建立制造业的绿色概念、描述方法和 ETV 评价体系。国家 863/CIMS 主题还在中国现代集成制造系统网络开辟了 GM 专题,对国内外 GM 研究情况进行了综合介绍。国内不少高校和科研院所对 GM 的理论体系、专题技术等都进行了大量的研究。

总之,GM 的研究正在迅速开展。特别是近年来,国际标准化组织(ISO)发布了有关环境管理体系的 ISO14000 系列标准,推动 GM 的研究更加活跃和迅速发展。

(2) GM 的发展趋势

当前,世界上掀起一股"绿色浪潮",环境问题已经成为世界各国关注的热点,并列入世界议事日程。而制造业也将一改传统的制造模式,推行 GM 技术,发展相关的绿色材料、绿色能源和绿色设计数据库、知识库等基础技术,生产出保护环境、提高资源效率的绿色产品,并用法律、法规规范企业行为。随着人们环保意识的增强,那些不推行 GM 技术和不生产绿色产品的企业,将会在市场竞争中被淘汰,使发展 GM 技术势在必行。图 2-103 为当前阶段发展的主要新能源产业。绿色制造的发展趋势主要表现为以下 6 个方面。

图 2-103 主要新能源产业示意图

1) 全球化——GM 的研究和应用中将越来越体现全球化的特征和趋势

GM 的全球化特征体现在许多方面,例如:制造业对环境的影响往往是超越空间的,人类需要团结起来,保护我们共同拥有的地球;ISO14000 系列标准的陆续出台为 GM 的全球化研究和应用奠定了很好的基础,但一些标准尚需进一步完善,许多标准还有待于研究和制定。

随着近年来全球化市场的形成,绿色产品的市场竞争也趋于全球化。近年来许多国家要求进口产品进行绿色性认定,要有"绿色标志"。特别是有些国家以保护本国环境为由,制定了极为苛刻的产品环境指标来限制国际产品进入本国市场,即设置"绿色贸易壁垒"。GM 将为更多企业提高产品绿色性提供技术手段,从而为消除国际贸易壁垒提供有力的支撑。

2）社会化——GM 的社会支撑系统需要形成

GM 的研究和实施需要全社会的共同努力和参与，以建立 GM 所必需的社会支撑系统。企业要真正有效地实施 GM，必须考虑产品寿命终结后的处理，企业有责任进行产品报废后的回收处理。再如，城市空气污染已成为目前我国影响居民生活的一个严重问题，政府可以对每辆汽车年检时，测定废气排放水平，收取高额的污染废气排放费。这样，废气排放量大的汽车自然没有销路，市场机制将迫使汽车制造厂生产绿色汽车。

3）集成化——将更加注重系统技术和集成技术的研究

GM 集成化的另一个方面是 GM 的实施需要一个集成化的制造系统来进行。为此，提出了绿色集成制造系统的概念，并建立了一种绿色集成制造系统的体系框架。该系统包括管理信息系统、绿色设计系统、制造过程系统、质量保证系统、物能资源系统、环境影响评估系统 6 个功能分系统，以及计算机通信网络系统和数据库/知识库系统 2 个支持分系统。集成化往往带来产品性能的变革，而绿色、节能已成为产品品质的组成部分，环保节能型汽车、无氟节能冰箱就是最好的例证。

4）并行化——绿色并行工程将可能成为绿色产品开发的有效模式

绿色并行工程是现代绿色产品设计和开发的新模式。它是一个系统方法，以集成的、并行的方式设计产品及其生命周期全过程，力求使产品开发人员在设计一开始就考虑到产品整个生命周期中从概念形成到产品报废处理的所有因素，包括质量、成本、进度计划、用户要求、环境影响、资源消耗状况等方面。绿色并行工程涉及一系列关键技术，包括绿色并行工程的协同组织模式、协同支撑平台、绿色设计的数据库和知识库、设计过程的评价技术和方法、绿色并行设计的决策支持系统等。许多技术有待于今后的深入研究。图 2-104 为面向绿色并行工程的产品全生命周期设计过程示意图。

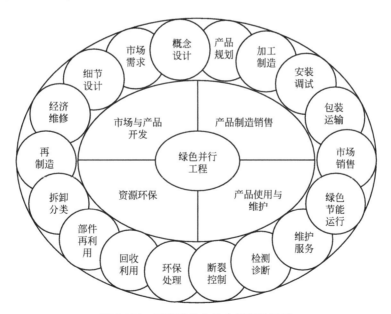

图 2-104 面向产品全生命周期的设计

5）智能化——人工智能和智能制造技术将在 GM 研究中发挥重要作用

为进一步完善企业 TQCSE 决策目标体系，需要用人工智能方法来进行支撑。基于知识系统、模糊系统和神经网络等的人工智能技术将在 GM 研究开发中起到重要作用，如在制造过程中应用专家系统识别和量化产品设计、材料消耗和废弃物产生之间的关系，运用这些关系来比较产品的设计和制造对环境的影响，使用基于知识的原则来选择实用的材料等。

6）产业化——GM 的实施将导致一批新兴产业的形成

除已有的废弃物回收处理装备制造业和废弃物回收处理服务产业外，另有两大类产业值得特别注意：

① 绿色产品制造业。制造业不断研究、设计和开发各种绿色产品，以取代传统的资源消耗较多和对环境负面影响较大的产品，将使这方面的产业持续兴旺发展。

② 实施 GM 的软件产业。企业实施 GM，需要大量实施工具和软件产品，如计算机辅助绿色产品设计系统、绿色工艺规划系统、GM 决策系统、产品生命周期评估系统、ISO 14000 国际认证支撑系统等，将会推动新兴软件产业的形成。

复习思考题

2-1　简述什么是先进制造工艺技术，并试述其主要内容。

2-2　试述激光加工的原理和特点。

2-3　电子束和离子束加工在原理上和应用范围上有何异同？

2-4　电子束加工、离子束加工和激光加工相比，各有何优缺点？

2-5　目前有哪些微细加工方法？

2-6　快速成型主要包括哪些方法，各种主要方法的英文及缩写是什么？

2-7　快速成型技术是哪些先进技术的集成，具有哪些特点和技术优势？

2-8　简述光固化快速成型的基本原理。

2-9　简述叠层实体快速成型的基本原理。

2-10　简述 EDM 快速钢模制造工艺的基本原理。

2-11　简述绿色制造的定义及其支撑技术。

第3章

现代设计技术

现代设计技术的主要内容是产品设计技术，而产品设计技术是先进制造技术中的核心技术。产品的结构、性能、质量、成本及可制造性、可维修性等因素都是在产品的设计阶段形成的。由此可以看出，产品设计的好坏直接关系到产品的成败。先进制造技术中采用现代设计技术，其目标就是要在最短的时间内完成新产品的最优设计。

产品是企业的生命，设计是产品的灵魂。面对瞬息万变的市场，以"静态、经验、类比和手工"为基本特征的传统设计技术，已不能够满足客户个性化的需求，而且在极大程度上限制了实际设计水平的提高，不利于产品创新和技术开发，也不利于设计人才的能力培养。为此，本章以优化设计、创新设计、DFX设计、模块化设计、反求工程这些典型的现代设计技术为出发点，向读者展示如何运用科学思维，实现设计科学与技艺的有机结合。

3.1 现代设计技术概述

(1) 现代设计技术的内涵

产品设计是以社会需求为目标，在一定设计原则的约束下，利用设计方法和手段创造出产品结构的过程。产品设计是产品全寿命周期中的关键环节，它决定了产品的"先天质量"。设计不合理引起的产品技术性和经济性的先天不足，是难以用生产过程中的质量控制和成本控制措施挽回的。产品的质量事故中有75%是设计失误造成的，设计中的预防是最重要、最有效的预防。因此，产品设计的水平直接关系着企业的前途和命运。

设计技术是指在设计过程中解决具体设计问题的各种方法和手段。随着社会的进步，人类的设计活动也经历了"直觉设计阶段→经验设计阶段→半理论半经验设计（传统设计）阶段"的过程。自20世纪中期以来，随着科学技术的发展和各种新材料、新工艺、新技术的出现，产品的功能与结构日趋复杂，市场竞争日益激烈，传统的产品开发方法和手段已难以满足市场需求和产品设计的要求。计算机科学及应用技术的发展，促使工程设计领域涌现出了一系列先进的设计技术。

现代设计技术是先进制造技术的基础。它是以满足产品的质量、性能、时间、成本、价格综合效益最优为目的，以计算机辅助设计技术为主体，以多种科学方法及技术为手段，研究、改进、创造产品活动过程所使用的技术群的总称。它的内涵就是以市场为驱动，以知识获取为中心，以产品全寿命周期为对象，人、机、环境相容的设计理念。

（2）现代设计技术的体系结构

现代设计技术分支学科很多，其基本体系结构及其与相关学科的关系如图 3-1 所示。

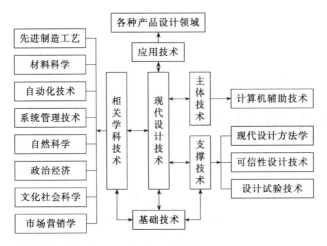

图 3-1　现代设计技术的体系结构及其与相关学科的关系

1）基础技术

基础技术是指传统的设计理论与方法，包括运动学、静力学、动力学、材料力学、热力学、电磁学、工程数学等，这些基础技术为现代设计技术提供了坚实的理论基础，是现代设计技术发展的源泉。

2）主体技术

主体技术是指计算机辅助技术，如 CAX 技术（X 指产品设计、工艺设计、数控编程、工装设计等）、优化设计、有限元分析、模拟仿真、虚拟设计、工程数据库等，因其对数值计算和对信息与知识的独特处理能力，这些技术正成为现代设计技术群体的主干。

3）支撑技术

支撑技术为设计信息的处理、加工、推理与验证提供多种理论、方法和手段的支撑。它主要包括：

① 现代设计理论与方法，如模块化设计、价值工程、逆向工程、绿色设计、面向对象设计、工业设计、动态设计、防断裂设计、疲劳设计、耐腐蚀设计、摩擦学设计、人机工程设计、可靠性设计等。

② 设计试验技术，如产品性能试验、可靠性试验、环保性能试验、数字仿真试验和虚拟试验等。

4）应用技术

应用技术是针对实用目的解决各类具体产品设计领域的技术，如机床、汽车、工程机械、精密机械等设计的知识和技术。

（3）现代设计技术的特点

① 现代设计技术是对传统设计理论与方法的继承、延伸与扩展。

现代设计技术对传统设计理论与方法的继承、延伸与扩展不仅表现为由静态的设计原理向动态的延伸，由经验的、类比的设计方法向精确的、优化的方法延伸，由确定的设计模型向随机的模糊模型延伸，由单级思维模式向多维思维模式延伸，而且表现为设计范畴的不断扩大。如传统的设计通常只限于方案设计、技术设计，而先进制造技术中的面向"X"的设计、并行设计、虚拟设计、绿色设计、维修性设计、健壮设计等便是工程设计范畴扩大的集中体现。

② 现代设计技术是多种设计技术、理论与方法的交叉与综合。

现代的机械产品，如数控机床、加工中心、工业机器人等，正朝着机电一体化，物质、能量、信息一体化，集成化，模块化方向发展，从而对产品的质量、可靠性、稳健性及效益等提出了更为严格的要求。因此，现代设计技术必须是多学科的融合交叉，多种设计理论、设计方法、设计手段的综合运用，必须根据系统的、集成的设计概念设计出符合时代特征与综合效益最佳的产品。

③ 现代设计技术实现了设计手段的计算机化与设计结果的精确化。

计算机替代传统的手工设计，已从计算机辅助计算和绘图发展到优化设计、并行设计、三维特征建模、面向制造与装配的设计制造一体化，形成了 CAD/CAPP/CAM 集成化、网络化和可视化。

传统设计往往首先建立假设的理想模型，然后考虑复杂的载荷、应力和环境等影响因素，最后考虑一些影响系数，这样导致计算的结果误差较大。现代设计技术则采用可靠性设计来描述载荷等随机因素的分布规律，通过采用有限元法、动态分析等分析工具和建模手段，以获得比较符合实际工况的真实解，从而提高设计的精确程度。

④ 现代设计技术实现了设计过程的并行化、智能化。

并行设计是一种综合工程设计、制造、管理、经营的哲理和工作模式，其核心是在产品设计阶段就考虑产品寿命周期中的所有因素，强调对产品设计及其相关过程进行并行的、集成的一体化设计，使产品开发一次成功，缩短产品开发周期。

智能 CAD 系统模拟人脑对知识进行处理，并拓展了人在设计过程中的智能活动。原来由人完成的设计过程，已转变为由人和计算机相结合、共同完成的智能设计活动。

⑤ 现代设计技术实现了面向产品寿命周期全过程的可靠性设计。

除了要求满足一定功能以外，客户还对产品的安全性、可靠性、寿命、使用的方便性和维护保养条件与方式提出了更高的要求；此外还要求其符合有关标准、法律和生态环境方面的规定。这就需要对产品进行动态的、多变量的、全方位的可信性设计，以满足市场与用户对产品质量的要求。

⑥ 现代设计技术是对多种设计试验技术的综合运用。

为了有效地验证设计目标是否达到并检验设计、制造过程的技术措施是否适宜，全面把握产品的质量信息，在产品设计过程中，就需要根据不同产品的特点和要求，进行物理模型试验、动态试验、可靠性试验、产品环保性能试验与控制等，并由此获取相应的产品参数和数据，为评定设计方案的优劣和对几种方案的比较提供一定的依据，也为开发新产品提供有效的基础数据。另外，人们还可以借助功能强大的计算机，在建立数学模型的基础上，对产品进行数字仿真试验和虚拟现实试验，预测产品的性能，也可运用 RP 技术，直接利用CAD 数据，将材料快速成型为三维实体模型，该模型可直接用于设计外观评审和装配试验，或将模型转化为由工程材料制成的功能零件后再进行性能测试，以便确定和改进设计。

3.2　优化设计

优化是一个很容易为人们所理解和接受的概念，因为当人们按理性行为从事一项工作时，总希望把它尽量做好，精益求精，这就是朴素的优化思想在日常生活中的一种表现。在设计过程中，常常需要根据产品设计的要求，合理确定各种参数，例如重量、成本、性能、承载能力等，以期达到最佳的设计目标。

优化设计是 20 世纪 60 年代发展起来的一门新学科，它是最优化技术和计算机技术在设计领域应用的结果。优化设计为工程设计提供了一种重要的科学设计方法，在解决复杂设计问题时，它能从众多的设计方案中找到尽可能完善、最适宜的设计方案。要实现问题的优化必须具备两个条件：一是存在一个优化目标；二是具有多个方案可供选择。在通常的产品设计中，满足上述两个条件的问题是广泛存在的。

目前，优化设计已在各类工程设计中得到了广泛应用，并取得了显著的经济效益和社会效益。国内自 20 世纪 90 年代初以来，在优化设计研究与应用方面有了长足的发展，在优化决策理论与方法研究上能够跟踪这一领域的国际发展前沿，在优化设计软件开发和工程应用中取得了不少研究成果。

人类从自身的进化到从事各种活动，无不贯穿着优化的思想。然而，由于种种条件的限制，使得人类在设计领域上达不到真正的"最优解"，而只能尽可能利用已有条件，使设计结果向"最优解"逼近。以可靠性优化设计为例，既要定量满足产品在运行中的可靠性，又要使产品的尺寸、成本、质量、体积和安全性等参数得以优化。因此，必须将可靠性分析理论与数学规划方法相结合，在对各参数进行设计时，首先以可靠度作为优化目标函数，使某些指标（如成本、质量、体积或尺寸）最小化，再以强度、刚度、稳定性等设计要求作为约束条件建立可靠性优化设计数学模型，根据模型的规模、性态、复杂程度等因素选择合适的优化方法，最后求出最优设计变量。然而，由于涉及因素太多，优化目标相互交织、相互制约甚至相互矛盾，严格的数学寻优很难实现。因此，以数学规划法为基础的优化设计方法在工程设计领域中的应用，所取得的综合效益比预期要小的多，其原因主要有以下几方面：

① 最优化设计方法只是在参数优化设计和结构优化设计等方面比较有效，而在方案设计与选择、决策等方面则无能为力。众所周知，参数优化设计、结构优化设计所产生的效益是有限的，而人们往往看重方案优化、决策优化。

② 建模难度大，技术性高，数学模型描述能力低且模型误差大。

③ 方法程序的求解能力有限，难以处理复杂问题和性态不好的问题，难以求得全局最优解。

为了提高最优化方法的综合求解能力，近年来人们在以下方面进行了众多有益的探索：

① 人工智能、专家系统技术的引入，增加了最优化方法中处理方案设计、决策等优化问题的能力。在优化方法中的参数选择时借助专家系统，减少了参数选择的盲目性，提高了程序求解能力。

② 针对难以处理复杂问题和性态不好的问题、难以求得全局最优解等弱点，发展了一批新的方法，如模拟退火法、遗传算法、人工神经网络法、模糊算法、小波变换法、分形几何法等。

③ 在数学模型描述能力上，由仅能处理连续变量、离散变量发展到能处理随机变量、模糊变量、非数值变量等；在建模方面，开展了柔性建模和智能建模的研究。

④ 在研究对象上，从单一部分的、单一性能或结构的、分离的优化设计，进入到整体优化、分步优化、分部和分级优化、并行优化等，提出了覆盖设计全过程的优化设计思想。另外，方法研究的重点从着重研究单目标优化问题进入到着重研究多目标优化问题。

⑤ 在最优化方法程序设计研究中，一方面努力提高方法程序的求解能力和各个方法程序之间的互换性，研制方法程序包、程序库等；另一方面大力改善优化设计求解环境，开展

了优化设计集成环境的研究。集成环境为设计人员提供辅助建模工具、优化设计前后处理模块、可视化模块、接口模块等。

优化设计将从传统的优化设计向广义优化设计过渡。广义优化设计在基本理论上应是常规优化设计理论、计算机科学、控制理论、人工智能、信息科学等多学科的综合产物；在求解问题的类型上有数值型问题和非数值型问题，设计变量也可以有多种类型；在方法上应是多种算法互补共存；在实现上应是将多个方法、多个工具、多个软件系统无缝集成在一起，形成具有统一、使用方便、功能齐全的最优化设计集成环境。

3.3　创新设计

生产力是社会发展的驱动力，科技则是生产力发展的驱动力，而创新又是科技发展的驱动力，足以说明创新对于推动科技进步、生产力提高和社会发展的重要作用。创新是一个民族进步的灵魂，是国家兴旺发达的不竭动力。一个没有创新能力的民族，难以屹立于世界先进民族之林。目前国家鼓励"全民创业、万众创新"并出台相关优惠政策，也正是为适应时代发展而进行的战略部署。

(1) 创新与技术创新工程

创新是一个相当广泛的概念，在不同的情况下常具有不同的含义。

1) 创新与创造

直到现在，在许多情况下并不严格区分创新与创造，在词义使用上它们有等同或非常相近的含义。例如在汉语词典上，创造的解释是"想出新方法、建立新理论、做出新的成绩或东西"；创新的解释是"抛开旧的，创造新的"。创造一词为在英文中为 creation，而创新为 innovation。把创新与创造以其独特的含义严格区分，最早是由美籍奥地利经济学家 J. A. Schumpeter 提出的概念，他认为创新是指一种从来没有过的关于生产要素的新组合。尔后，众多学者也对创新概念作过多种解释，其中较为一致的观点是：创新是新设想（或新概念）发展到实际和成功应用的阶段。因此，从一般意义上说，创造强调的是新颖性和独特性，创新则强调的是创造的某种实现。

2) 创新与发明

发明是创造性思维的结果，是创造的物化成果。大多数人把发明理解为一种设想，即新产品、新工艺、新方法的首创性设想。发明可以申请专利保护。J. A. Schumpeter 认为，企业家的职能就是把发明引进生产体系，创新是发明的第一次商业化应用。在发明未能转化为创新之前，它仍然是没有直接经济价值的新设想或新概念。发明是创新的必要条件，但并不是充分条件。也就是说，要创新，必须先有发明；但有了发明，并不一定都能成为创新。图 3-2 显示了创造、发明、创新及专利之间的关系。

(2) 技术创新

1) 什么是技术创新

按照国际上普遍认同的观点，技术创新是指以市场为导向，以提高竞争力为目标，从新产品或新工艺设想的产生开始，经过技术的获取（研究、开发和引进技术），到工程化、商业化生产及市场应用整个过程一系列活动的总和。它不只关注技术的创造性和技术水平的进步，更关注技术在经济活动中的应用，特别是在市场中如何取得成功。技术创新是一个典型的融科技与经济为一体的系统概念。

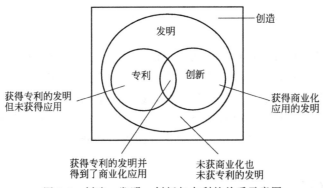

图 3-2 创造、发明、创新与专利的关系示意图

技术创新有三个鲜明的特点：

第一，强调市场实现程度和获得商业利益是检验创新成功的最终标准。

第二，强调从新技术的研究开发到首次商业化应用的整个过程是一个系统工程。

第三，强调企业是技术创新的主体。

2）技术创新产品、创新工艺概念

目前，技术创新的概念一般主要指工业技术创新。因此，最直观的理解是：技术创新是科技新设想（包括概念、发现、发明、改进及其他成果）转变成新的可销售的产品或可推广的新工艺。如果创新在市场上实现了（指产品创新），或者在生产过程中得到了应用（指工艺创新），就可以说创新完成了。因此，创新包括了科学、技术、组织、金融和商业的一系列活动。

3）技术创新工程的重点任务

要抓好技术创新的体系建设、机制建设和能力建设三个环节。技术创新体系建设、机制建设和能力建设是一个系统工程。其中，体系建设是创新工程的保证，机制建设是创新工程的核心，能力建设是实施创新工程的目的。抓住这三个关键环节，就能从整体上推动技术创新工程的不断深入。

（3）创新设计方法

1）创新设计方法的概念

所谓创新设计方法，就是人们根据创新原理解决创新问题的创意，是促使创新活动完成的具体方法和实施技巧。它是对创新原理融会贯通以及具体运用的结果。

创新设计方法是创新方法、创新经验、创新技巧的总和。它是完成创新活动的强力武器和必要手段。它来源于创新实践并服务于创新实践。它的孕育与成长、发展与完善，一是依赖于创新原理对创新活动的指导作用，二是依赖于人类社会对创新活动的客观需求，三是依赖于各行各业对创新活动的经验总结，四是依赖于科学技术对创新活动的推动促进。

2）创新设计方法的作用

创新设计在创新活动中的巨大作用，主要体现在驾驭知识和促进才能两个方面。众所周知，创新离不开知识，渊博的知识是人们实施创新活动的基础。创新设计方法能帮助人们更好地掌握知识，从而在创新的广度上，得心应手地驾驭知识，摘取发明创造的丰硕成果。创新又有赖于才能，卓越的才能是人们取得创造成果的条件。创新设计方法能促进人们更好地发挥才能，从而在创新的高度上，灵活地运用才能，实现发明创造的最终目标。

（4）创新设计方法的特性

创新设计方法是人们对创新原理具体运用的结果，它通常具有可操作性、可思维性、技巧性、探索性和排他性等特点。

1）可操作性

可操作性是指创新设计方法必须具有一定的实施程序和具体做法，创造者可以通过学习掌握应用这种方法的要点，真正将其运用于创新活动并引导创新实践。

2）可思维性

可思维性是指创新设计方法必须能有效地引发创造性思维，应能通过创新设计方法的操作步骤逐步将创造者的思维引向深入，促进创造问题的求解。

3）技巧性

技巧性是指创新设计方法在应用时离不开经验与技巧等因素的参与。一般说来，原理是解决问题的基础，方法是解决问题的前提，技巧是解决问题的保证。技巧是将创新设计方法实用化并提高其应用效率的有力手段。

4）探索性

探索性是指创新设计方法的应用必须因人、因地、因事制宜。创新设计方法不是灵丹妙药，一用就灵，也不是金科玉律，放之四海而皆准。人们必须用探索的观点来运用创新设计方法，并使之指导创新活动。

5）排他性

排他性是指某种创新设计方法在内涵上必须有自己的特色，必须与其他创新设计方法有实质性的不同。排他性是纯化创新设计方法、简化创造手段的有力武器，也是保证创新设计方法发展的必要条件。

（5）创新设计方法介绍

原理和方法是人们认识世界和改造世界的途径和工具。实际上，在科学研究和技术攻关中，如果没有正确的指导原理和适当的运作方法，任何创造活动都是难以成功的。特别是现在，科技领域里的创新活动一方面朝着高深层次发展，一方面又朝着普及范围扩散，这对创新设计方法提出了新的需求。创新设计方法由于能给人们提供认识创新行为基本规律的原理，并能给人们提供实施创新活动的方法，因而日益受到人们的重视。创新设计方法包括很多，这里只对一部分进行阐述。

1）列举类技法

① 缺点列举法。缺点列举法，是通过列举某事物当前存在的缺点，并将克服其缺点作为理想目标，提出如何克服其缺点并改进该事物的创新方法。

② 希望列举法。希望列举法，是根据当前和未来社会生产或生活的需要，列举关于某事物的希望点，并提出如何满足这些希望以改进原有事物或创造新事物的技术创新方法。

③ 属性列举法。所谓事物的属性，包括外部特征、内部结构、整体形态、功能、性能、运动方式、操作和做工方式等。这些属性可分为三类，即名词属性、动词属性和形容词属性。属性列举法就是依照这种属性分类形式，借助于希望列举法和缺点列举法，对同性提出改进、置换等创新问题，或者将某一属性置换到其他技术中去，提出其他技术的创新问题。图 3-3、图 3-4 给出了 Intel 公司采用属性列举法创新思维，为晶体管加入第三个维度，将二维平面晶体管改进为 3D 三栅极晶体管的案例。

④ 综合列举法。缺点列举法、希望列举法、属性列举法自身都存在一定的不足，所以将这三种列举法的主要操作程序编排起来综合运用就是综合列举法。

2）智力激励类技法

图 3-3　平面晶体管　　　　　　　　　　　　　图 3-4　3D 三栅极晶体管

① 智暴法。智暴法最初用于广告的创意设计，后被引入到产品开发、技术革新、预测规划等多个领域。智暴法因其能让智力像风暴一样爆发而得名，是当今最负盛名、最实用的一种集体创造性解决问题的方法。该方法是将少数人召集在一起，以会议的形式，对于某一问题进行自由思考和联想，提出各自的设想和提案。这是一种发挥集体创造精神的有效方法，与会者可以无任何约束地发表个人的想法，鼓励敞开思想、求新、求异、求奇。

② 635 法。635 法是智暴法的进一步发展。在宣布活动主题后，要求参加者每次写出 3 个解决方案并作简要注释，然后传给邻座，后者读后再提出 3 个方案或对原有方案进行补充。这个活动有 6 个人参加，而每个参加者的建议均经过 5 个人的补充或组合发展，故称 635 法。与智暴法相比，635 法有很多好处。例如，可使沉默的人发言，使垄断会场的人将机会给予他人。一个好的提案会得到系统的补充与发展，而且消除了活动领导人的影响。缺点是比较死板，不利于活跃思维。

③ 戈登法。该法首先由美国 MIT 的威廉·戈登教授提出。其基本做法是由不同知识背景的人组成小组，开会时不直接宣布讨论的具体内容，而把问题抽象化，提交与会者讨论。例如，要构思一种新型割麦机，“割麦”是关键词。为了得到新的思路，可脱离“麦”这个特定对象，而抽象为“切割”，如果必要的话，还可以进一步将“切割”抽象化为“分离”，形成一种“抽象的阶梯”，如割麦→切割→分离等。围绕“割麦”思考，容易受“麦”这个具体对象的限制；围绕“切割”，则很容易使人想到刀具机构。而采用“分离”，就能进一步突破习惯方式，扩大思考范围，得出一些新颖独到的创新方案来。

3）组合类技法

① 分解组合法。将某种产品分解为几项构成要素，使之独立化，然后进行组合产生新产品的一种方法。具体可通过将物体分割成相互独立部分、使物体成为可组合（易于拆卸和组装）部分以及提高物体分割或分散程度三种方式来实现。如组合工具［图 3-5(a)］；组合家具［图 3-5(b)］；组合牵引机车；活动房屋；挖掘机的可更换挖掘爪；为尽量避免玻璃在运输过程中的振动、逐步提高传输线辊轴分散程度直到用熔化锡槽来替代辊轴传输［见图 3-5(c)］。

② 成对组合法。成对组合法是把任意两个事物或特征组合起来，以获得发明目标的方法。依组合的因素不同，成对组合可分解成元件组合、材料组合、用品组合、机器组合、技

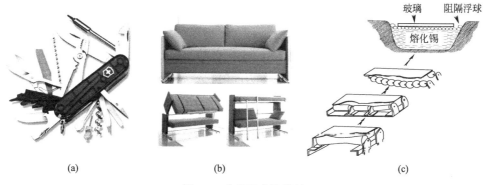

图 3-5 分解组合法设计

术原理组合等不同方式。如瑞士 Victorinox 公司推出的一款附带移动硬盘的瑞士军刀。新的移动硬盘军刀非常实用，可以在外出时携带。但在乘坐飞机时瑞士军刀只能托运，这对用户的数据来说存在安全隐患。为此，该公司又进一步创新改进，把移动硬盘做成可拆卸式的，这样就两全其美了。这就是将瑞士军刀和移动硬盘两种风马牛不相及的产品通过"重新组合"创新出一种新产品。类似的发明还有很多，近年出现的牛奶纤维面料，谷歌智能眼镜等，都是将两种不同领域的元素进行筛选组合。可以看出，一些普通的生活用品在注入高科技后被赋予了神奇的色彩，在提高生活质量的同时，也让生活变得更加舒适。

③ 辐射组合法。辐射组合法是以某一新技术为中心，与多方面的传统技术结合，形成技术辐射，从而产生多种技术创新发明的方法。

④ 形态分析法。形态分析法是将发明课题分解为若干相互独立的基本因素，找出实现每个因素功能要求的所有可能的技术方式，然后加以排列组合，经过综合分析选出独创性方案。图 3-6 为设计人员参考箱鲀鱼形态而进行汽车流线型外观的设计开发。

图 3-6 从箱鲀到奔驰车的仿生物形态设计

3.4 面向"X"的设计

产品设计在产品生命周期中占有极其重要的地位。据统计，所有与产品相关的结果，有超过 80% 是在设计阶段就已经注定的。传统的设计过程只考虑如何满足产品的性能要求，而对制造方法、维修、回收等却考虑得很少。这样的产品不但制造成本高，返修率高，制造周期长，而且很难满足用户需求，其结果必然造成产品的市场竞争力削弱。统计数据显示，新产品提案中只有约 6.5% 能够制造出产品，其中能够商品化的比例不到 15%，产品进入市场后又有将近半数未能获得成功。

造成上述情况的一个很重要原因，就是在产品设计时对影响产品的多种因素考虑不周全。为此，人们开始寻求新的设计理论和方法，旨在强调在设计阶段就开始考虑产品生命周期的各个阶段、各个方面的因素，力图设计出具有好造、好修、好用特点的产品，这种方法就是面向"X"的设计（Design For X，DFX），即面向产品生命周期各/某环节的设计。其中，X 可以代表产品生命周期或其中某一环节，如加工、装配、使用、维修、回收、报废等，也可以代表产品竞争力或决定产品竞争力的因素，如质量、营销、成本、时间等。而这里的设计不仅指产品的设计，也指产品开发过程和系统的设计。

3.4.1 面向制造的设计

DFX 最初是以面向制造的设计（Design For Manufacturing，DFM）的形式出现的。DFM 强调在设计过程中考虑加工因素，即可加工性和加工的方便性，其出发点是整个制造系统，追求整个生产制造过程的优化。

产品的生产活动一般分为产品设计、材料选择、零部件加工、质量控制和装配成最终产品等若干阶段，它们共同影响着产品的质量、成本以及制造系统的生产率。它们之间的关系和相互作用相当复杂。设计是产品制造的开始，设计费用在制造系统中所占的比例虽然不大，但是它对产品制造成本的影响很大。DFM 抓住了产品设计对产品及其总成本的影响，把产品设计放在整个制造系统中来考虑，并且以能很好地满足制造要求为目标，从而得到一个全局最优化的产品设计。在 DFM 中要用到价值分析工程学，它是通过对所设计的产品进行价值分析，以便从中选出最优的设计方案，同时还要充分考虑产品的可加工性以及制造的经济性。由此可见，加强设计阶段和制造阶段的信息交流和信息反馈，在 DFM 中是非常重要的。

DFM 要求在产品的设计阶段就充分考虑到制造过程中将出现的问题，并通过优选的设计来避免。应当强调，DFM 的设计思想是贯穿于整个设计过程之中，即从产品的概念设计、部件设计到零件设计（见图 3-7）。在 DFM 的理论研究中，人们提出两条适合用于所有设计的公理：一是在设计中必须保持功能要求的独立性，二是在设计中必须使信息量最小。公理一表明过多不必要的功能要求或功能要求的不足都是不好的设计。功能要求的独立性并不是要求每个零件只满足一个功能要求，而恰恰相反，如果一个零件能独立地满足所有必要的功能要求，那么它就是最好的设计。公理二说明信息量最少可以简化设计工作，同时还可以减少设计中各因素的相互影响，容易建立数学模型。

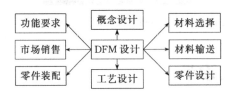

图 3-7　DFM 设计方法的应用环境

在应用 DFM 时，人们从上述公理出发结合具体生产实践，总结出了一系列具体的规则。尽管其中有些规则极为普通和容易理解，如耦合设计的解耦、使构成产品的零件数量最少、使单个零件的功能尽量多、使装配方向最少、发展模块化的设计、使设计标准化、选择易于装配的紧固件、尽量减少调整、使各零件易于定位等，但是在全局最优的设计理论中来研究这些规则，就赋予了新的价值。同时，在具体的实施过程中应加以丰富和具体化，对设计原则的应用也应具体问题具体分析。此外，在应用 DFM 进行设计时，需要考虑如何适应企业现有的制造条件和限制。目前已有这方面的软件系统，它能根据存储在计算机中有关企业车间制造加工条件的数据库，自动对初步的产品设计进行可制造性检验，把检验结果反馈给设计人员，从而使他们能够不断调整和修改设计，使其满足制造条件的要求。如汽车发动机连杆杆身截面，是不断变小的"工"字形结构，即由靠近小头端部的"H"形逐渐变为靠近大头端部的"I"形，同时杆身采用大圆弧过渡，使得整体结构抗弯强度好、重量轻（见图 3-8）。该例就是通过在单一零件的设计阶段，集中地反映出了全局优化结果，尤其是在考虑 DFM 方面。同样，有些企业针对市场需求，采用模具工艺加工出胀断连杆（见图 3-9），也是在考虑 DFM 和企业自身条件下，利用崭新的产品设计和先进的生产系统来满足成本和工艺性等的要求。

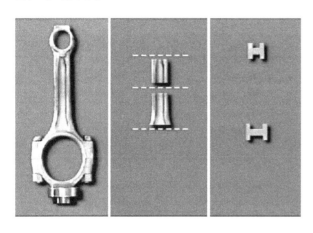

图 3-8　连杆体截面形状

图 3-9　胀断连杆

3.4.2　面向装配的设计

与 DFM 类似，面向装配的设计（Design For Assembly，DFA）主要考虑的是各零部件之间是否能够装配和易于装配，以及能否在现有技术及设备条件下进行装配。就机械产品的 DFA 来说，应该从以下几个方面进行分析评价：

① 机器结构应能划分成几个独立的装配单元。机器结构如能被划分成几个独立的装配单元，对生产的好处主要体现在：

a. 便于组织平行装配流水作业，缩短装配周期；便于组织厂际协作生产和组织专业化生产。

b. 机器有关部件可以预先进行调整和试车，可以减少总装配的工作量并保证总机装配质量。

c. 便于局部结构改进，有利于产品改进和更新换代。

d. 有利于机器的维修和运输。

② 尽量减少装配过程中的修配劳动量和机械加工劳动量。

③ 结构应便于装配和拆卸。

此外，DFA 还应充分考虑产品的综合成本以及零件和装配体的结构工艺性。如采用常用的紧固方法进行装配，其成本随着不同结构形式的改变而增加（见图 3-10），因此要针对性地进行选择。图 3-11 给出了装配过程简化的案例，即用接插件取代紧固螺钉，这种形式在注塑模具行业的应用极为普遍，8 个零件通过集成减少到 2 个，在保证功能的前提下降低了产品成本，并极大地简化了安装过程。

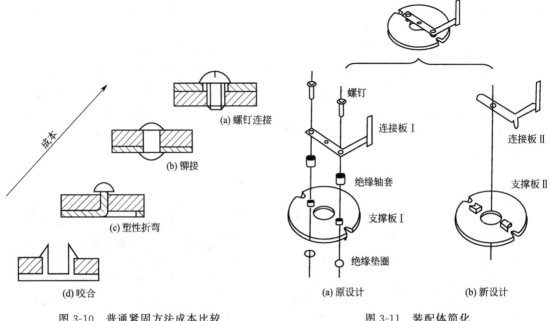

图 3-10　普通紧固方法成本比较　　　　图 3-11　装配体简化

3.4.3　面向可操作性的设计

面向可操作性的设计（Design For Operability，DFO）主要目标是使所设计的产品不仅要满足其主要性能要求，还要做到可靠、舒适、经济、安全，最大限度地方便用户对产品的使用和操作。人机工程学和产品造型设计是面向操作设计需要着重考虑的问题，也是面向操作设计的重要工具。以常用工具呆扳手为例，手柄与开口支点夹角就是典型的 DFO 问题。将螺母的六边形去除两条边，在剩下的四条边中有两条边是平行的，最初的呆扳手杆体方向就是平行于这两条边。但假如螺母和扳手内角还差 30°，则必须要改变手的位置才能继续拧紧，但有时由于操作空间狭小而发生手转不过去，或必须调整人体姿势才能使力，这样就会带来极大不便。改良后杆体方向偏移了 15°，可以利用扳手翻转效果，使 −15°变成 ＋15°，形成总共 30°的角度差，从而便于操作（见图 3-12）。

再如早期的双门冰箱，冷冻室设计在上面，冷藏室在下面，两个储藏室是互通的，利用冷气下沉的原理将冷冻室的冷气送入冷藏室进行降温。但后来随着冰箱的容积越来越大，冷冻食品增多，冷冻室容积达到了总容积的 1/2 甚至更大，这使得冰箱重心抬高而造成稳定性变差。因此，将重量相对更大的冷冻室设计在下面、使用率较高的冷藏室设计在上面更便于拿取食物，制冷问题则采用风冷将压缩机的冷气吹入冷藏室。随着人们生活水平的不断提高，家电市场为迎合消费者需求，目前已开发出双机双温冰箱、变频冰箱、真空冰箱、智能冰箱等系列产品（见图 3-13）。

总之，DFX 技术就是利用生命周期评估技术对从产品从材料选取到生产、使用、维修及报废的整个生命周期各阶段进行分析设计、全生命周期成本评估，并将评估结果用于指导设计和制造方案的决策，将面向不同设计阶段的现代设计方法统一成为有机的整体。可以说，任何一个产品的设计，都是设计者将诸多因素进行全面考虑的结果，同时也是 DFX 综合作用并在实际中不断完善的过程。

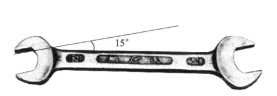   

图 3-12　扳手夹角的 DFO 问题　　　　　　　　图 3-13　冰箱演化的 DFO 问题

3.5　模块化设计

　　模块化设计与传统设计方法有原则的区别，它不是面向某一个产品，而是面向整个产品系统；同时是一种标准化、组合化的设计。模块化设计有两个对象：有特定功能的模块；有使用功能的产品。模块化设计有三个层次：模块化系统总体设计；模块系统设计、模块化产品设计。由于模块化产品系统的复杂性，想要设计出一个具有生命力的模块化产品系统，仅凭经验是难以奏效的，因此必须遵循一系列的原则和方法，善于运用系统分解和组合的技巧，并紧紧抓住接口技术这一重要环节。

　　模块化产品的构成模式可以通过一个简单的公式进行表达：新产品（系统）＝通用模块（不变部分）＋专用模块（变动部分）。模块化产品大都是以现有模块为基础进行构成的，这样可以大大缩短新产品的设计和研发周期，增强企业对市场变化和用户需求的快速应变能力；产品虽然是多品种、小批量，但模块是通用部件，仍然可以取得批量化生产的效率和效益；模块的设计制造已经基本定型，其性能和质量已经过大量基础试验和实践考验，从而可以提高整机的可靠性。由于模块化设计能实现多样化与效益的有机统一，因此它是企业追求质量、品种、效益全面发展的有效途径。

(1) 模块化设计的基本概念和方式

　　为开发具有多种功能的不同产品，不必对每种产品进行单独设计，而是精心设计出多种模块，将其经过不同方式的组合来构成不同产品。以解决产品品种、规格与设计制造周期、成本之间的矛盾，这就是模块化设计的含义。模块化设计与产品标准化设计、系列化设计密切相关，即所谓的"三化"。"三化"互相影响、互相制约，通常合在一起作为评定产品质量优劣的重要指标，是现代化设计的重要手段。机械产品的模块化设计始于 20 世纪初，最开始用于机床的设计，到 20 世纪 50 年代，欧美一些经济发达国家开始把模块化设计提升到理论高度来进行研究。目前，模块化设计的思想已渗透到许多领域，如机床、减速器、家电、计算机等。在每个领域，模块及模块化设计都有其特定的含义，如日本佳能公司的单镜头反光取景相机所有的镜头卡口标准是完全一致的，同时佳能公司庞大的镜头群可以覆盖各种客户需求；德国大众公司在 A4 平台上生产 Volkswagen/Skoda/SEAT/Audi 四个品牌的十余种轿车，像 Golf、Bora、NewBeetle 和 Audi TT 这些流行轿车都是该平台的产品。

　　1）模块的概念

　　模块是指一组具有同一功能和接合要素（指连接部位的形状、尺寸、连接件间的配合或啮合等），但性能、规格或结构不同，而能够互换的单元。

在模块化设计中，也用到大量的标准件，但模块多指标准件之外、仍需设计而又可以用于不同的组合、从而形成具有不同功能的设备的单元。

系统各组成部分之间可传递功能的共享界面称为接口。物质、能量、信息通过接口进行传递。模块通过接口组成系统。系统中能有效地实现模块间功能传递所必须的一套独立于模块功能，而不随模块而异的接口要素，称之为接口系统。

广义地说，构成产品每一元素的输入/输出口就是它的接口界面。若把产品看作一个由许多元素（如零件、元器件）组成的链状系统，则每一个元素可看作其前后两个元素的接口环节。对整个产品来说，若某一环节或某一元素的输入/输出界面可靠性出了问题，则产品就会出现故障。接口结构的规模有大有小，但对系统功能及可靠性的影响不依大小而不同。连接两个模块的导线有时必须采用屏蔽线或同轴电缆，甚至连接线的长度也应限制，以免信号过度衰减。机电一体化产品的传感器系统可看作为各种物理量的接口，执行机构系统可看作机械本体与信息处理系统间的接口结构。各接口要素相互贯穿、渗透于机电一体化产品系统之中。

2）模块化设计的概念

在对产品进行市场预测、功能分析的基础上，划分并设计出一系列通用的功能模块；根据用户的要求，对这些模块进行选择和组合，就可以构成不同功能、或功能相同但性能不同、规格不同的产品。这种设计方法称为模块化设计。

3）模块化设计的主要方式

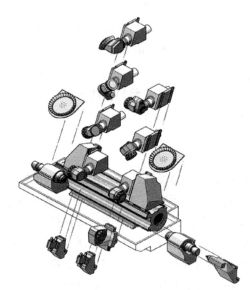

图 3-14　模块化车削加工中心

① 横系列模块化设计。不改变产品主参数，利用模块发展变型产品。这种方式最易实现，应用最广。通常是在基型品种上更换或添加模块，形成新的变型品种。例如，更换端面铣床的铣头，可以加装立铣头、卧铣头、转塔铣头等，形成立式铣床、卧式铣床或转塔铣床等。再如，采用模块化设计的机床结构后，德国 Index 公司的模块化车削加工中心就能够完成车削、铣削、钻削、滚齿、磨削、激光热处理等许多工序（见图 3-14）。

② 纵系列模块化设计。在同一类型中对不同规格的基型产品进行设计。主参数不同，动力参数也往往不同，导致结构形式和尺寸不同，因此该方式较横系列模块化设计复杂。若把与动力参数有关的零部件设计成相同的通用模块，势必造成强度或刚度的欠缺或冗余，欠缺影响功能发挥，冗余则造成结构庞大、材料浪费。因而，在与动力参数有关的模块设计时，往往先合理划分区段，只在同一区段内模块通用；而对于与动力参数或尺寸无关的模块，则可在更大范围内通用。

③ 横系列和跨系列模块化设计。除发展横系列产品之外，若改变某些模块还能得到其他系列产品的情况，便属于横系列和跨系列模块化设计。德国沙曼机床厂生产的模块化镗铣床，除可发展横系列的数控及各型镗铣加工中心外，更换立柱、滑座及工作台，即可将镗铣

床变为跨系列的落地镗床。

④ 全系列模块化设计。全系列包括纵系列和横系列。例如某工具铣床除可改变为立铣头、卧铣头、转塔铣头等形成横系列产品外，还可改变床身、横梁高度和长度，得到三种纵系列的产品。

⑤ 全系列和跨系列模块化设计。主要是在全系列基础上用于结构比较类似的跨系列产品的模块化设计上。例如，全系列的龙门铣床结构与龙门刨床、龙门刨铣床和龙门导轨磨床相似，这时便可以发展跨系列模块化设计。

（2）模块化系统的分类

1）按产品中模块使用的程度划分

① 纯模块化系统：一个完全由模块组合成的模块化系统。

② 混合系统：一个由模块和非模块组成的模块化系统。机械模块化系统多是这种类型。

2）按模块组合的可能性划分

① 闭式系统。有限种模块组合成有限种结构形式。设计这种系统时须考虑到所有可能的方案。

② 开式系统。有限种模块能组合成相当多种结构形式。设计这种系统时主要考虑模块组合变化规则。

模块实现一定功能，对整个产品系列而言，功能和相应的模块类型如图 3-15 所示。

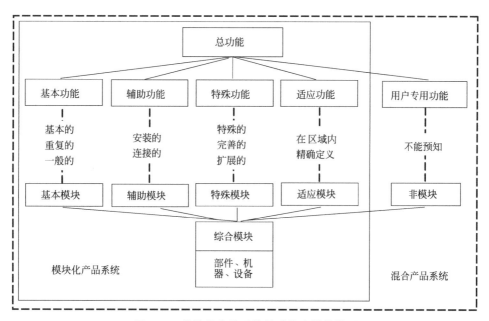

图 3-15　模块化产品系统的功能和模块类型

基本功能是系统中基本的、经常重复的、不可缺少的功能，在系统中基本不变。如车床中主轴的旋转功能。相应模块称为基本模块。

辅助功能主要指实现安装和连接所需的功能。如一些用于连接的压板、特制连接件。相应模块称为辅助模块。

特殊功能是表征系统中某种或某几种产品特殊的、使之更完善或有所扩展的功能。如仪表车床中的球面切削装置模块，便扩展了它的功能。相应模块称为特殊模块。

适应功能是为了和其他系统或边界条件相适应所需要的可临时改变的功能。相应模块称为适应模块。它的尺寸基本确定，只是由于上述未能预知的条件，某个（些）尺寸必须根据当时情况予以改变，以满足预定要求。一些厚度尺寸可变的垫块即可构成这种性质的模块。

用户专用功能指某些不能预知的、由用户特别制定的功能。该功能有预期不确定性，极少重复，由非模块化单元实现。

（3）模块化设计的步骤

传统设计的对象是产品，但模块化设计的产物既可以是产品，也可以是模块。实际上常形成两个专业化的设计、制造体系，一个是以设计、制造模块为主，另一个则是以设计制造产品（通常称之为整机厂）为主。

模块化设计也可分为两个不同层次，即系列产品模块化设计和单个产品模块化设计。系列产品模块化设计需要根据市场调研结果对整个系列进行模块化设计，其本质上是系列产品研制过程（见图 3-16）。下面逐一展开进行介绍：

① 市场调查与分析。这是模块化设计成功的前提。必须注意市场对同类产品的需求量、市场对同类产品基型和各种变型的需求比例，分析来自用户的要求，分析模块化设计的可行性等。对市场需求量很少而又需要付出很大的设计与制造花费的产品，不应在模块化系统设计的总功能之中。

② 进行产品功能分析。拟定产品系列型谱、合理确定模块化设计所覆盖的产品种类和规格。种类和规格过多，虽对市场应变能力强，有利于占领市场，但设计难度大，工作量大；反之，则对市场应变能力弱，但设计容易，易于提高产品性能和针对性。

③ 确定参数范围和主参数。产品参数有尺寸参数、运动参数和动力参数（如功率、转矩、及电压等），参数过高过宽易造成浪费，过低过窄又不能满足要求，因此需要合理确定。另外，参数数值大小分布也很重要，最大、最小值应依使用要求而定。主参数是表示产品主要性能、规格大小的参数，参数数值的分布一般用等比数列或等差数列来进行描述。

④ 确定模块化设计类型，划分模块。只有少数方案用到的特殊功能，可由非模块实现；若干部分功能相结合，可由一个模块实现（对于调整功能尤其如此）。

⑤ 模块结构设计，形成模块库。由于模块具有多种可能的组合方式，因此设计时要考虑到一个模块的较多接合部位，应做到加工合理、装配合理；应尽量采用标准化的结构；应保证模块寿命相当，维修及更换方便。

⑥ 编写技术文件。由于模块化设计建立的模块常不直接与产品联系，因此必须注意其技术文件的编制，才能将不同功能的模块有机联系起来，以使指导制造、检查和使用。

单个产品模块化设计则需要根据用户的具体要求对模块进行选择和组合，并加以必要的设计计算和校核计算，本质上是选择及组合过程（见图 3-17）。总的说来，模块化设计遵循一般技术系统的设计步骤，但比后者更复杂，花费更高，要求每个零部件都能实现更多的部分功能。

图 3-18 给出了美国 Razer 公司 2014 年推出的概念模块化电脑 Project Christine 的例子。它采用分仓模块化设计，每一个模块都是一个计算机组件且均采用无线缆设计，通过自定义的 PCI-E 接口进行连接，无论是 CPU、显卡、内存、无线网卡还是硬盘都可以快速插拔安装。数码产品更新迅速，模块化电脑可以将用户频繁的升级换代成本控制到最小。如此一来用户在购买、升级时完全做到了按需分配，花最合适的钱买最合适的产品，这也是模块化产品的核心价值所在。图 3-19 为一款手持设备组件的基础件，它可以将显示屏、GPS、数码相机等进行模块化，并扩展成多功能化的数码产品。

图 3-16　系列产品模块化研制过程

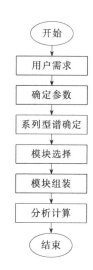

图 3-17　单个产品模块化设计进程

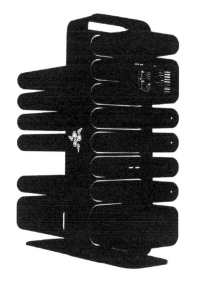

图 3-18　模块化电脑 Project Christine

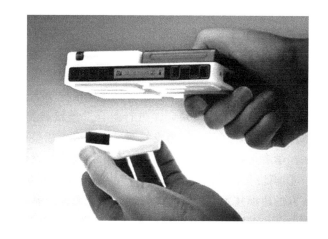

图 3-19　多功能化数码产品

（4）模块化设计的技术经济价值

欧美国家提出的"模块化设计"这一设计概念和设计方法，之所以能够迅速在各个领域得到广泛应用，主要是由于它具有巨大的技术、经济价值。它的意义不仅在于能缩短产品的设计制造周期，可提高产品的质量和可靠性，实现多品种、小批量生产方式与效率的统一；而且作为一种具有新思维方式和新工作方法的广义模块化，还有其更为广阔的应用前景。它是一种能适应新产业革命、适应信息时代需要的一种极有前途的新思路、新设计方法、新标准化形式。模块化设计的技术经济价值包括以下几个方面：

① 简化设计，实现技术和资源共享。

② 提高生产效率，缩短供货周期。

③ 有利于发展产品品种和引进新技术，取得市场竞争的主动权。

④ 有利于提高产品质量和可靠性。

⑤ 良好的可维修性。

⑥ 良好的经济效益。

⑦ 有利于推动科技进步和实现科技成果产业化。

(5) 模块化设计的现状与趋势

模块化设计在设计思想上是对传统设计的一种创新。早期模块化设计多采用手工操作管理，缺乏现代化的设计和管理手段，不能充分发掘模块化设计的优越性。随着计算机应用技术向各行各业的渗透和以 CAD 为主体的现代设计技术的发展，模块化设计从设计手段上已有较大改进，形成了以计算机为工具、以模块化设计为目标的多学科交叉融合的新型技术领域，如计算机辅助模块化设计、模糊模块化设计、智能模块化设计、优化模块化设计等，这些手段反过来又促进了模块化设计思想的发展。例如，早期的模块化设计主要追求功能的实现，现在则要求模块化产品生命周期全过程多目标的权衡、分配及综合决策，如开发周期短，易于回收、装配、维修，产品报废后某些模块仍可再利用，模块可以升级、重新设置等。总的来说，现代模块化设计呈现以下几种趋势：

① 各种数学方法（如模糊数学、优化等）引入模块化设计各个环节，如模块的划分、结构设计、模块评价、结构参数优化等。

② 不同层次计算机软件平台的渗透，如二维绘图、实体造型、特征建模、概念设计、曲面设计、装配模拟等软件均可用于模块化设计之中。

③ 数据库技术及成组技术的应用。产品系列型谱确定之后，在系列功能模块设计时，采用数据库技术及成组技术，首先对一系列模块的功能、结构特征、方位、接合面的形状、形式、尺寸、精度、特性、定位方式进行分类编码，以模块为基本单元进行设计，存储在模块数据库中。具体设计某个产品时，首先根据功能及结构要求形成编码，根据编码在数据库中查询出满足要求的模块，并进行组合、连接；否则，调出功能和结构相似的模块进行修改。组合连接好之后，与相应的图形库连接形成整机。分类编码识别从技术上较易实现，另有一些学者正在研究更为直观的图形识别模块化设计。

④ 模块化产品建模技术。与产品建模技术同步，模块化产品模型有其自身的特点。目前研究的建模技术有三维实体建模、特征建模、基于 STEP（STandard for the Exchange of Product model data，产品模型数据交互规范，是国际标准化组织制定的描述整个产品生命周期内产品信息的标准）的建模等。

⑤ 人工智能的渗透。模块的划分、创建、组合、评价过程，除用到数值计算和数据处理外，更重要的是大量设计知识、经验和推理的综合运用。因此，应用人工智能势在必行。

⑥ 生命周期多目标综合。并行工程要求在设计阶段就考虑从概念形成到产品报废整个生命周期的所有因素。在模块化设计中，不同目标导致模块化的方法与结果不同，各种目标在对模块的要求方面相互冲突，在同一个产品中，不同模块对目标的追求也不一致，这就需要对各目标综合考虑、权衡、合理分配，取得相对满意的结果。专家系统、模糊数学、优化等手段都在这一领域获得了充分的发展空间。

⑦ 上述各种研究综合应用，形成适用的单项或集成的商业化软件系统。

从总的产品设计份额来看，国内机械行业模块化设计应用并不十分广泛。其原因在于机械产品本身的复杂性及多样化，虽有诸多新的设计技术，但模块化设计还需要做大量的基础工作，其中最主要的是对大量现有零部件结构、功能、接合部位进行认真的分析、规范化及分类，建立一整套系列化标准，吸取软件行业的软件工程规范、硬件行业的总线标准、各类图形图像处理软件之间的接口标准等成功经验，推动模块化设计的发展。虽然这是一项巨大的工程，但也是模块化设计应用普及的必经之路。

3.6　反求工程

随着 CAD 技术的日益发展，设计人员可以方便地利用手工草图或现有图纸生成三维计算机模型，并进行产品设计、工程分析及制造。然而在现代化的产品设计或加工生产中，如果仅有实物模型或者样件而没有图纸和参数，特别是针对一些复杂曲面产品，如汽车、飞机的大型覆盖件等，若通过传统测量方法取得数据，再经 CAD 软件来建立完整的 3D 模型，那就非常困难了。为此，反求工程技术应运而生。

3.6.1　反求工程概述

反求工程，顾名思义就是反其道而行，先有产品或样品，将测量系统测得的数据，导入专业软件或 CAD/CAM 中作后处理，再进行相应的制作加工。广义的反求工程包括形状（几何）反求、工艺反求和材料反求等诸多方面，是一个复杂的系统工程。

目前，大多数有关反求工程的研究和应用都集中在几何形状，即重建产品实物的 CAD 模型和最终产品的制造方面，称为实物反求工程。典型的工业应用如汽车外形设计：设计师完成等比例木模或油泥模型的制作后，利用测量设备获取物理模型表面的坐标数据，借助专用三维重构软件并结合 CAD 系统构造 3D 模型，在此基础上进行产品结构性能分析或制造出原型样件或产品。这种产品开发模式与传统设计方法正好相反，它的设计流程是从实物到设计，因此人们将这种由"实物原型→原理、功能→三维重构"的产品开发过程称为反求工程或逆向工程（Reverse Engineering，RE）。

RE 是 20 世纪 80 年代后期出现的先进制造领域新技术。它通过对实物的测量来构造其几何模型，进而根据具体功能需求进行改进设计和制造。与传统意义的仿形制造不同，RE 主要将原始物理模型转化为工程设计概念或设计模型，它一方面为提高工程设计、加工分析的质量和效率提供充足的信息，另一方面为充分利用先进的 CAD/CAM/CAE 技术对原始物理模型进行工程创新提供服务。需要指明的是，RE 并不仅仅是单纯的复制模仿，而应是从样件测量开始，将技术引进、消化吸收与创新相结合，对原产品进行再设计和提高的全过程，由此形成增强技术创新能力的重要手段，提高核心竞争力。

RE 的工作流程由产品数字化、数据预处理、模型重建、模型分析与校验四个部分组成（见图 3-20）。

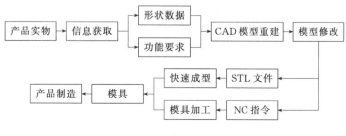

图 3-20　反求工程流程图

（1）产品数字化

即零件原型的三维数字化测量。它采用接触式或非接触式数字测量设备来完成零件原型表面点的三维坐标值采集，使用 RE 专业软件接收处理离散的点云数据。

（2）数据预处理

按测量数据的几何属性对获取的数据进行分割，采用几何特征匹配与识别的方法来获取零件原型所具有的设计与加工特征。

（3）模型重建

将分割后的三维数据在 CAD 系统中分别作曲面模型的拟合，并通过各曲面片的求交与拼接获取零件原型表面的 CAD 模型。

（4）模型分析及校验

对虚拟重构出的 CAD 模型，从产品的用途及零件在产品中的地位、功用进行原理和功能分析，确保产品良好的人机性能，并实施有效的改进创新。同时，根据获得的 CAD 模型，采用重新测量和加工出样品的方法，来校验重建的 CAD 模型是否满足精度或其他试验性能指标的要求。对不满足要求者重复以上过程，直至达到产品与零件的功能、用途等设计指标。

3.6.2 反求测量方法分类

快速、准确地获取实物模型的几何数据，是实现 RE 的重要步骤之一。早期对实物模型的测量大都采用手工测量，效率低、精度差。随着计算机技术、CAD/CAM 及高精度坐标测量机的发展，产品数据采集逐渐转移到坐标测量机上完成，从而大大提高了测量精度和效率，也促进了 RE 的应用和推广。同时，光电、传感、控制等相关技术的发展，也衍生出越来越多的零件表面数字化方法，其中典型的反求测量方法分类如图 3-21 所示。下面就常用的几种方法作一介绍。

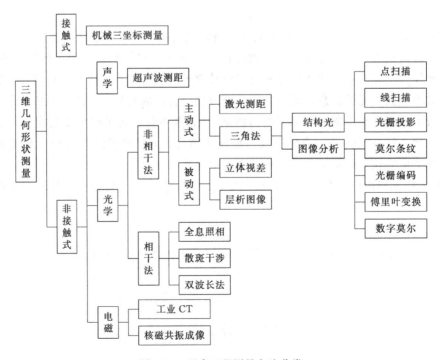

图 3-21　反求工程测量方法分类

（1）坐标测量机（Coordinate Measuring Machine，CMM）**法**

在接触式方法中，坐标测量机作为一种精密的几何量测量仪器，在工业中得到广泛应用。它是集机、光、电、算于一体的接触式精密测量设备。根据测量原理的不同，三坐标测量机可分为机械接触式坐标测量机、光学坐标测量机、激光坐标测量机。坐标测量机一般由主机、测头和电气系统三部分组成。其中测头是坐标测量机的关键部件，可进一步细分为硬测头（机械式测头）、触发式测头和模拟式测头三种。硬测头主要用于手动测量，由操作人员移动坐标轴，当测头以一定的接触力接触到被测表面时，人工记录下该位置的坐标值。由于采用人工测量时对测量力不易控制，测头每接触一次只能获取一个点的坐标值，因此精度低，测速慢，但价格便宜。触发式测头是英国 Renishaw 公司和意大利 DEA 公司于 20 世纪 90 年代研制生产的新型测头。当该测头的探针接触被测表面并产生一定微小的位移时，测头就发出一个电信号，利用该信号可以立即锁定测头当前的位置，从而自动记录下该位置的坐标值。这种测头可以在工件上进行滑动测量，测量精度可达 $30\mu m$，测量速度一般为 500 点/s，具有准确性高，对被测物体材质和反射特性无特殊要求，且不受工件表面颜色及曲率影响等优点；缺点是不能对软质材料物体进行测量，测头易磨损且价格较高。

接触式测量法具有测量精度、准确性及可靠性高，适应性强，不受工件表面色泽影响等优点。对不具有复杂内部型腔、特征几何尺寸多且只有少量特征曲面的零件，CMM 法是一种非常有效而可靠的三维数字化测量手段。缺点是测量速度慢，无法测量表面松软的实物，测量仪对使用环境要求较高，测量过程必须人工干预，此外还必须对测量结果进行测头损伤及测头半径的三维补偿。

（2）工业 CT 法

计算机断层扫描（Computer Tomography，CT）技术最具代表性的是基于 X 射线的 CT 扫描机，它以被测量物体对 X 射线的衰减系数为基础，利用计算机重建物体的断层图像。CT 分为医用 CT 和工业 CT 两种。医用 CT 主要用于人体组织和器官的检测，测量层距较大（≥1.0mm），且成像范围小。相对于医用 CT 来说，工业 CT 射线剂量大，可以测量大部分工业零件，测量精度相对较高，断层测量间距小于0.1mm，适合于工业应用。

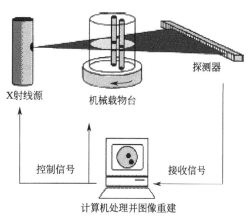

图 3-22　工业 CT 组成示意图

产品实物经 CT 扫描层析后，获得一系列断面图像切片和数据，这些数据提供了工件截面轮廓及其内部结构的完整信息，不仅可以进行工件形状、结构和功能分析，还可以进行工件的几何模型重建。工业 CT 的组成结构如图 3-22 所示。

工业 CT 是目前较先进的非接触式测量方法，它可以在不破坏零件的情况下，对物体的内部构造进行测量，而且对零件的材料没有限制。但是，CT 测量法存在着测量系统空间分辨率低、获得数据需要较长的积分时间、重建图像计算量大、设备造价高、只能获得一定厚度截面的平均轮廓等缺点。

（3）磁共振（Magnetic Resonance Imaging，MRI）**法**

它的理论基础是核物理学的磁共振理论，其基本原理是用磁场来标定人体某层面的空间位置，然后用射频脉冲序列照射，当被激发的核在动态过程中自动恢复到静态场的平衡态时，把吸收的能量发射出来，最后利用线圈来检测这种信号。由于这种技术具有深入物质内部而不破坏样品的优点，并且对人体没有损害，因此在医疗领域应用广泛。但不足之处是目前对非生物组织材料尚不适用，且造价较高。

（4）超声波测量法

超声波测量的原理是当超声波脉冲到达被测物体时，在被测物体的两种介质交界表面会发生回波反射，通过测量回波与零点脉冲的时间间隔，便可计算出各面到零点的距离。这种方法相对于 CT 法或 MRI 法而言，设备成本较低，但测量速度较慢，且测量精度由测头的聚焦特性所决定，因此测量出的数据可靠性较低。目前该法主要用于无损探伤及厚度检测。

（5）飞行时间法

飞行时间法也称距离方法（Range Methods），它利用激光或其他光源脉冲光束的飞行时间来测量被测点与参考平面的距离。在测量过程中，物体脉冲经反射回到接收传感器，参考脉冲穿过光纤也被传感器接收，这样就会产生时间差，根据两脉冲的时间差便可转换成距离。飞行时间法典型的分辨率在 1mm 左右，采用由二极管激光器发出的亚毫秒脉冲和高分辨率设备，可以获得亚毫米级的分辨率。

（6）层析法

层析法也称逐层切削扫描（Capture Geometry Inside，CGI）法，它是将待测零件用专用树脂材料（填充石墨粉或颜料）完全封装，待树脂固化后将工件装夹到铣床或磨床上，进行微吃刀量平面铣（磨）削，得到包含零件与树脂材料的截面后，利用高分辨率光电转换装置获取该层截面的二维图像。由于封装材料与零件截面存在明显边界，通过数字图像处理技术便可得到边界轮廓图像。完成一层的测量后，再去除下一层材料。重复上述步骤，直至完成整个实物的测量。最后将各层的二维数据进行合成，即可得到实物的三维数据，其原理如图 3-23 所示。采用这种测量方法，可以精确获得被测物体的内、外曲面的轮廓数据。

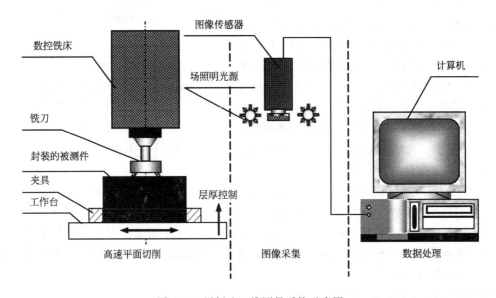

图 3-23　层析法三维测量系统示意图

这种方法对被测实物的材料没有限制，设备价格便宜且能达到较高的测量精度，最小层间距能达到 0.01mm，但其缺点是对实物的测量是破坏性的。下面以对某进口摩托车发动机复杂内腔表面进行测量为例来说明层析法的具体应用。

在数控铣床上使用平面铣刀逐层铣削被测发动机，在平面铣刀上同时安装刷子，用以清除切屑。摄像机安装于数控铣床机身上，一个光电编码器用于检测工作台被测物是否移动到 CCD 摄像下。光电编码器和图像处理计算机之间通过并口进行通信。获取断层图像后进行图像处理、提取轮廓，再经标定后进行矢量化处理，由此得到断层轮廓的矢量化数据见（图 3-24～图 3-27）。这些数据可以进行三维重构生成物体的 CAD 模型，也可以直接生成 STL 模型，还可以直接生成快速成型机所需的层片数据。

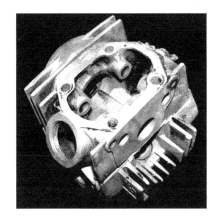

图 3-24　某摩托车发动机原始实物

图 3-25　层析法测量装置

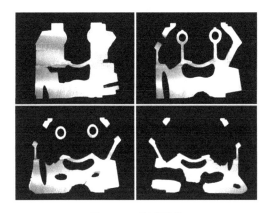

图 3-26　截面图像

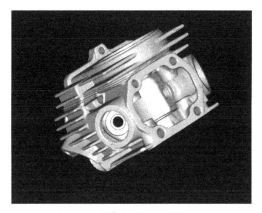

图 3-27　重构后的三维实体模型

(7) 激光线结构光扫描法

激光线结构光扫描是一种基于线结构光和三角测量原理的主动式结构光编码测量技术，亦称为光切法（Light Sectioning）。它将具有规则几何形状的激光光源（如点光源、线光源）投影到被测零件的表面上，形成的漫反射光点（光带）成像于图像传感器后，根据三角形原理，即可测出被测点的空间坐标。

目前较为成熟、应用最广泛的线结构光测量方法是深度图像三维测量法。它的最大特点是测量速度快、精度较高、数据点密集，因此特别适用于测量大尺寸且具有复杂外部曲面的零件。但由于它不能测量激光照射不到的部位，对于突变的台阶结构和深孔结构易产生数据丢失，同时对被测零件表面的色泽、粗糙度、漫反射和倾角过于敏感，存在阴影效应，因此限制了其使用范围。采用多激光扫描头进行扫描扇区的数据叠加，可以在很大程度上弥补上述不足。图 3-28 给出了通过多激光扫描头构成全身人体扫描仪，来进行人体测绘的扫描过程。

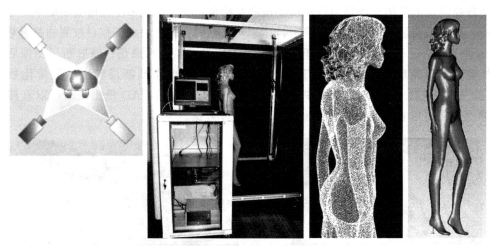

图 3-28　基于激光线结构光扫描法的人体数据采集

目前商业化光切三维测量系统有英国 3D SCANNER 公司的 Reversa 激光测量系统，日本 KONICA MINOLTA 公司的 VIVID910 系统等。这类设备采集速度可达 30 万点/次以上，测量精度在±0.008mm～±0.1mm 之间，对测量对象表面的适应性较强。

（8）投影光栅法

采用普通白光光源将正弦光栅或矩形光栅投影到被测物体表面，利用光电耦合摄像机（Charge Coupled Device，CCD）摄取变形光栅图像，根据变形光栅图像中条纹像素的灰度值变化，可解算出被测物面的空间坐标。投影光栅法的优点是测量范围大，可对整幅图像的数据进行处理，由于不需要逐点扫描，因而测量速度快，成本低，易于实现。不足之处在于对表面变化剧烈的物体进行测量时，在陡峭处往往会发生相位突变。目前较为成熟的测量系统有德国 Steinbichler 公司的 COMET 系列、德国 GOM 公司的 ATOS 系统等。其中，ATOS 系统是目前世界上最先进的非接触式三坐标扫描仪之一，主要有 ATOS 和 Tritop 两个模块。ATOS 模块又称为光学测量系统，通过两个高分辨率 CCD 对光栅干涉条纹进行拍照，利用光学定位技术和光栅测量原理，可在极短时间内获得表面的完整点云。最新的 ATOSIII 系统，每次测量数据的周期是 11s，每次能采集到 400 万点数据，测量范围最大可达 2m×2m，特别适合大型工件的快速测量（见图 3-29）。Tritop 模块又称为照相测量定位系统，它是根据全球卫星定位原理进行开发的，利用照相机技术来获取某些特征标志点的三坐标位置（见图 3-30）。

（9）基于立体视差的数字照相系统

许多非接触式三维测量都涉及立体视差（Stero Disparity）法。所谓视差就是物体表面同一个点在左右图像中成像点的位置差异，根据这样的差异通过算法便可获得物体上对应点的空间坐标。应用这种原理来进行物体测量，可实现将 2 个或 2 个以上视点所得的二维图像推广成三维影像。该方法优点是测量原理清晰、操作灵活、应用场合广泛、硬件成本低、测量时不受物体表面反射特性的影响。在不能或不便采用主动式测量的场合，如航空测量、卫星遥感、机器人视觉、军事侦察等领域，都对此技术有较大需求。

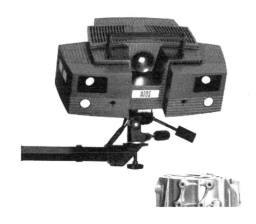

图 3-29 ATOS 模块

图 3-30 Tritop 模块

以上各种测量方法都有各自的优缺点和应用范围。目前用于测量造型技术的主要有投影光栅法和激光三角形法，其中以激光三角形法的应用更为广泛。下面就测量精度、速度、可测量轮廓的复杂程度、对材料是否有限制及成本等方面作一简单比较（见表 3-1）。

表 3-1 各种测量方法的比较

技术类型	测量精度	速度	内腔测量	形状限制	材料限制	成本	代表产品
三坐标测量	高($\pm 0.5 \mu m$)	慢	否	无	无	高	—
投影光栅法	中(0.02mm)	快	否	表面不能过陡	无	低	［德］EOSCAN
激光三角法	较高($\pm 5 \mu m$)	快	否	表面不能存在突变	无	较低	［美］DIGIBOT
CT 和 MRI 法	低(0.1mm)	较慢	是	无	有	高	［美］INTER GRAPH
层析法	中(0.02mm)	慢	是	无	无	低	［美］CGI
立体视觉法	低(0.1mm)	快	否	有	无	较低	—

3.6.3 反求数据处理

RE 中较大的工作量就是离散数据的处理。一般来说，反求系统中应携带具有一定功能的数据拟合软件，而常规 CAD 软件如 UG、Pro/E 等有曲面拟合功能但不够完善。专用曲面拟合与修补软件有美国 SDRC 公司的 Imageware Surfacer、美国 Raindrop 公司的 Geomagic Studio、英国 DELCAM 公司的 CopyCAD 和韩国 INUS 公司的 RapidForm 等。

国内从事 RE 研究的单位多为高等院校，代表性的有清华大学激光快速成型中心进行的照片反求、CT 反求研究；西安交通大学面向 CMM 的激光扫描法、基于线结构光视觉传感器的光学坐标测量机及层析法的研究，并根据断层轮廓集三角化表面重构的理论和算法，开发出反求软件 StlModel 2000（见图 3-31）；上海交通大学反求集成系统和自动建模技术；浙江大学的三角面片建模及其反求软件 Re-soft，提出以三角曲面为过渡模型的 NURBS 曲面光滑重构理论和方法；南京航空航天大学的基于海量散乱点三角网格面重建和自动建模方法；华中科技大学的曲面测量与重建系列算法；西北工业大学的数据点处理、建模及其反求软件 NPU-SRMS 实物测量造型系统等。

此外，一些流行的 CAD/CAM 集成系统中也集成了类似模块，如以色列 Cimatron 软件公司 Cimatron 的 ReEnge 模块可以直接读入多种格式的测量数据，并提供了多种可以用点云直接生成样条曲线、网格和 NURBS 曲面，最终生成 CAD 模型的功能算法。所生成的三维曲线和曲面可以进行编辑，也可以对曲面进行数控加工。

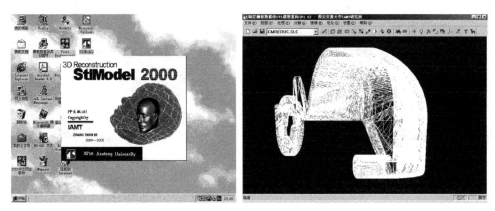

图 3-31 StlModel 2000 软件运行界面及通过断层轮廓集重构的车门拉手

3.6.4 RE 的应用

产品设计和开发能力、制造周期和成本是企业竞争能力的集中体现。依靠 RE 技术，工程人员可根据产品功能要求在原有样本的基础上对反求结果进行修改，通过集成快速成型制造系统制造出产品样本，从而可以对产品设计进行快速评价、修改及功能试验，从而缩短产品研发周期，降低开发成本。

从成功的经验看，日本、韩国等国引进国外先进技术，发挥"后发优势"，在较短的时间内迅速地实现了工业化、现代化。日本在第二次世界大战后的 40 余年的时间里，创造了经济发展的"东洋奇迹"，一跃成为世界经济大国。近年来，日本经济已发展到全世界国民生产总值的 10%，外汇储备长期稳居世界前列。它的技术引进只用了技术投资的 25%，却完成了工业主体技术的 70%。现今，越来越多的电子及日用品的异形曲面采用 RE 技术来完成数字建模，加快了新产品的问世步伐，提高了产品的外观新颖性、复杂性及制造精度，并大大降低了产品研发成本。

目前，在工业发达国家，自由曲面 RE 技术的应用已在航空航天、汽车、模具制造、家电等行业中普遍采用，特别是在具有复杂自由曲面的产品设计中显示出其独特优势。如汽车发动机进气道是一个具有复杂自由曲面内腔的零件，该曲面的设计将直接影响到气流特性和发动机的工作性能，现有的国外研究和开发人员从事的大量气体动力学以及发动机燃烧实验已获得较为成熟的设计方案。若采用自由曲面 RE 技术则可直接建立该曲面的计算机模型，而不必进行大量实验，从而大大地缩短了开发周期和费用。概括起来，RE 的应用主要包括如下几个方面。

（1）模具行业

由于模具制造过程中经常需要反复试冲后修改模具型面，因此对已达到要求的模具经测量并反求出其数字化模型，在后期重复制造或修改模具时，就可以方便地运用备用数字模型生成加工程序，快速完成重复模具的制造，从而大大提高模具备份、复制的生产率，降低制造成本。在我国，RE 技术对于以生产各种汽车、玩具配套件的地区、企业有着十分广阔的应用前景。这些地区、企业经常需要根据客户提供的样件制造出模具或直接加工出产品。在这种情况下，往往没有样件的设计资料和设计数据，此时就可以利用 RE 技术首先对产品进行数字化测量，建立其计算机模型，同时对该模型进行有限元分析，装配分析，通过检验修改后便可直接加工模具。RE 的应用对提高我国模具制造行业的整体技术含量，进而提高产品的市场竞争力具有重要的推动作用。工艺品数字化建模及局部细节修改如图 3-32 所示。

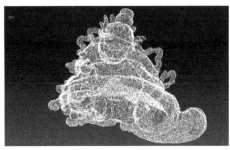

图 3-32　工艺品数字化建模及局部细节修改

（2）原始数据缺失或特殊零件修改

RE 可以快速、方便地将真实世界的形体资料转化为计算机可读取的数字信息，为真实世界的数字化提供一种高速有效的手段。如果说当今时代的特征是数字化生存，RE 无疑是这种生存的必要手段之一。

破损文物或艺术品，通过反求测量获取残体的三维形态数据，再根据模糊控制理论对残体边缘特征或残体的走向进行拼合，可以有效地辅助考古人员完成文物修补。某些进口设备，常常会因为某一零部件损坏而停止运行，通过 RE 手段，可以快速成型加工出这些缺乏供应的零部件替代品，从而提高设备的利用率和使用寿命。

西周吴虎鼎在 1992 年西安黑河引水工程工地出土。它在"夏商周断代工程"中具有很高的学术研究意义，为国家一级文物。出土时该鼎有一足断裂、鼎足口沿处破裂且整体有变形。由于该鼎铭文很多（包括断裂部分），用传统修复方法很难达到满意的修复效果，影响保存和展示。经反求测量和计算机重构三维模型后，通过有限元进行力学分析，模拟修复过程，以保证在修复过程中应力分布均匀，不会产生新的开裂，达到满意修复效果（见图 3-33）。

图 3-33　三维激光扫描和图像处理相结合进行文物数字化修复

(3) 个体化设计和制造

早在 20 世纪 90 年代初，日本 Mijuno 公司就为世界短跑健将卡尔·刘易斯进行过一项利用 RE 技术建立其人体模型的实验。技术人员重构出刘易斯足部肌肉形状，并结合分析软件设计制作出与其脚形完全一致的钉鞋。刘易斯称这双钉鞋使他感到像在赤足奔跑一样。也正是穿着这双钉鞋，他在 1991 年世界田径锦标赛上创造了 9.86s 的百米世界纪录。

目前，随着材料技术和生命科学的发展，RE 技术也开始应用到医学工程领域。通过先进的扫描设备和模型重建软件，可以快速建立人体各个器官的数字化模型，从而可以准确设计和制造出诸如关节、义齿、义眼、假肢、假发等样件，并使其完全符合个性化的需要。例如利用 CT、MRI、三维 B 超等技术，可对人体局部进行扫描获得截面图像信息，同时进行器官的三维重构，从而策划出人体器官手术方案。图 3-34 为基于 RE 和 RP 技术为患者制备出的人工股骨头模型。

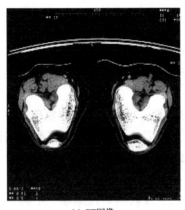 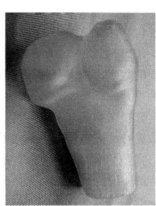

(a) CT图像　　　　　　　(b) RE三维重构　　　　　　　(c) 人工骨模型样件

图 3-34　基于 RE/RP 的个体适配性人工假体制备

(4) 产品功能测试

当设计需要通过实验测试才能定型的工件模型时，通常采用 RE 方法。如航空航天、汽车等领域，为了满足所研究的部件抗碰撞、抗冲击，或者考虑空气动力学等的要求，首先需要在实体模型或缩小模型的基础上，通过各种性能测试来建立符合要求的产品模型，最终为零件建立模型和设计模具提供试验依据（见图 3-35）。

  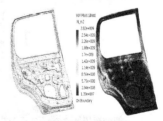

(a) 车身油泥模型　　　　　(b) 车身点云数据　　　　　(c) 有限元工程分析

图 3-35　基于 RE 的产品功能测试

(5) 与 CAD 技术结合作为一种产品设计的新方法

有些产品不仅具有复杂的自由曲面而且具有复杂的结构和特征（如艺术品造型、人体、动植物外形），难以直接用计算机进行三维几何设计。对于这样的零件可以利用 RE 技术来设计零件上的自由曲面，目前常用黏土、石膏、木材或泡沫塑料进行初始外形设计，再通过 RE 将实物模型转化为三维 CAD 模型。同时可以利用基于特征造型的 CAD 技术来完成其复杂结构的设计，这样既克服了 RE 技术难以处理复杂结构的缺点，也克服了 CAD 造型中难以处理复杂自由曲面的缺点，将两者充分结合，完成整个零件设计。

复习思考题

3-1　简述现代设计技术的内涵及特点。

3-2　描述现代设计技术的体系结构，并简述其基本内容。

3-3　模块化设计的含义是什么？它有哪些主要特点？

3-4　模块化设计与传统设计有何本质区别？

3-5　什么是面向"X"的设计？试举例。

3-6　描述优化设计数学模型。何为设计变量、目标函数和设计约束？

3-7　模块化设计的一般步骤是什么？

3-8　现代模块化设计的趋势是什么？

3-9　什么是反求工程的含义？试述反求工程作业的基本步骤。

3-10　反求测量方法有哪些？试描述利用层析法进行反求测量的过程。

第4章

先进制造装备系统

先进制造自动化促使制造业逐渐由劳动密集型产业向技术密集型和知识密集型产业转变。先进制造自动化技术是制造业发展的重要标志，代表着先进制造技术的水平，也体现了一个国家科技水平。采用先进制造自动化技术不仅能显著地提高劳动生产率、大幅度提高产品质量、降低制造成本、提高经济效益，还能有效地改善劳动条件、提高劳动者的素质、有利于产品更新、带动相关技术的发展，大大提高企业的市场竞争能力。本章在介绍先进制造自动化技术的内涵、发展历程和现状的基础上，重点介绍了数控加工技术、柔性制造系统及工业机器人等内容。

4.1 先进制造自动化技术

制造自动化是人类在长期的生产活动中不断追求的目标。在"狭义制造"概念下，制造自动化的含义是生产车间内产品的机械加工和装配检验过程的自动化，包括切削加工自动化、工件装卸自动化、工件运储自动化、零件与产品清洁及检验自动化、断屑与排屑自动化、装配自动化、机器故障诊断自动化等。而在"广义制造"概念下，制造自动化则包含了产品设计自动化、企业管理自动化、加工过程自动化和质量控制自动化等产品制造全过程以及各个环节综合集成自动化，以使产品制造过程实现高效、优质、低耗、及时、洁净的目标。

4.1.1 先进制造自动化技术的内涵

自动化是美国通用汽车公司 D. S. Harder 于 1936 年提出的，其核心含义是"自动地去完成特定的作业"。当时所说的特定作业是指零件在机器之间转移的自动搬运，自动化功能目标是代替人的体力劳动。随着计算机和信息技术的发展，自动化所包含的范畴也在不断扩展，自动化的功能目标不再仅限于代替人的体力劳动，还能代替人的部分脑力劳动。

先进制造自动化内涵至少包括以下几个方面：

（1）形式方面

先进制造自动化有三个方面的含义，即代替人的体力劳动，代替或辅助人的脑力劳动，制造系统中人、机器及整个系统的协调、管理、控制和优化。

（2）功能方面

先进制造自动化的功能目标是多方面的，该体系可用 TQCSE 功能目标模型描述。TQCSE 模型中，T、Q、C、S、E 是相互关联的，它们构成了一个制造自动化功能目标的有机体系。其中 T 表示时间，是指采用自动化技术，缩短产品制造周期，产品上市快，提高生产率；Q 表示质量，是指采用自动化技术，提高和保证产品质量；C 表示成本，是指采用自动化技术有效地降低成本，提高经济效益；S 表示服务，是指利用自动化技术，更好地做好市场服务工作，也能通过替代或减轻制造人员的体力劳动和脑力劳动，直接为制造人员服务；E 表示环境友善性，含义是制造自动化应该有利于充分利用资源，减少废弃物和环境污染，有利于实现绿色制造及可持续发展制造的战略。

（3）范围方面

先进制造自动化不仅涉及具体生产制造过程，而且涉及产品生命周期所有过程。其主要有制造系统开放式智能体系结构及优化与调度理论、生产过程和设备自动化技术以及产品研究与开发过程自动化技术等。

就先进制造自动化技术的技术地位而言，制造自动化代表着先进制造技术的水平，是制造业发展的重要表现和重要标志。先进制造自动化技术也体现了一个国家的科技水平。采用先进制造自动化技术可以显著降低制造成本，提高经济效益和企业的市场竞争力。

在 21 世纪，制造业竞争的焦点是技术创新及创新产品的上市速度。制造自动化的目标（TQCSE）更主要的是提高制造企业对瞬息万变的市场的响应能力及响应速度，提高企业的竞争能力。因此，制造自动化是制造技术先进性的主要标志之一，也是 21 世纪先进制造技术中的一个最活跃的环节。制造自动化将以其柔性化、集成化、敏捷化、智能化、全球化的特征来满足市场快速变化的要求。

4.1.2　先进制造自动化技术的发展历程和现状

（1）先进制造自动化技术的发展历程

先进制造自动化技术的发展与制造技术的发展密切相关。回顾历史，先进制造自动化技术的生产模式经历了以下几个主要发展阶段（见图 4-1）。

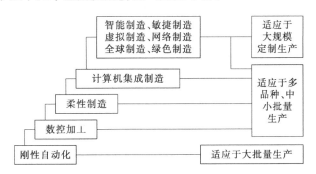

图 4-1　制造自动化发展的 5 个阶段

第一阶段：刚性自动化，包括自动单机和刚性自动线。本阶段在 20 世纪 40～50 年代已相当成熟。其应用传统的机械设计与制造工艺方法，采用专用机床和组合机床、自动单机或自动化生产线进行大批量生产。本阶段特征是高生产率和刚性结构，很难实现生产产品的改变。引入的新技术有继电器程序控制、组合机床等。

第二阶段：数控加工，包括数控（NC）和计算机数控（CNC）。数控加工设备包括数控机床、加工中心等。其特点是柔性好、加工质量高，适应于多品种、中小批量（包括单件）产品的生产。引入的新技术有数控技术、计算机编程技术等。

第三阶段：柔性制造。本阶段特征是强调制造过程的柔性和高效率，适应于多品种、中小批量的生产。涉及的主要技术包括成组技术（GT）、计算机直接数控（DNC）、柔性制造单元（FMC）、柔性制造系统（FMS）、柔性加工线（FML）、离散系统理论和方法、仿真技术、车间计划与控制、制造过程监控技术、计算机控制与通信网络等。

第四阶段：计算机集成制造（CIM）和计算机集成制造系统（CIMS）。其特征是强调制造全过程的系统性和集成性，以解决现代企业生存与竞争的 TQCSE 目标问题。CIMS 涉及的学科技术非常广泛，包括现代制造技术、管理技术、计算机技术、信息技术、自动化技术和系统工程技术等。

第五阶段：新的制造自动化模式，如智能制造、敏捷制造、虚拟制造、网络制造、全球制造、绿色制造。

（2）先进制造自动化技术的研究现状

先进制造自动化技术是先进制造技术中的重要组成部分，也是当今制造工程中涉及面广、研究十分活跃的技术。目前，国内外对先进制造自动化技术的研究主要表现在以下方面。

1）数控单元系统的研究占有重要位置

以一台或多台数控加工设备和物料储运系统为主体的单元系统在计算机统一控制管理下，可进行多品种、中小批量零件的自动化加工生产。它是现代集成制造系统的重要组成部分，是自动化工厂车间作业计划的分解决策层和具体执行机构。

2）制造过程的计划和调度研究十分活跃

在制造厂从原材料进厂到产品出厂的制造过程中，机械零件只有 5％ 的时间是在机床上加工，而其余 95％ 的时间则是零件在不同地点和不同机床之间运输或等待。减少这 95％ 的时间，是提高制造生产率的重要方向。优化制造过程的计划和调度就是减少这 95％ 时间的主要手段。

3）柔性制造技术的研究向着深度和广度发展

FMS 的研究已有较长历史，目前的研究主要围绕 FMS 的系统结构、控制、管理和优化运行等方面进行。图 4-2 为 FMS 的组成。

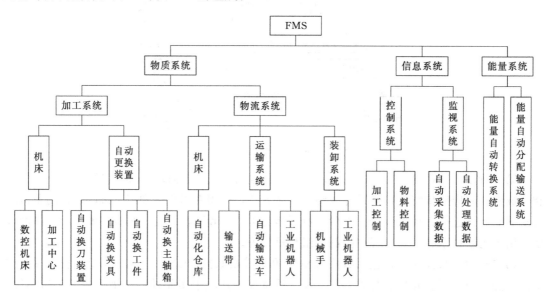

图 4-2　FMS 组成

4）制造系统的系统技术和集成技术已成为制造自动化研究的热点

近年来，在单元技术和专门技术（如控制技术、计算机辅助技术）继续发展的同时，制造系统中的集成技术和系统技术的研究已成为制造自动化研究中的热点。其中，集成技术包括制造系统中的信息集成技术和功能集成技术（如 CIMS）、过程集成技术（如并行工程）、企业间集成技术（如敏捷制造）等；系统技术包括制造系统分析技术、制造系统建模技术、制造系统运筹技术、制造系统管理技术和制造系统优化技术等。

5）更加注重制造自动化系统中人因作用的研究

随着实践的深入和最初无人化工厂实施后的失败案例，人们对无人化的制造自动化程度进行了反思，并对于人在制造自动化系统中起着机器不可替代的重要作用进行了重新认识，提出了"人机一体化制造系统"、"以人为中心的制造系统"等新思想，其内涵就是发挥人的核心作用，采用人机一体的技术路线，将人作为系统结构中的有机组成部分，使人与机器处于优化合作的地位，实现制造系统中人与机器一体化的人机集成决策机制，以取得制造系统的最佳效益。

6）适应现代生产模式的制造环境的研究正在兴起

当前，并行工程（CE）、精益生产（LP）、敏捷制造（AM）、虚拟制造（VM）、仿生制造（BM）和绿色制造（GM）等现代制造模式的提出和研究，推动了制造自动化技术研究和应用的发展，适应了现代制造模式应用的需要。

7）底层加工系统的智能化和集成化研究越来越活跃

目前，在世界智能制造系统（IMS）计划中提出了智能完备制造系统（Holonomic Manufacturing System，HMS）的概念。HMS 由智能完备单元复合而成，其底层设备具有开放、自律、合作、适应柔性、可知、易集成等特性。

（3）我国在制造自动化技术方面的发展进程

我国第一条机械加工自动线于 1956 年投入使用，当时用于加工汽车发动机汽缸体端面孔的组合机床自动线。1959 年建成我国第一条加工环套类零件（轴承内外环）自动线，1969 年建成第一条加工轴类零件（电动机转子轴）自动线。1964—1974 年，我国机床制造厂为第二汽车制造厂（东风汽车集团公司）提供了 57 条自动线和 8000 多台自动化设备。

我国的数控技术，在历经技术引进、消化吸收和自主开发的发展阶段后，在 20 世纪 90 年代建成中华、蓝天、华中、航天等系列的数控系统，为我国实现数控机床的产业化奠定了基础。目前我国已形成年产数控系统 30 万台的生产能力。在柔性制造技术方面，从第一条由湖南大学与浦沅工程机械总厂联合研制开发的准柔性制造系统 P-FMS 到最近由北京机电研究院为株洲南方航空动力机械公司设计制造的摩托车曲轴箱柔性生产线，都取得了成本低、投产快、操作方便、运行可靠、实用的效果。在我国机械制造业的中长期发展规划中，已把实用化的 P-FMS 列为发展柔性自动化技术的三个层次之一。

我国工业机器人研究始于 20 世纪 70 年代初，自从 863 高科技发展计划将机器人列为自动化领域的一个主题后，机器人技术得到了较快发展，目前已掌握机器人操作机的设计制造技术、控制系统设计和软件编程技术，可以生产部分机器人的关键器件，开发出了喷漆、弧焊、点焊、装配、搬运、特种（水下、爬壁、管道遥控）机器人。

作为 863 计划中自动化领域的两个主题之一，CIMS 在我国的研究和推广应用得到了极快的发展，单元应用技术也取得了一批研究和应用成果，有些实施 CIMS 的企业也取得了经济效益和社会效益。研究范围覆盖了系统集成技术、CAD/CAM、管理决策信息系统、质量系统工程和数据库等，开展了一系列关键技术的研究，包括复杂工业系统的模拟设计、异构环境的信息集成、基于 STEP 的 CAD/CAM 集成系统、并行工程构架和应用集成平台，某些研究成果达到了世界先进水平。基于 863/CIMS 主题实践，我国学者提出了现代集成制造系统概念，在广度和深度上拓展了原 CIM/CIMS 的内涵。现代集成制造系统是一种基于 CIMS 哲理的计算机化、信息化、智能化、集成化的制造系统。

在现代生产模式的研究与应用方面，我国制造业广大专家学者和企业界在消化吸收、融会贯通国际上先进的制造技术理论的基础上，努力做到从中国制造业的实际情况出发，发展创新形成符合国情的制造理论和知识，如独立单元综合制造和管理系统、分散网络化制造（Dispersed Network Manufacturing，DNM）示范系统、高效快速重组（Lean Agile Flexible，LAF）生产系统等。第一汽车集团公司在引进国外生产技术的同时，也引进了先进的管理技术并结合自身特点推行现代管理，从 20 世纪 80 年代推行及时生产，到 90 年代全面推行精益生产，将精益思想从生产管理扩展到产品开发、质量控制、采购协作、营销服务、工厂组织、财务管理等各领域。目前，一汽集团推行精益生产的规模和深度，特别是其实用性，不仅在国内领先，在世界范围内也很出色。

总之，我国制造自动化的发展是以立足国情、瞄准世界先进水平、提高竞争力为前提，采用人机结合的适度自动化技术，将自动化程度较高的设备（如数控机床、工业机器人）和自动化程度较低的设备有效地组织起来，在此基础上，实现以人为中心，以计算机为重要工具，具有柔性化、智能化、集成化、快速响应和快速重组的制造自动化系统。

4.1.3 先进制造自动化技术的发展趋势

先进制造自动化技术发展趋势主要是敏捷化、网络化、虚拟化、智能化、全球化和绿色化。

（1）敏捷化

敏捷化是制造环境和制造过程 21 世纪制造活动的必然趋势，其包括的内容很广，如：

① 柔性。包括机器柔性、工艺柔性、运行柔性、扩展柔性、劳动力柔性及知识供应链。

② 重构能力。能实现快速重组重构，增强对新产品开发的快速响应能力；产品过程的快速实现、创新管理和应变管理。

③ 快速化的集成制造工艺。如快速成型技术就是一种快速化的 CAD/CAM 的集成工艺。

（2）网络化

制造的网络化，特别是基于 Internet/Intranet 的制造已成为重要的发展趋势。包括以下几个方面：制造环境内部的网络化，实现制造过程的集成；制造环境与整个制造企业的网络化，实现制造环境与企业中工程设计、管理信息系统等各子系统的集成；企业与企业间的网络化，实现企业间的资源共享、组合与优化利用；通过网络，实现异地制造。

（3）虚拟化

基于数字化的虚拟化技术主要包括虚拟现实（VR）、虚拟产品开发（VPD）、虚拟制造（VM）和虚拟企业（VE）。制造虚拟化主要指虚拟制造，又称拟实制造，是以制造技术和计算机技术支持的系统建模技术和仿真技术为基础，集现代制造工艺、计算机图形学、并行工程、人工智能、虚拟现实技术和多媒体技术等多种高新技术为一体，由多学科知识形成的一种综合系统技术。它将现实制造环境及其制造过程通过建立系统模型映射到计算机及其相关技术所支撑的虚拟环境中，在虚拟环境下模拟现实制造环境及产品制造全过程，并对产品制造及制造系统的行为进行预测和评价。虚拟制造是实现敏捷制造的关键技术。

（4）智能化

智能化是制造系统在柔性化和集成化基础上进一步的发展和延伸，当前和未来的研究重点是具有自律、分布、智能、仿生、敏捷、分形等特征的新一代自动化制造系统。智能制造技术的宗旨在于通过人与智能机器的合作共事，去扩大、延伸和部分地取代人类专家在制造过程中的脑力劳动，以实现制造过程的优化。

（5）全球化

智能制造系统计划和敏捷制造战略的发展和实施，促进制造业的全球化。随着"网络全球化"、"市场全球化"、"竞争全球化"、"经营全球化"的出现，制造全球化的研究和应用发展迅速，其包括以下几方面：市场的国际化，产品销售的全球网络正在形成；产品设计和开发的国际合作及产品制造的跨国化；制造企业在世界范围内的重组与集成；制造资源的跨地区、跨国家的协调、共享和优化利用；全球制造的体系结构逐渐形成。

（6）绿色化

近年来有学者提出一个新概念：最有效地利用资源和最低限度地产生废弃物，是当前世界上环境问题的治本之道。如何使制造业尽可能少地产生环境污染是当前研究的一个重要方面。绿色制造是一个综合考虑环境影响和资源效率的现代制造模式，其目标是使产品从设计、制造、包装、运输、使用到报废处理的整个产品生命周期中，对环境的影响最小，资源使用效率最高。具体到自动化技术的绿色化，主要是涉及资源的优化利用、清洁生产和废弃物的最少化及综合利用。

4.2　数控加工技术

数控加工技术综合了机械加工技术、自动控制技术、检测技术、计算机和微电子技术，是当今世界上机械制造业的高技术之一。现代制造技术的发展过程是制造技术、自动化技术、信息技术和管理技术等相互渗透和发展的过程，而数控技术以其高精度、高速度、高可靠性等特点，已成为现代制造技术的技术基础。世界上各工业发达国家都把发展数控技术作为机械制造业技术革命的重点。

4.2.1　数控加工技术概述

数字控制，简称数控（Numerical Control，NC），是一种借助数字、字符或其他符号对某一工作过程（如加工、测量、装配等）进行可编程控制的自动化方法。

数控技术是指用数字化信号对设备运行及其加工过程进行控制的一种自动化技术，是典型的机械、电子、自动控制、计算机和检测技术紧密结合的机电一体化高新技术，也是现代集成制造系统的重要组成部分。

数控技术已成为制造业实现自动化、柔性化、集成化生产的基础技术。CAD/CAM、FMS、CIMS 和 AM 等先进制造技术都是建立在数控技术之上的。它不仅广泛地用于各类金属切削机床的控制，还用于多种其他的机械设备，如机器人、坐标测量机、线切割机、电火花切割机等，在自动化生产线甚至军事等领域也得到广泛的应用。

一台机床的控制，包括用几何信息来控制刀具和工件间的相对运动（即运动控制），以及机床所必需的辅助工艺信息，如主轴转速、主轴旋转方向、刀具选择、切削液的供给等逻辑控制。采用数控技术进行机械加工称为数控加工，其基本设想就是将加工零件的几何信息、工艺信息和控制信息数字化，其中将刀具与工件的相对运动在坐标系中分割成一些最小位移量（即最小设定单位），并在允差范围内用各坐标轴最小设定单位的运动合成来代替任何几何运动。

数控加工最早可追溯到 1952 年美国麻省理工学院研制出的一台三坐标联动、利用脉冲乘法器原理的数控铣床（硬接线）。1959 年，美国克耐·杜列克公司首次成功开发了加工中心（Machining Center，MC），这是一种有自动换刀装置和回转工作台的数控机床，可以在一次装夹中对工件的多个平面进行多工序的加工。随着集成电路和计算机技术的发展，20世纪 60 年代末，数控的基本功能主要由系统程序实现，1970 年美国首次推出的这种软件数控系统（软接线），称为计算机数控（Computer Numerical Control，CNC）。这一时期还出现了用一台主计算机控制与管理数台数控机床进行多种零件、多种工序的自动加工，这就是所谓的计算机群控系统，即直接数控（Direct Numerical Control，DNC）。随后，把物流储运的自动化纳入 DNC 系统中，就构成了最初的柔性制造系统（FMS）。所以，DNC 为 FMS 奠定了控制基础。

1987 年美国政府资助进行开放结构数控系统的研究。这种开放结构数控系统建立在统一风格和标准的系统平台上，具有模块化、可重新配置的特点，可运行于各种不同的系统平台上，能根据用户的特殊需求进行配置。在将近 20 年的时间内，生产中使用的大多是这种数控系统，其性能和可靠性不断提高。20 世纪 90 年代，美国首先推出了基于 PC 微机的数控系统，简称 PCNC 系统。

我国自 1958 年研制成功第一台数控机床样机以来，目前已有较大发展，国内企业不断推出自行开发的新产品。除五轴联动加工中心外，在并联机床方面也已进入了实用阶段，并已开发出自主版权的虚拟轴机床数控系统和软件。2007 年，我国数控机床产量达到 12.3 万台，提前三年超额完成"十一五"规划年产 10 万台的目标，数控机床年产量已居世界首位。2013 年生产数控金属切削机床已达 20.9 万台。在机床行业的"十二五"规划中提出，我国将在 2015 年实现工业总产值 8000 亿元，数控机床年总产量超过 25 万台。

4.2.2 数控机床的组成、分类和特点

(1) 数控机床的组成

数控机床（Numerical Control Machine tools，NCM）是指采用数字控制技术对机床的加工过程进行自动控制的一类机床，是一种典型的光机电一体化的加工设备。它一般由控制介质、数控装置、伺服系统、测量反馈装置和机床本体组成。

用数控机床加工零件时，首先应将加工零件的几何信息和工艺信息编制成加工程序，由输入部分送入数控装置，经过数控装置的处理和运算，按各坐标轴的分量送到各轴的驱动电路，经过转换、放大去驱动伺服电动机，带动各轴运动，并进行反馈控制，使刀具与工件及其他辅助装置严格地按照加工程序规定的顺序、轨迹和参数有条不紊工作，从而加工出零件的全部轮廓（见图 4-3）。

数控机床的组成部分简述如下：

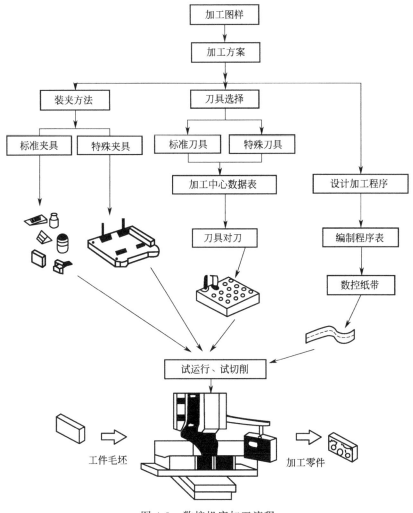

图 4-3　数控机床加工流程

① 控制介质。

人和数控机床之间必须建立某种联系，这种联系的媒介物称为控制介质或输入介质。控制介质上存储着加工零件所需要的全部操作信息和刀具相对工件的移动信息。控制介质因数控装置的类型而异，可以是穿孔带、穿孔卡、磁带及磁盘等，也可通过计算机通信方式（如RS-232 接口、局域网等）直接输入所需各种信息。采用哪一种控制介质取决于数控装置的类型。随着微型计算机的广泛应用，穿孔带和穿孔卡已被淘汰，基于网络的数字化通讯正在成为最主要的控制介质。

② 数控装置。

用来接收并处理输入介质的信息，并将代码加以识别、存储、运算，并输出相应的命令脉冲，经过功率放大驱动伺服系统，使机床按规定要求动作。它的功能决定了数控机床功能，所以它是数控机床的核心部分。

数控装置通常由输入接口、存储器、运算器、输出接口和控制电路等构成。输入接口接收控制介质或操作面板上的信息，并将其信息代码加以识别，经译码后送入相应的存储器。存储器中的代码或数据是控制和运算的原始依据。控制器根据输入的指令控制运算器和输出接口，以实现对机床各种操作的执行。运算器主要对输入的数据进行某种运算，按运算结果不断地由输出接口输出脉冲信号，驱动伺服机构按规定要求运动。输出装置根据控制器的指令将运算器的计算结果输送到伺服系统，经过功率放大驱动相应控制轴的伺服电动机，使机床完成刀具相对工件的运动。

数控装置中的译码、处理、计算公式和控制的步骤都是预先编制好的，过去是通过专用的硬件电路实现的，现在大多数是通过一台通用或专用微型计算机来实现的。用计算机构成数控装置，其 CPU 实现控制和运算，内部存储器中的只读存储器（ROM）存放系统控制程序，读写存储器（RAM）存放零件的加工程序和系统运行时的工作参数，I/O 接口实现输入/输出的功能。

③ 伺服系统。

伺服系统包括驱动装置和执行机构两大部分，伺服系统把数控装置输出的脉冲信号通过放大和驱动元件使机床移动部件运动或使执行机构动作，以加工出符合要求的零件。每一脉冲使机床移动部件产生的位移量称为脉冲当量，常用的脉冲当量为 0.01mm/脉冲、0.005mm/脉冲、0.001mm/脉冲等。因此，伺服系统的精度、快速性及动态响应是影响加工精度、表面质量和生产率的主要因素。

目前在数控机床的伺服系统中，常用的位移执行机构有步进电机、直流伺服电机和交流伺服电机。后两种都带有感应同步器、光电编码器等位置测量元件。所以，伺服机构的性能决定了数控机床的精度与快速性。

④ 测量反馈装置。

测量反馈装置由测量元件和相应的电路组成，其作用是检测速度和位移，并将信息反馈回来，构成闭环控制，它可以包含在伺服系统中。常用的测量元件主要有脉冲编码器、光栅、感应同步器、磁尺等。

⑤ 机床本体。

机床本体也称主机，包括床身、立柱、主轴、工作台（刀架）、进给机构等机械部件。由于数控机床的主运动、各个坐标轴的进给运动都由单独的伺服电动机驱动，因此它的传动链短、结构比较简单，各个坐标轴之间的运动关系通过计算机来进行协调控制。为了保证快速响应特性，数控机床上普遍采用精密滚珠丝杠和直线运动导轨副。为了保证高精度、高效率和高自动化加工，数控机床的机械结构应具有较高的动态特性、耐磨性和抗热变形性能，同时还有一些良好的配套措施，如冷却、自动排屑、防护、润滑、编程机和对刀仪等。

（2）数控机床的分类

1）按工艺用途分类

① 金属切削类数控机床。这类机床的品种与传统的通用机床一样，有数控车床、数控铣床、数控钻床、数控镗床、数控磨床、加工中心等，而每一种数控机床又有很多品种和规格。例如，在数控磨床中，包括数控平面磨床、数控外圆磨床、数控工具磨床等。加工中心是一种带有自动换刀装置复合型数控机床。

② 金属成型类数控机床。这类机床包括数控折弯机、数控弯管机、数控转头压力机等。

③ 数控特种加工机床。这类机床包括数控线切割、数控电火花成型、数控冲床、数控激光切割等。

2）按伺服控制系统分类

① 开环控制数控机床。它的运动部件的位移没有测量反馈装置，数控装置发出的信号

是单向的，通常采用功率步进电动机作位移的伺服机构。数控装置发出的指令脉冲信号，通过环形分配器和驱动电路控制步进电动机转过相应的角度（控制电路每变换一次指令脉冲信号，电动机就转动一个步距角），再经过减速器带动丝杠转动，从而使工作台移动。位移的精度主要取决于该系统各有关零部件的制造精度。

② 闭环控制数控机床。它的运动部件上安装有直线位移测量装置，将测量出的实际位移值反馈到数控装置中，并与输入的指令位移值相比较，用差值进行控制，直至差值为零。因此能够实现运动部件的精确定位。理论上，闭环控制系统的运动精度主要取决于检测装置精度，而与传动链中的误差无关。但闭环控制系统对机床结构的刚性、传动部件的间隙及导轨移动的灵敏性等都提出了严格的要求，否则会增加调试困难，甚至使伺服系统产生振荡。目前，闭环控制系统采用的伺服机构是直流伺服电动机或交流伺服电动机。闭环控制系统的特点是位移精度高，但调试、维修都较复杂，成本较高。闭环控制系统一般适用于精度很高的数控机床，如镗铣床、超精车床、超精磨床、大型数控机床等。

③ 半闭环控制数控机床。它的位置反馈采用转角检测装置，如圆光栅、光电编码器及旋转式感应同步器等，直接安装在伺服电动机或丝杠端部。该系统不是直接测量工作台位移量，而是通过检测丝杠转角，间接地测量工作台位移量，然后反馈给数控装置。由于工作台位移没有完全包括在控制回路中，所以称为半闭环控制系统。伺服电动机采用宽调速直流力矩电动机，其传动方式可直接与丝杠相连。所以，目前已将角位移检测器与伺服电动机设计成一个部件，使系统结构简单，安装、调试都比较方便。由于大部分机械传动环节未包括在系统闭环回路内，因此可获得较稳定的控制特性。这种控制系统的精度比闭环系统低。虽然采用精密的滚珠丝杠或采用丝杠螺距误差的补偿措施，丝杠等机械传动误差不能通过反馈来随时校正，但是可采用软件定值补偿的方法来适当提高其精度。目前，大多数中小型数控机床广泛采用半闭环控制系统。

3）按数控系统的功能水平分类

按数控系统的功能水平，通常把数控系统分为低、中、高三类。三类方式的界限是相对的，不同时期，划分标准也会不同。就目前而言，低档数控是指经济型数控系统，采用开环伺服控制系统，由单片机和步进电动机组成，分辨率为 $5\sim10\mu m$，价格较低，主要用于车床、线切割机床以及旧机床改造等；中档数控采用半闭环伺服控制系统，分辨率为 $1\mu m$；高档数控一般是指全功能数控系统或标准型数控系统，采用闭环伺服控制系统，分辨率为 $0.1\mu m$，价格较高。

(3) 数控机床的特点

数控机床采用数控装置或计算机来全部或部分地取代一般通用机床在加工零件时对机床的各种动作。它具有如下特点：

① 高精度。数控机床加工同批零件尺寸的一致性好，加工精度高，加工质量稳定，产品合格率高。中小型数控机床的定位精度可达 0.005mm，重复定位精度可达 0.002mm。数控机床的加工过程不需要人工干预。数控机床本身的刚度好，精度高，而且利用软件进行精度校正和补偿，还可获得高于机床本身精度的加工精度和重复精度。

② 高效率。数控机床具有良好的结构刚性，可进行大切削用量的强力切削，有效节省机动时间，还具有自动变速、自动换刀、自动交换工件和其他辅助操作自动化功能，使辅助时间缩短，而且无需工序间的检测和测量。所以，数控机床加工生产率比一般普通机床高得多。

③ 高柔性。数控机床具有很高的柔性，可以适应不同品种和尺寸规格工件的自动加工。

当加工对象改变时，只要重新编制数控加工程序即可，原来的程序仍可存储备用，这比存储工装夹具方便得多。特别是对那些普通机床很难甚至无法加工的精密复杂表面（如螺旋面），数控机床都能实现自动加工。

④ 高自动化。数控机床的加工，是输入事先编写好的零件加工程序后自动完成，除了装卸零件、安装穿孔带或操作键盘、观察机床运行之外，直至加工完毕，其他的机床动作都是自动连续完成。因此，利用数控机床可以大大减轻操作者的劳动强度，有利于现代化的生产管理。

⑤ 高效益。在小批量生产情况下，使用数控机床加工可以节省划线工时，减少调整、加工和检验时间，节省直接生产费用和工艺装备费用。数控机床加工精度稳定，废品率少，加工成本低。数控机床还可实现一机多用，节省厂房面积和建厂投资。因此，使用数控机床能获得很高的效益。

4.2.3 数控加工的编程技术

(1) 手工编程方法

从分析零件图纸、制订工艺规程、计算刀具运动轨迹、编写零件加工程序单、制备控制介质直到程序校核，整个过程都由人工完成的编程方法称为手工编程。

对于几何形状不太复杂的零件，计算较简单，加工程序不多，采用手工编写较容易实现。但是，对于形状复杂的零件，具有非圆曲线、列表曲线轮廓，特别是对于具有列表曲面、组合曲面的零件或者零件几何元素并不复杂但程序量很大的零件（例如一个零件上有数千个孔），以及铣削轮廓时，数控装置不具备刀具半径自动偏移功能而只能按刀具中心的运动轨迹进行编程等情况，计算烦琐，程序量非常大，手工编程难以胜任。

(2) 自动编程方法与 APT 自动编程

计算机强大的数据处理能力使得可以由计算机完成数值计算工作，编写零件加工程序，自动地输出零件加工程序单，还可由通信接口将程序直接送到数控系统，控制机床运动，大量减轻了工作人员的劳动强度。数控机床的程序编制工作大部分或一部分由计算机完成的方法称为自动编程（Automatically Programmed Tool，APT）。

APT 是一种对工件、刀具的几何形状及工具相对于工件的运动等进行定义时所用的一种接近于英语的符号语言。用 APT 语言书写零件加工程序输入到计算机，经计算机的 APT 语言编译系统编译产生刀位数据文件，再经后置处理，生成数控系统能识别的零件数控加工程序的方法，称为 APT 语言自动编程，其流程如图 4-4 所示。

采用 APT 语言自动编程，由于计算机自动编程代替程序编制人员完成了烦琐的数值计算工作，并省去了编写程序单的工作量，因而可将编程效率提高数倍到数十倍，同时解决了手工编程中无法解决的许多复杂零件的编程难题。

(3) CAD/CAM 集成系统数控编程

CAD/CAM 集成系统数控编程是以待加工零件 CAD 模型为基础的一种集加工工艺规划和数控编程为一体的自动编程方法，使用于数控编程的主要有表面模型和实体模型，其中以表面模型在数控编程中应用较为广泛。以表面模型为基础的 CAD/CAM 集成数控编程系统习惯上又称为图像数控编程系统。

CAD/CAM 集成系统数控编程的主要特点是零件的几何形状可在零件设计阶段使用 CAD/CAM，集成系统的几何设计模块在图形交互方式下进行定义、显示和修改，最终得到零件的几何模型（可以是表面模型，也可以是实体模型）。数控编程的内容包括刀具的定义

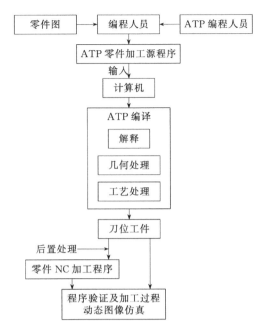

图 4-4　APT 自动编程原理与步骤

及选择、刀具相对于零件表面的运动方式的定义、切削加工参数的确定、走刀轨迹的生成、加工过程的动态图形仿真显示、程序验证直到后置处理等，一般都是在屏幕菜单及命令驱动等图形交互方式下完成的，具有形象、直观和高效等优点。

以表面模型为基础的数控编程方法比以实体模型为基础的数控编程方法简单。基于表面模型的数控编程系统一般只用于数控编程。也就是说，其零件的设计功能（或几何造型功能）是专为数控编程服务的，针对性很强，也容易使用，典型的软件系统有美国 CNC Software 公司的 Mastercam 等。以实体模型为基础的数控编程则不同，其实体模型一般都不是专为数控编程服务的，甚至不是为数控编程而设计的。为了用于数控编程，往往需要对实体模型进行可加工性分析，识别加工特征（加工表面或加工区域），并对加工特征进行加工工艺规划，最后才能进行数控编程，其中每一步可能都很复杂，需要在人机交互方式下进行。图 4-5 描述了以表面模型为基础的数控编程和以实体模型为基础的数控编程步骤。

4.2.4　数控加工技术的发展趋势

随着科学技术的飞速发展、制造技术的进步以及社会对产品多样化需求的加强，产品的更新换代加速，产品品种多样，中小批量生产的比重明显增加，以及加工制造业向更高层次（FMS、CIMS）发展的需要等，都要求现代数控机床向更高的速度、更高的精度、更高的可靠性及更完善的功能方向发展。数控系统的发展对数控加工技术起决定作用。概括起来数控系统呈现如下发展趋势：

① 总线式、模块化结构的 CNC 装置。采用多微处理机、多主总线体系结构，提高系统计算能力和响应速度。模块化有利于满足用户需要，构成最小至最大系统。

② 在 PC 的基础上开发 CNC 装置。充分利用通用 PC 丰富的软件资源，随 PC 硬件的升级而升级，适当配置高分辨率的彩色显示器。通过图像、多窗口、菜单驱动以及多媒体等方式，得到友好的人机界面。

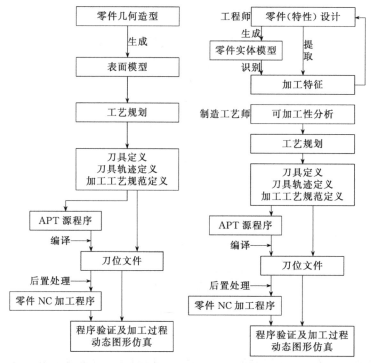

图 4-5　CAD/CAM 集成系统数控编程步骤

③ PC 数控。PC 既作为人机界面，同时利用其大容量存储能力和较强的通信能力，又可作机床控制用，成为 PC 数控。

④ 开放性。现代数控系统要求控制系统的硬件体系结构和功能模块具有兼容性，软件的层次结构、模块结构、接口关系等均符合规范标准，以便于机床制造商将特殊经验植入系统，让数控机床用户有自动化开发环境。

⑤ 大容量和模块化。大容量存储器的应用和软件的模块化设计，不仅丰富了数控功能，也加强了 CNC 系统的控制功能。它具备通信联网能力，支持多种通用和专用的网络操作，为工厂自动化提供基础设备。

⑥ 多种控制功能集成。将多种控制功能（如刀具破损检测、物料搬运、机械手控制等）都集成到数控系统中，使系统实现多过程、多通道控制，即具有一台机床同时完成多个独立加工任务，或控制多台和多种机床的能力。

⑦ 面向车间编程（Workshop-oriented Programming）技术和智能化。系统能提供会话编程、蓝图编程和 CAD/CAM 等面向车间的编程技术和实现二维或三维加工过程的动态仿真，并引入在线诊断、模糊控制等智能机制。

4.3　柔性制造系统

20 世纪 60 年代中期出现了柔性制造（Flexible Manufacturing，FM）的新理念和新模式。柔性制造技术（Flexible Manufacturing Technology，FMT）就是一种主要用于多品种小批量或变批量生产的制造自动化技术，它是对各种不同形状加工对象进行适应性制造而转化为成品的各种技术总称。它是集数控技术、计算机技术、机器人技术以及现代管理技术为一体的现代制造技术，自诞生以来，便得到了迅速的发展，出现了柔性制造单元（Flexible

Manufacturing Cell，FMC)、柔性制造系统（Flexible Manufacturing System，FMS)、柔性制造自动线（Flexible Manufacturing Line，FML）等一系列现代制造设备和系统，它们对制造业的进步和发展发挥了重大的推动和促进作用。本节仅以柔性制造系统为例，介绍柔性制造技术的概念、组成及特点。

4.3.1　FMS 概述

(1) FMS 的产生和发展

机械制造自动化已有几十年的历史，从 20 世纪 30 年代到 50 年代，人们主要在大量生产领域里，建立由自动车床、组合机床或专用机床组成的刚性自动化生产线。这些自动线具有固定的生产节拍，要改变生产品种是非常困难和昂贵的。由于从 20 世纪 60 年代开始到 70 年代计算机技术得到了飞速发展，计算机数控机床在自动化领域中取代了机械式自动机床，因此使建立适合于多品种、小批量生产的柔性加工生产线成为可能。作为这种技术具体应用的柔性制造系统（FMS)、柔性制造单元（FMC）和柔性制造自动线（FML）等柔性制造设备纷纷问世，其中 FMS 最具代表性，它是一种高效率、高精度、高柔性的加工系统，是制造业向现代自动化（计算机集成制造系统、智能制造系统、无人工厂）发展的基础设备。柔性制造技术将数控技术、计算机技术、机器人技术以及生产管理技术等融为一体，通过计算机管理和控制实现生产过程的实时调度，最大限度地发挥设备的潜力，减少工件搬运过程中的等待时间，使多品种、中小批量生产的经济效益接近或达到大批量生产的水平，从而解决了机械制造业高效率与高柔性之间的矛盾，被称为是机械制造业中一次划时代的技术革命。自 1967 年世界上第一条柔性制造生产线在英国问世以来，就显示出强大的生命力。经过 10 多年的发展和完善，到 20 世纪 80 年代初，FMS 开始逐渐成为先进制造企业的主力装备，从 80 年代中期以后，FMS 获得迅猛发展，至今几乎成为生产自动化的代名词。一方面由于单项技术（如 NC 加工中心、工业机器人、CAD/CAM、资源管理及高技术等）的发展，提供了可供集成一个整体系统的技术基础；另一方面世界市场发生了重大变化，由过去传统、相对稳定的市场发展为动态多变的市场，为了在市场中求生存、求发展，提高企业对市场需求的应变能力，人们开始探索新的生产方法和经营模式。近年来，FMS 作为一种现代化工业生产的科学“哲理”和工厂自动化的先进模式已为国际上所公认，为未来企业的发展壮大提供了一幅宏伟的蓝图。

(2) FMS 的基本概念

FMS 概念是由英国莫林（MOLIN）最早提出的，并在 1965 年取得了发明专利，1967 年推出了名为 Molins System-24（意为可 24h 无人值守自动运行）的 FMS。此后，世界各工业发达国家争相发展和完善这项新技术，以提高制造的柔性和生产率。

所谓柔性制造，是指用可编程、多功能的数字控制设备更换刚性自动化设备，用易编程、易修改、易扩展、易更换的软件控制代替刚性连接的工作程序，使刚性生产线实现软件化和柔性化，能够快速响应市场的需求，多快好省地完成多品种、中小批量的生产任务。

国外有关专家对 FMS 进行了更为直观的定义：FMS 是至少由两台机床、一套具有高度自动化的物料运储系统和一套计算机控制系统所组成的制造系统，通过简单改变软件程序便能制造出多种零件中的任何一种零件。

(3) FMS 的优点及效益

① 有很强的柔性制造能力。由于 FMS 具有较多的刀具、夹具以及数控加工程序，因而

能接受各种不同的零件加工，柔性度很高，有的企业将多至 400 种不同的零件安排在一个 FMS 中加工。FMS 的这一"柔性"特点，对新产品开发特别有利。

② 提高设备利用率。在 FMS 中，工件是安装在托盘上输送的，并通过托盘快速地在机床上进行定位与夹紧，节省了工件装夹时间。此外，因借助计算机管理而使加工不同零件时的准备时间大为减少，有很多准备工作可在机床工作时间内同时进行。因而，零件在加工过程中等待时间大大缩短，从而可使机床的利用率提高到 75%～90%。

③ 减少设备成本与占地面积。机床利用率的提高使得每台机床的生产率提高，相应地可以减少设备数量。美国通用电气公司的资料表明，一条具有 9 台机床的 FMS 代替了原来 29 台机床，还使加工能力提高了 38%，占地面积减小了 25%。

④ 减少直接生产工人，提高劳动生产率。FMS 除了少数操作由人力控制外（如装卸、维修和调整），正常工作完成是由计算机自动控制的。在这一控制水平下，通常实施 24h 工作制，将所有靠人力完成的操作集中安排在白班进行，晚班除留一人看管之外，系统完全在无人操作状态下工作，直接生产工人数量大为减少，劳动生产率提高。

⑤ 减少在制品数量，提高对市场的反应能力。由于 FMS 具有高柔性、高生产率以及准备时间短等特点，能够对市场的变化作出较快反应，没有必要保持较大的在制品和成品库存量。按日本 MAZAK 公司报道，使用 FMS 可使库存量减少 75%，制造周期缩短 90%；另据美国通用电气公司提供的资料反映，FMS 使全部加工时间从原来的 16 天缩短到 16h。

⑥ 产品质量提高。由于 FMS 自动化水平高，工件装夹次数和要经过机床数量减少，夹具的耐久性好，这样，技术工人可把注意力更多地放在机床和零件的调整上，有助于零件加工质量的提高。

⑦ FMS 可以逐步地实现实施计划。若建一条刚性自动线，则要等全部设备安装调试建成后才能投入生产，因此它的投资必须一次性投入。而 FMS 则可进行分步实施，每一步的实施都能进行产品的生产，因为 FMS 的各个加工单元都具有相对独立性。

4.3.2 FMS 的组成及特点

(1) FMS 的组成

从上述的定义可以看出，FMS 主要由加工单元、物料运储、刀具管理和计算机控制 4 个系统组成（见图 4-6）。

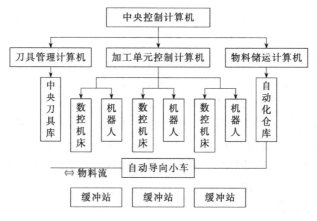

图 4-6 FMS 基本组成

① 加工单元由两台以上 CNC 机床、加工中心或 FMC 以及其他的加工设备（包括测量机、清洗机、动平衡机和各种特种加工设备等）组成。

② 物料运储系统由工件装卸站、自动化仓库、自动导向运输小车（Automatic Guide Vehicle，AGV）、机器人、托盘缓冲站、托盘交换装置（Automatic Workpiece Change，AWC）等组成，能对工件和原材料进行自动装卸、运输和存储（见图 4-7～图 4-10）。

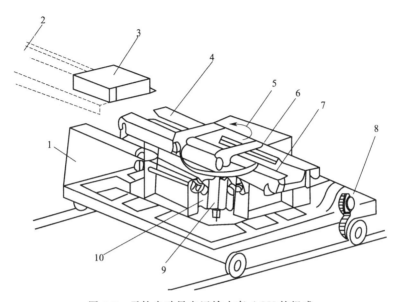

图 4-7　无轨自动导向运输小车 AGV 的组成

1—齿轮齿条式水平保持机构；2—控制柜；3—机床上随行工作台交换器；4—放工件用随行工作台；
5—滑台叉架；6—液压单元；7—回转工作台；8—进给电动机；9—传动齿轮箱；10—升降液压缸

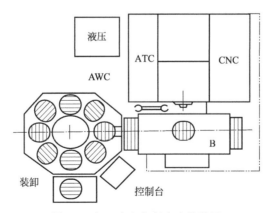

图 4-8　加工中心与托盘交换装置

③ 刀具管理系统包括中央刀库、机床刀库、刀具预调站、刀具装卸站、刀具输送小车或机器人、自动换刀装置（Automatic Tools Change，ATC）、换刀机械手等。

④ 一套计算机控制系统能够实现对 FMS 进行计划调度、运行控制、物料管理、系统监控和网络通信等。

除了上述 4 个基本组成部分之外，FMS 还包含集中冷却润滑系统、切屑运输系统、自动清洗装置、自动去毛刺设备等附属系统。

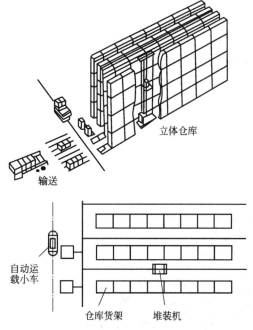

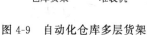

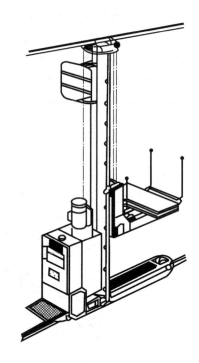

图 4-9 自动化仓库多层货架　　　　图 4-10 单立柱堆垛（装）机

图 4-11 所示为几种不同形式的 FMC。图 4-11(a) 为 NC 机床与工业机器人组成的 FMC 示意图；图 4-11(b) 为三台 NC 机床与工业机器人组成的 FMC 示意图，其中机器人安装在固定轨道上的传输小车上，由它来实现机床至机床之间的工件传输。为了实现工件传输与存储，它们常配有传输系统或工件台架。

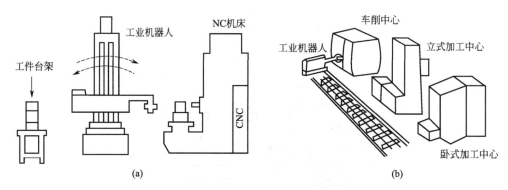

图 4-11 几种不同形式 FMC 的示意图

FMC 物料传送系统用于传输负载的主要设备有无轨小车（AGV）、有轨小车（RGV）、传送带、机器人和堆垛机，另外还有人工搬运。

表 4-1 是各类物料传输设备的性能定性比较，供选择物料传输系统时参考。

表 4-1　各类物料传输设备性能比较

类型	负载特性	负载能力	速度	路径柔性	成本	整体柔性
无轨小车	离散传输	高	中	高	很高	高
有轨小车	离散传输	高	高	低	高	低
传送带	连续传输	低-中	低-高	中	低-高	很高

续表

类型	负载特性	负载能力	速度	路径柔性	成本	整体柔性
机器人	离散传输	低-中	中	低	中-高	中
堆垛机	离散传输	低-中	中	低	低-高	低
人工	离散传输	低	低	很高	低	很高

（2）FMS 的特点

① FMS 由全自动化设备组成。具有自动实现托盘（工件）交换（或机器人上、下料）和存储的功能，装卸时间与加工时间重合，机床利用率与生产率更高；刀库容量较大，能适应工序集中加工和较多品种数的工件自动加工；单元内设备由计算机集中控制，更加灵活。

② FMS 以成组技术为基础。目前，实际运行的 FMS 加工对象大多数为具有一定相似性的零件，如轴类零件 FMS、箱体类零件 FMS 等。加工零件的品种一般在 4～100 种之间，其中以 20～30 种最多。加工零件的批量一般在 40～2000 件之间，其中以 50～200 件为最多，可以说 FMS 适用于一定品种数的中小批量生产（见图 4-12）。

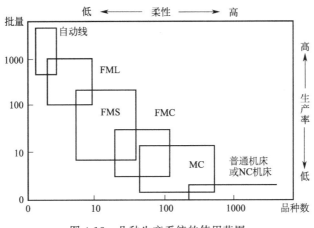

图 4-12　几种生产系统的使用范围

③ FMS 具有高度的柔性和自动化水平。FMS 运行几乎不需要人的干预，通常只需要少数几个人进行系统维护、毛坯准备等工作。FMS 没有固定的生产节拍，并可在不停机的条件下实现加工零件的自动转换。

④ FMS 实现了制造与管理的结合。系统可与工厂主计算机进行通信，并可按全厂生产计划自动在 FMS 内进行计划调度。通常，在每个工作日开始时，系统的中央计算机将按照工厂主计算机下达的生产指令通过仿真和优化，确定系统当日的最优作业计划。当系统内某台设备出现故障时，系统会灵活地将该设备的工作转移到其他设备上进行，以实现故障旁路。

4.3.3　柔性制造系统的应用

若按系统规模和投资强度，可将柔性自动化制造设备分为如下 5 个不同的层次：

① 柔性制造模块（Flexible Manufacturing Module，FMM）。是指一台扩展了自动化功能的数控机床，如刀具库、自动换刀装置、托盘交换器等，FMM 相当于功能齐全的加工中心。

② 柔性制造单元（FMC）。由 1～2 台数控机床组成，除能够自动更换刀具之外，还配有存储工件的托盘站和自动上、下料的工件交换台（见图 4-13）。FMC 自成体系，占地面积小，成本低，功能完善。图 4-13 给出了工厂中常见的由数控车床和机器人组成的柔性制造单元形式。

③ 柔性制造系统（FMS）。由 2 台以上的 CNC、FMM 或 FMC 组成，其控制和管理功能、规模都比 FMC 大，对数据管理与通信网络要求高。

④ 柔性制造生产线（FML）。是在采用通用数控机床的同时更多地采用数控组合机床，如数控专用机床、可换主轴箱机床、模块化多动力头数控机床等，工件输送线多为固定单线，柔性较低，专用性强，生产率高，相当于数控化的自动生产线，一般用于少品种、中大批量生产。可以说，FML 相当于专用 FMS。图 4-14 为数控车床和机器人组成的柔性制造单元。

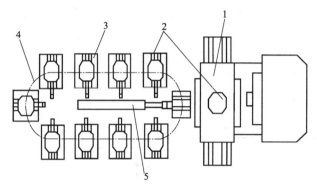

图 4-13　柔性制造单元
1—加工中心；2—托盘；3—托盘站；
4—环形工作台；5—工作交换台

图 4-14　数控车床和机器人组成的柔性制造单元

⑤ 柔性制造工厂（FMF）。是将柔性制造自动化由 FMS 扩展到全企业范围，通过计算机网络系统的有机联系，以实现在全企业范围内的生产经营管理过程、设计开发过程、加工制造过程和物料存储过程的全盘自动化，以及自动化工厂的目标。

FMS 是在兼顾数控机床灵活性和刚性自动生产线高效率两者优点的基础上逐步发展起来的，因而它与单机数控机床和刚性自动生产线有着不同的适用范围。如果用 FMS 进行单件生产，则其柔性比不上数控机床单机加工，且设备资源得不到充分利用；如果用 FMS 大批量加工单一品种，则其效率比不上刚性自动生产线。而 FMS 的优越性，则是以多品种、中小批量生产和快速市场响应能力为前提的。

图 4-15 所示是一个典型的 FMS 示意图。该系统由 4 台卧式加工中心、3 台立式加工中心、2 台平面磨床、2 台自动导向小车、2 台检验机器人组成，此外还包括自动仓库、托盘站和装卸站等。在装卸站，由人工将工件毛坯安装在托盘夹具上，然后由物料传送系统把毛坯连同托盘夹具输送到第一道工序的加工机床旁边，排队等候加工；一旦该加工机床空闲，就由自动上下料装置立即将工件送上机床进行加工；当每道工序加工完成后，物料传送系统便将该机床加工完成的半成品取出，并送至执行下一道工序的机床等候。如此不停地运行，直至完成最后一道工序为止。在这整个运行过程中，除了进行切削加工之外，若有必要还需进行清洗、检验等工序，最后将加工结束的零件入库储存。

图 4-16 所示为由装配机器人参与组成的气体调节阀柔性装配线，包括 4 台带有抓取器的多关节机器人、封闭传送装置、自动给料装置、八工位回转试验机及自动包装设备等。该装配线可对 15 种型号的气体调节阀进行自动装配。

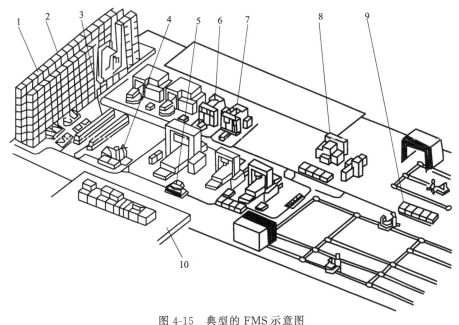

图 4-15　典型的 FMS 示意图

1—自动仓库；2—装卸站；3—托盘站；4—检验机器人；5—自动小车；6—卧
式加工中心；7—立式加工中心；8—磨床；9—组装交付站；10—计算机控制室

4.4　工业机器人

机器人学是关于设计、制造和应用机器人的一门正在发展中的科学。工业机器人技术涉及机械学、控制技术、传感技术、人工智能、计算机科学等多学科领域，是一门多学科的综合性高新技术。工业机器人是一种可重复编程的多自由度自动控制操作机，是现代制造业的基础设备。

机器人技术一经出现，就始终与制造业的发展密切相关，同时它也是先进制造技术的一个重要单元，其作用及其重要性表现在以下四个方面：一是面向先进制造中柔性装配的机器人及系统；二是机器人加工系统及其设备；三是机器人化机器；四是特种环境下作业机器人等。工业机器人已广泛应用于喷漆、焊接、冲压、压铸上下料、搬运、装配加工自动化中。当前国内外对机器人的研究十分活跃，应用领域日益广泛。机器人的研究和应用水平也是衡量一个国家制造业及其工业自动化水平的标志之一。

4.4.1　工业机器人概述

人类长期以来存在一种愿望，即创造出一种像人一样的机器或人造人，以便能够代替人进行各种工作。这就是"机器人"出现的思想基础。机器人技术作为 20 世纪人类最伟大的发明之一，自 60 年代初问世以来，经历 50 余年的发展已取得长足的进步。

国际上至今尚无为人们普遍认可的"机器人"定义，专家们采用不同的方法来定义这个术语。它的定义还因公众对机器人的想象以及科幻小说、影视形象而变得更加困难。为了规定技术、开发机器人新的工作能力，就需要对机器人这一术语有某些共同的理解。目前关于机器人的定义主要有以下几种：

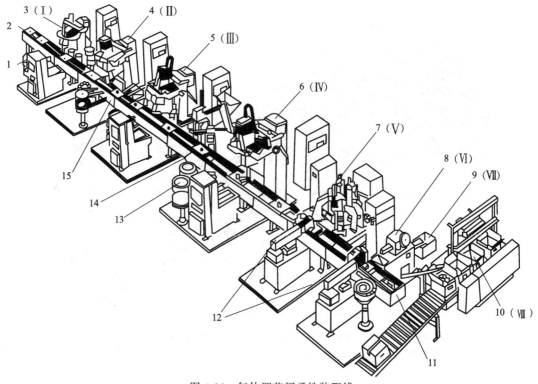

图 4-16　气体调节阀柔性装配线

1—料仓；2—夹具提升装置；3～6—装配机器人；7—回转试验机；8—贴标签机；
9—不合格品斗；10—包装机；11—夹具下降装置；12—气动机械手；13—振动
料斗；14—随行夹具；15—传送装置

① 英国牛津词典的定义。机器人是"貌似人的自动机，具有智力和顺从于人的但不具人格的机器"。

② 美国机器人协会的定义。机器人是"一种用于移动各种材料、零件、工具或专用装置的，通过可编程序动作来执行各种任务，并具有编程能力的多功能操作机"。

③ 日本工业机器人协会的定义。机器人是"一种装备有记忆装置和末端执行器、能够转动并通过自动完成各种移动来代替人类劳动的通用机器"。另据报道，日本对现代工业机器人还作了如下定义："具有人体上肢（臂、手）动作功能，可进行多种动作的装置；或者具有感觉功能，可自主地进行多种动作的装置（智能机器人）"。

④ 国际标准组织的定义。机器人是"一种自动的、位置可控的、具有编程能力的多功能机械手，这种机械手具有几个轴，能够借助于可编程序操作来处理各种材料、零件、工具和专用装置，以执行种种任务"。

⑤ 我国国家标准 GB/T 12643—90 的定义。工业机器人是"一种能自动定位控制、可重复编程的、多功能的、多自由度的操作机，能搬运材料、零件或操持工具，用以完成各种作业。"其中操作机定义为"由一系列互相铰接或相对滑动的构件所组成的机器，通常有几个自由度，用以抓取或移动物体（工具或工件）"。

综上所述，对工业机器人的概念可以理解为：拟人手臂、手腕和手功能的机械电子装置。它可以把任一物件或工具按空间位姿的时变要求进行移动，从而完成某一工业生产的作业要求，如夹持焊钳或焊枪进行点焊或弧焊；搬运零件或构件；进行激光切割；喷涂；装配机械零部件等。

应当认识到工业机器人和机械手是有区别的（表 4-2）。前者具有独立的控制系统，可通过编程方法实现动作程序的变化；而后者则只能完成简单的搬运、抓取及上下料工作，一般作为自动机和自动线上的附属装置，其程序固定不变。

表 4-2　工业机器人和机械手的区别

特点	工业机器人	机械手
独立性	独立的机构和控制系统	附属在主机上,为主机服务
灵活性	程序和定位点容易改变	程序固定不变,定位点不能灵活改变
自由度	较多	较少
复杂性	动作复杂,多功能	动作简单重复,单一功能
适用的生产方式	多品种、中小批量生产	大批量单一(或少)品种
涉及技术领域	机械、液压、气动、电气、自动控制、计算机、人工智能等	主要是机械结构

有人把机器人分为"类人型"和"非人型"两种，目前所说的工业机器人属于"非人型"。因为无论从它的外形或结构来说，都和人有很大差异。但是，它虽不完全具备人体的许多机能（如四肢多自由度运动、五官感觉等），但在做某些动作时，它具有与人相同甚至超出人类的能力。

工业机器人以刚性高的机械手臂为主体，与人相比可以有更快的运动速度，可以搬运更重的货物，而且定位精度相当高。它可以根据外部指令，自动进行各种操作。

现代科学技术的发展提供了工业机器人向智能化发展的可能性。目前，依靠先进技术（如计算机、传感器和伺服控制系统等）能使工业机器人具有一定的感觉、识别、判断功能，并且这种具有一定智能的机器人已经在生产中得以运用。

总之，工业机器人是当代最高意义上的自动化技术。它综合了多学科的发展成果，代表了高技术的发展前沿，在人类生活的各应用领域正不断扩大。

4.4.2　工业机器人的组成和分类

(1) 工业机器人的组成

目前使用的工业机器人多半是代替人上肢的部分功能，按给定程序、轨迹和要求，实现自动抓取、搬运或操作的自动机械。它主要由执行系统、驱动系统、控制系统以及检测机构组成（见图 4-17）。

1) 执行系统

① 手部又称手爪或抓取机构。手部的作用是直接抓取和放置物件（或工具）。

② 腕部又称手腕，是连接手部和臂部的部件。腕部的作用是调整或改变手部的方位（姿态）。

③ 臂部又称手臂，是支撑腕部的部件。臂部的作用是承受物件或工具的荷重，并把它传送到预定的工作位置。有时也将手臂和手腕统称为臂部。

④ 立柱是支撑手臂的部件。立柱的作用是带动臂部运动，扩大臂部的活动范围，如臂部的回转、升降和俯仰运动都与立柱有密切联系。

⑤ 行走机构。目前大多数工业机器人没有行走机构，一般由机座支撑整机。行走机构是为了扩大机器人使用空间，实现整机运动而设置的，主要形式是滚轮行驶。

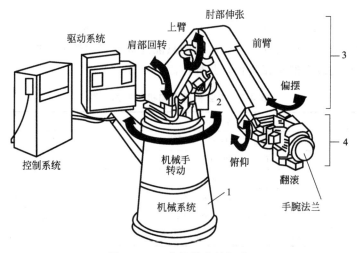

图 4-17　工业机器人的组成

1—基座；2—腰部；3—臂部；4—腕部

2）驱动系统

该系统是驱动执行机构运动的传动装置，常用的有液压传动、气压传动和电传动等。

3）控制系统

该系统通过对驱动系统的控制，使执行系统按照规定的要求进行工作。对示教再现型工业机器人来说，是指包括示教、存储、再现、操作等各环节的控制系统。控制信号对执行机构发出指令，必要时对机器人的动作进行监视，当发生错误或故障时发出报警信号。控制系统还对生产系统（加工机械和其他辅助设备）的状况作出反应，并产生相应的动作。控制系统是反映一台工业机器人功能和水平的核心部分。

4）检测机构

该系统通过各种检测器、传感器检测执行机构的运动情况，根据需要反馈给控制系统，在与设定值进行比较后，对执行机构进行调整，以保证其动作符合设计要求。检测机构主要对位置、速度和力等各种外部信息和内部信息进行检测。

（2）工业机器人的分类

根据不同的要求可对机器人进行以下分类：

1）按驱动方式分类

① 液动式。液压驱动机器人通常由液压机（各种液压缸、油马达）、伺服阀、油泵、油箱等组成驱动系统，由驱动机器人的执行机构进行工作。通常具有很大的抓举能力（高达几百千克以上），其特点是结构紧凑，动作平稳，耐冲击，耐振动，防爆性好，但液压元件要求有较高的制造精度和密封性能，否则漏油将污染环境。

② 气动式。气动机器人驱动系统通常由气缸、气阀、气罐和空压机组成。气动机器人特点是气源方便，动作迅速，结构简单，造价较低，维修方便；但难以进行速度控制，气压不可太高，故抓举能力较低。

③ 电动式。电力驱动是目前机器人使用最多的一种驱动方式。电动机器人特点是电源方便，响应快，驱动力较大，信号检测、传递、处理方便，并可以采用多种灵活的控制方案。驱动电动机一般采用步进电机、直流伺服电动机以及交流伺服电动机（交

流伺服电动机为目前主要驱动形式）。由于电动机速度高，通常须采用减速机构（如谐波传动、齿轮传动、RV 减速器摆线针轮传动、螺旋传动和多杆机构等）。目前，有些机器人已采用无减速机构的大转矩、低转速电动机进行直接驱动，既能够使机构简化，又可以提高控制精度。

④ 混合驱动。液-气或电-液混合驱动。

2）按用途分类

① 搬运机器人。这种机器人用途很广，一般只需点位控制，即被搬运零件无严格的运动轨迹要求，只要求始点和终点位置准确。如机床上用的上下料机器人、堆垛机器人及管件搬运机器人等。

② 喷涂机器人。这种机器人多用于喷漆生产线上，重复位姿精度要求不高。但由于喷雾易燃，因此一般采用液压驱动或交流伺服电动机驱动。

③ 焊接机器人。这是目前使用最多的一类机器人，它又可分为点焊机器人和弧焊机器人两类。点焊机器人负荷大、动作快，工作点的位姿要求较严，一般要有 6 个自由度。弧焊机器人负载小、速度低，通常有 5 个自由度即能进行焊接作业。为了更好地满足焊接质量对焊枪姿势的要求，伴随机器人的通用化和系列化，现在大多使用 6 自由度机器人。弧焊对机器人的运动轨迹要求较严，必须实现连续路径控制，即在运动轨迹的每一点都必须实现预定的位置和姿态要求。

④ 装配机器人。这类机器人要有较高的位姿精度，手腕具有较大的柔性。目前大多用于机电产品的装配作业。

⑤ 专门用途的机器人。例如医用护理机器人、航天用机器人、探海用机器人以及探险作业机器人等。

3）按操作机的位置机构形式和自由度数量分类

机器人操作机的位置机构形式是机器人重要的外形特征，故常用作分类的依据。按这一分类标准，机器人可分为直角坐标型机器人、圆柱坐标型机器人、球（极）坐标型机器人、关节型机器人（或拟人机器人）。

操作机本身的轴数（自由度数）最能反映机器人的工作能力，也是分类的重要依据。按这一分类机器人可分为 4 轴、5 轴、6 轴和 7 轴机器人等。

按其他的分类方式，机器人还可分为点位控制机器人和连续控制机器人；按负载大小可分为重型、中型、小型及微型机器人；按机座形式可分为固定式机器人和移动式机器人；按操作机运动链形式可分为开链式、闭链式和局部闭链式机器人；按应用机能可分为顺序控制机器人、示教再现机器人、数值控制机器人、智能机器人等。

4.4.3　工业机器人的应用和发展趋势

（1）工业机器人的应用

自 20 世纪 60 年代初第一代机器人在美国问世以来，工业机器人的研制和应用有了飞速的发展。工业机器人在机械制造业中，尤其在焊接、装配、装卸、搬运等领域得到了广泛的应用，对促进机械制造业的自动化和柔性化发展发挥了巨大的作用。

1）焊接机器人

① 点焊机器人。

点焊机器人广泛应用于焊接薄板材料。装配每台汽车车体一般需要完成 3000～4000 个焊点，其中 60％ 是由点焊机器人完成的。在有些大批量汽车生产线上，服役的点焊机器人数量甚至高达 150 多台。

图 4-18 所示为德国产 IR662/100 型点焊机器人总图。

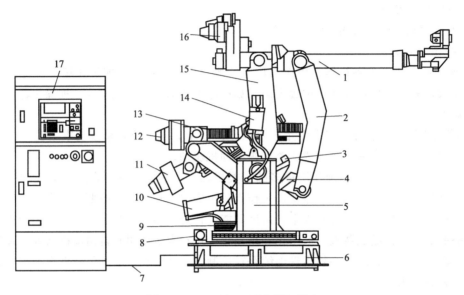

图 4-18　IR662/100 型点焊机器人

1—手臂及手腕；2—臂架；3—橡皮缓冲器；4—肘形节杆；5—回转台；6—基座；7—连接电缆；8，13—转台缓冲器；9—第一轴（转台）电动机；10，14—平衡汽缸；11—第二轴（臂架）电动机；12—第三轴螺杆；15—驱动臂架；16—电动机组；17—控制柜

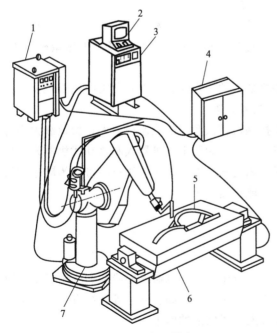

图 4-19　弧焊机器人

1—焊接电源；2—显示器；3—机器人控制装置；4—夹具控制装置；5—工件；6—焊接夹具；7—回转台

② 弧焊机器人。

弧焊机器人应用于焊接金属连续结合的焊缝工艺，绝大多数可以完成自动送丝、熔化电极和气体保护下进行焊接工作。弧焊机器人的应用范围很广，除汽车行业外，在通用机械、金属结构等许多行业中都有应用。

图 4-19 所示为日本汽车工业使用的一种曲柄式弧焊机器人，其驱动方式采用交、直流伺服电动机系统，用于焊接车架的侧梁或双轮机动管结构车架。

2）喷漆机器人

喷漆机器人广泛应用于汽车车体、家电产品和各种塑料制品的喷漆作业。喷漆机器人在使用环境和动作上有如下特点：

① 工作环境中包含有易爆的喷漆剂蒸气；

② 沿轨迹高速运动，途经各点均为作业点；

③ 多数被喷漆部件都搭载在传送带上，

边移动边喷漆。

图 4-20 所示为日本 TOKICO 公司生产的 RPA856RP 关节式喷漆机器人。该机器人由操作机、控制箱、修正盘和液压源四部分组成；有六个自由度，可连接工件传送装置做到同步操作。手腕为伺服控制型。末端接口可安装两个喷枪同时工作（系统配有两套可同时使用的气路）。

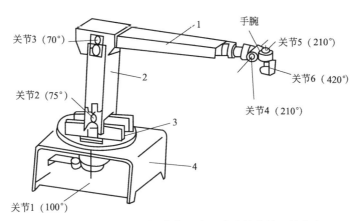

图 4-20　RPA856RP 机器人基本组成及关节轴回转角度
1—小臂；2—大臂；3—转台；4—基座

3）装配机器人

采用工业机器人进行自动装配，是近十几年来才发展起来的一项新技术。从目前的情况看，整个机械制造过程中自动化程度最低的就是装配工艺。

图 4-21 所示是日本九洲工业大学研制的专用装配机器人 KAM。该机器人是一个圆柱坐标型的、可实现三轴数控的微机控制工业机器人。该机器人可以作上下（z）、臂的前后伸缩（r）和装置的回转（θ）运动，其 z、r、θ 方向可以实现三轴联动控制。z 轴和 r 轴的传动是通过步进电动机带动滚珠螺母，使滚珠丝杠沿着轴向往复移动；θ 轴的传动是通过步进电动机经蜗轮蜗杆传动后，使之实现左旋或右旋回转运动；手爪的开闭是用电磁阀控制压缩空气来实现的；z 方向采用了间隙和摩擦阻力很小的直线圆导轨。该机器人控制系统采用了开环控制系统，结构比较简单。

带有力反馈机构的精密装配作业机器人的装配作业如图 4-22 所示。该机器人将三个零件基座、连接套和小轴组装起来，其视觉系统为电视摄像机。主、辅机器人各抓取所需组装的零件，两者互相配合，使零件尽量接近，而主机器人向孔的中心方向移动。由于手腕的柔性，所抓取的小轴会产生稍微的倾斜；当小轴端部到达孔的位置附近时由于弹簧力的作用，轴端会落入孔内。柔性机构在 z 方向的位移变化可以检测，使主机器人控制位置获得探索阶段已完成的信息。进入插入装配阶段，由触觉传感器检测轴线对中心线的倾斜方向；一边对轴的姿态进行修正，一边完成插入装配作业。

4）搬运机器人

随着计算机集成制造技术、物流技术、自动仓储技术的发展，搬运机器人在现代制造业中的应用也越来越广泛。机器人可用于零件的加工过程中，物料、辅具、量具的装卸和储运，也可用来将零件从一个输送装置送到另一个输送装置，或从一台机床上将加工完的零件取下再安装到另一台机床上去。

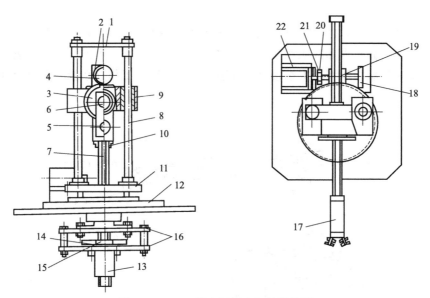

图 4-21　KAM 装配机器人机械结构图

1—z 向导轨挡板；2—r 向电动机安装台；3—减速齿轮；4—r 向直联齿轮；5—r 向导轨；

6—r 向滚珠丝杠；7—z 向滚珠丝杠；8—z 向导轨；9—传动箱；10—z 向丝杠支座；11—蜗轮；

12—装配底板；13—支座；14—z 向进给齿轮；15—z 向直连齿轮；16—z 轴进给支板；17—爪部；

18—轴承座；19—蜗杆；20—中间齿轮；21—θ 向直联齿轮；22—θ 向电动机安装台

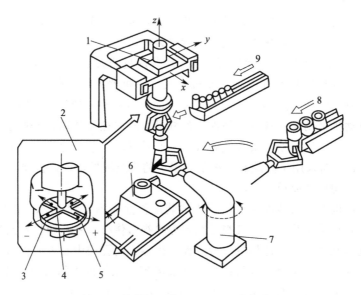

图 4-22　精密插入装配机器人的装配作业

1—主机器人；2—柔性手腕；3，5—触觉传感器（应变片）；4—弹簧
片；6—基座零件；7—辅助机器人；8—联套供料机构；9—小轴供料机构

　　图 4-23 所示为一种搬运机器人。该机器人是用来抓取、搬运来自输送带或输送机上移动物品的自动化装置。主要由搬入机械部件、机器主体部件、搬出机械部件和系统控制等基本部分组成。可根据被搬运物品的形状、材料和大小等，按照给定的堆列模式，自动地完成物品的堆列和搬运操作。

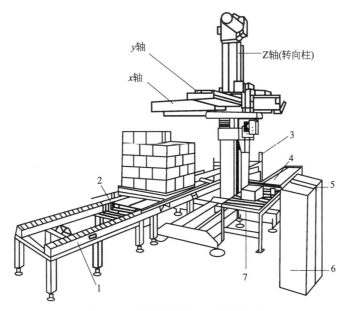

图 4-23　搬运机器人 500 型的构成

1—卸载输送机；2—主输送机；3—分配器；4—横进给
式输送机；5—操作台；6—控制台；7—多工位式输送机

(2) 工业机器人的发展趋势

工业机器人技术是一门涉及机械学、电子学、计算机科学、控制技术、传感器技术、仿生学、人工智能甚至生命科学等学科领域的交叉性科学，机器人技术的发展依赖于这些相关学科技术的发展和进步。归纳起来，工业机器人技术的发展趋势有以下几个方面。

1) 智能化

智能化是工业机器人一个重要的发展方向。目前，机器人的智能化研究可以分为两个层次，一是利用模糊控制、神经元网络控制等智能控制策略，利用被控对象对模型依赖性不强的特点来解决机器人的复杂控制问题，或者在此基础上增加轨迹或动作规划等内容，这是智能化的最低层次；二是使机器人具有与人类类似的逻辑推理和问题求解能力，面对非结构性环境能够自主寻求解决方案并加以执行，这是更高层次的智能化。使机器人能够具有复杂的推理和问题求解能力，以便模拟人的思维方式，目前还很难有所突破。智能技术领域有很多的研究热点，如虚拟现实、智能材料（如形状记忆合金）、人工神经网络、专家系统、多传感器集成和信息融合技术等。

2) 多机协调化

由于生产规模不断扩大，对机器人的多机协调作业要求越来越迫切。在很多大型生产线上，往往要求很多机器人共同完成一个生产过程，因而每个机器人的控制就不单纯是自身的控制问题，需要多机协调动作。此外，随着 CAD、CAM、CAPP 等技术的发展，更多地把设计、工艺规划、生产制造、零部件储存和配送等有机地结合起来。在柔性制造、计算机集成制造等现代加工制造系统中，机器人已经不再是一个个独立的作业机械，而是成为了其中的重要组成部分，这些都要求多个机器人之间、机器人和生产系统之间必须协调作业。多机协调也可以认为是智能化的一个分支。

3) 标准化

机器人的标准化工作是一项十分重要而又艰巨的任务。机器人的标准化有利于制造业的发展，但目前不同厂家的机器人之间很难进行通信和零部件的互换。机器人的标准化问题不是技术层面的问题，而主要是不同企业之间的认同和利益问题。

4）模块化

智能机器人和高级机器人的结构力求简单紧凑，其高性能部件甚至全部机构的设计已向模块化方向发展。智能机器人的驱动采用交流伺服电动机，向小型和高输出方向发展；结合微驱动器、微传感器、微型控制装置的小型化和智能化工业机器人，也在向模块化方向发展，并将对精密机械加工、现代光学仪器、超大规模集成电路、现代生物工程、遗传工程和医学工程等产生重要影响。

复习思考题

4-1　什么是数控机床？它由哪几个部分组成？各部分的基本功能是什么？

4-2　简述数控机床的构成及其在机械制造中的地位与作用。

4-3　简述当前数控技术的发展现状与趋势。

4-4　简述柔性制造系统（FMS）的定义。柔性制造系统的先进性体现在哪些方面？

4-5　简述 FMS 的工作原理、结构组成、特点和适用范围。

4-6　简述先进制造自动化技术的内涵？

4-7　制造自动化的发展可分为哪些阶段，各有什么特点？

4-8　制造自动化目标中的 TQCSE 各指什么？有何意义？

4-9　工业机器人由哪几部分组成？工业机器人具有什么特点？

4-10　工业机器人有哪些类型？基本参数与性能指标有哪些？

4-11　工业机器人的驱动系统有哪几种基本类型？各有何特点？

4-12　工业机器人控制系统的功能是什么？它由哪几部分组成？

4-13　机器人主要应用于哪些行业？试举例说明机器人有哪些应用类型？

第5章

先进制造模式

进入 20 世纪后，制造业得到了空前的发展，制造技术广泛吸收高新技术的优秀成果，并且相互渗透、融合、衍生并产生急剧的变化，导致制造系统的集成活动异常活跃，制造模式不断更新。本章详细地介绍了目前制造领域中一系列典型的先进制造模式，如成组技术、并行工程、精益生产、敏捷制造、虚拟制造等，并分析了这些先进制造模式的内在区别与联系。

5.1 先进制造模式概述

5.1.1 先进制造模式的定义和特点

（1）先进制造模式的定义

先进制造模式（Advanced Manufacturing Mode，AMM）是指作用于制造系统并具有相似特点的一类先进技术与方法的总称。它应用于先进制造技术的生产组织和技术系统的形态与运作方式，以获得生产有效性为首要目标，以制造资源快速有效集成为基本原则，以人-组织-技术相互结合为实施途径，使制造系统获得精益、敏捷、优质与高效的特征，从而适应市场变化对时间、质量、成本、服务和环境的新要求。

（2）先进制造模式的特点

① 以获取生产有效性为首要目标。AMM 的共同目标是：快速响应不可预测的市场变化，以满足企业的生产有效性。AMM 将生产有效性置于首位，就会使制造的价值取向（从面向产品到面向客户）、战略重点（从成本、质量到开发时间）、指导思想（从以技术为中心到以人为中心）、基本原则（从分工到集成）等出现一系列的变化。

② 以制造资源快速有效集成为基本原则。AMM 的共同方法是：在更大的空间范围与更深的层次上快速有效地集成资源，通过增强制造系统的一致性和灵活性来提高企业的应变能力。

③ 以人-组织-技术相互结合为实施途径。AMM 的共同思想是：以人为中心，以人-组织-技术相互结合为实施途径，从而保证生产的有效性。据美国在 1991 年对 CIMS 应用的统计，CIMS 推广应用的障碍中 70％来自于人，11％源于对成本的评估，9％归结于技术因素。

AMM 强调人因和组织的作用。人、组织和技术是制造的三大必备资源。人是制造活动的主体，组织反映制造活动中人与人的相互关系，技术则是实现制造的基本手段。技术源于人的实践活动，也只有通过人才能发挥其作用，所以制造技术的效用有赖于人的主动性。在制造活动中人的行为又受所在组织的影响，所以人因的发挥在很大程度上取决于组织的作用。因此，AMM 着重于组织创新与人因发挥。

5.1.2　先进制造模式的类型

(1) 按制造过程可变性分

制造模式按制造过程可变性分为三种：

① 刚性制造模式（Dedicated Manufacturing Mode，DMM）DMM 一般采用自动流水线，包括物流设备和相对固定的加工工艺，适应于大批量、少品种的情况。它的特征是：实现从设计、加工到管理的标准化和专业化生产；采用移动式的装配线和高效的专用设备，工序分散，节拍固定；实行厂内自制管理，纵向一体化组织结构；劳动分工很细；对市场和用户需求的应变能力较低。

② 柔性制造模式（Flexible Manufacturing Mode，FMM）FMM 模式是：工序相对集中，没有固定的节拍，物料的非顺序输送；将高效率和高柔性融于一体，生产成本低；具有较强的灵活性和适应性。

③ 可重构制造模式（Reconfigurable Manufacturing Mode，RMM）RMM 指将各种模块加以标准化，从标准化的模块中选出若干模块，以组成适合不同用户要求的制造系统。模块标准化不仅可以保证制造系统的可靠性和降低建造系统的费用，还可以缩短系统的调试周期，留有扩展余地，以便今后向更大的系统集成发展。

(2) 按信息流与物流运动方向分

制造模式按信息流与物流运动方向分为两种，即推动式生产（Push Production）的信息流与物流同向运动；拉动式生产（Pull Production）的信息流与物流反向运动。前者的代表是制造资源计划（MRP II），后者的代表是精益生产（LP）。ERP（企业资源计划）实现了 MRP（物流需求计划）与 JIT（及时生产）相结合支持混合型生产方式的管理。

(3) 按制造过程利用资源的范围分

制造模式按制造过程利用资源的范围可分为三种：一是集成制造模式，强调的是企业内部；二是敏捷制造模式，强调的是企业之间；三是智能制造模式，强调的是全球范围。

目前，制造系统已从 DMS（数据管理系统）和 FMS 进入 CIMS 阶段。有专家预言，未来 20 年可以利用的下一代制造系统将是 CIMS。

5.2　成组技术

5.2.1　成组技术概述

(1) 成组技术（Group Technology，GT）的产生背景

随着产品更新换代的速度加快，多品种、中小批量生产在机械工业的地位日益重要。而且，现代的制造环境还将面临一系列的问题和挑战，其中包括：为满足不同用户的需要，要求产品具有不同的规格和选项；要求产品具有高可靠性，零件具有高精度；需要处理极为广

泛的工件材料，包括不同的金属材料、塑性材料、陶瓷材料以及复合材料；要求将产品的设计与制造紧密地结合起来。

目前，多品种、中小批量生产在各类机器生产中所占的比重已超过 70%，且有继续增大的趋势。但这种生产方式存在着许多问题。如：

① 难以采用先进、高效的生产设备和生产工艺，生产手段落后，生产率低下。

② 生产准备工作量大，生产周期较长。据统计，在多品种、中小批量生产方式中，有效加工（装配）时间不足总生产时间的 5%，其余均为周转等待时间。而在不到 5% 的加工时间中，真正进行切削的时间不足 30%，其余时间均消耗在调整机床、装卸零件、对刀、检测等辅助工作上（见图 5-1）。

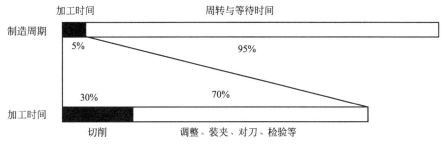

图 5-1　多品种、中小批量生产的时间分配

③ 设备利用率低，大材小用现象十分普遍。据统计，在 CA6140 车床上，实际加工的工件直径有 90% 以上不足 100mm，而该机床的设计能力为最大加工直径 400mm。

为此，制造技术的研究人员提出了 GT 的科学理论及实践方法，它能从根本上解决生产中由于品种多、产量小带来的矛盾。GT 是一门生产技术科学，它研究如何识别和发掘生产活动中有关事务的相似性，并对其进行充分利用。即把相似的问题归类成组，寻求解决这一组问题相对统一的最优方案，以取得所期望的经济效益。GT 成功地应用于机械加工方面，它将多种零件按工艺相似性分类成组并形成零件族，把同一零件族中零件分散的小生产量汇集成较大的成组生产量，从而使小批量生产能获得接近于大批量生产的经济效果。这样，GT 就巧妙地把品种多转化为"少"，把生产量小转化为"大"。由于主要矛盾有条件地转化，这就为提高多品种、小批量生产的经济效益提供了一种有效的方法。

对于零件设计而言，许多零件都具有相似的形状，那些相似的零件可以归并成设计族。一个新零件可以通过修改一个现有的同族零件而形成。应用这个概念，可以确定出包含一个设计族所有特征的复合零件。复合零件由设计族内零件所有几何要素组合而成。图 5-2 举出了一复合零件的例子。

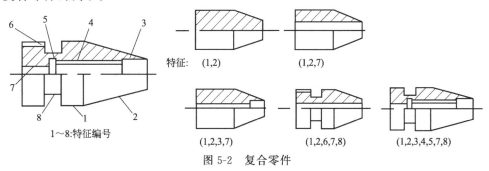

图 5-2　复合零件

对机械制造工艺而言，GT 的应用显得比零件设计更重要。不仅结构特征相似的零件可归并成组，结构不同的零件仍可能有类似的制造过程。例如，大多数箱体零件都具有不同的形状和功能，但它们都要求镗孔、铣端面、钻孔等。因此，可以得出它们都相似的结论。这样可以把具有相似加工特点的零件也归并成族。由此出发，工艺过程设计工作便可得到简化。由于同族零件要求类似的工艺过程，于是可以建立一个加工单元来制造同族零件，而对每个加工单元只需考虑具有类似加工特点的零件加工，这样可使生产计划、工艺准备、生产组织和管理等各项工作的水平得以提高。

（2）GT 的基本原理

GT 是一门生产技术和管理相结合的学科。它研究如何识别和开发生产过程中有关事物的相似性，并充分利用各种问题的相似性，将其归类集合成组，然后寻求解决这一组问题相对统一的最优方案，以取得所期望的经济效果。

GT 用于机械制造领域，就是利用零件的相似性，将其分类成组，并以这些零件组为基础组织生产，以实现多品种、中小批量生产的产品设计、制造工艺和生产管理的合理化。GT 基本原理如图 5-3 所示。

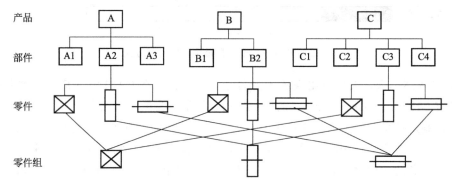

图 5-3　GT 基本原理

在市场多变和按订单生产的情况下，组织成组生产常常会遇到困难，因为零件需求是变化和难以预测的。但这并不影响 GT 实施效果，此时 GT 效益主要来自制造资源的重复使用。例如，在产品设计中可以重复使用已有图样，工艺过程设计中可以重复使用已有工艺文件，制订生产计划时可以重复使用已有生产计划和作业计划，制造过程中则可以重复使用已有设备和工装等。制造资源的重复使用不仅节约物资，而且由于作业熟练程度的增加会大大提高工作效率。当然，这种重复不完全是简单的重复，而更多的是"相似重复"，即经局部修改后的重复。

（3）实施 GT 的客观基础

在机械制造中实施 GT 具有其客观基础，主要表现在以下两方面：

① 机械零件之间存在着相似性。这种相似性主要表现在零件结构特征（如形状要素及其布置、尺寸、精度等）相似性、零件材料特征（如材质、毛坯、热处理等）相似性和零件制造工艺（如加工方法、加工过程、加工设备等）相似性三个方面。前两者是零件所固有的，因此又称为"一次相似性"，后者取决于前两者，因此又称为"二次相似性"。

② 机械产品中零件出现频率有明显的规律性和稳定性。机械零件按其复杂程度可分为标准件（简单件）、复杂件和相似件三类。统计表明这三类零件在机械产品中的出现频率有

明显规律性（见图 5-4）。机械产品中 5%～10% 的零件属于复杂件，如机床床身、主轴箱、溜板等。这类零件为数不多，但复杂程度较高，制造难度较大，再现性低。此类零件多为决定机械产品性能的重要零件，故又称为关键件。机械产品中 20%～25% 的零件属于简单件和标准件，如螺钉、螺母、销、键等。这类零件的特点是结构简单，再用性高，多数已标准化和已形成大批量生产。机械产品中约占 70% 的零件属于中等复杂程度的零件，如轴、齿轮、法兰盘、盖板、支座等。这类零件数量较大，彼此之间存在着显著的相似性，故称为相似件。正是由于机械产品中大多数零件是相似件，GT 才有可能得以实施。

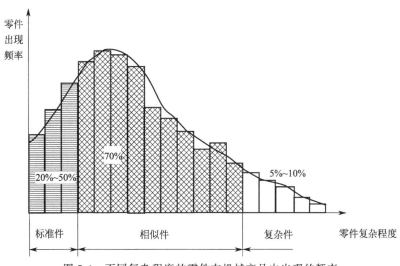

图 5-4　不同复杂程度的零件在机械产品中出现的频率

5.2.2　零件分类方法

合理地划分零件组是实施 GT 的重要内容，也是实施 GT 取得经济效果的关键。对于不同的生产领域，划分零件组的概念也不完全相同。在产品设计领域，应按零件结构相似特征划分零件组；在加工领域，应按零件工艺相似特征划分零件组；在生产管理领域，应根据零件工艺相似特征及零件投产时间特征划分零件组；对于机床调整，则应按零件的调整特征划分零件组。由于零件的工艺特征涉及面较广，且直接影响加工过程，就整个生产过程而言，通常按零件的工艺特征划分零件组。

日前，划分工艺相似零件组的方法主要有三种，分别是目视法、分类编码法和生产流程分析法。

① 目视法。完全凭工艺人员的个人经验，采用人工方法划分零件组。这种分组方法效率低，分组好坏取决于工艺人员个人的经验和水平，往往难以取得最优结果，目前已较少使用。

② 分类编码法。根据零件的成组编码，划分零件组。采用这种方法，通常需要建立适当的"码域矩阵"（见图 5-5，具体各数字详解见图 5-6）。码域矩阵与零件组一一对应，凡零件的编码落在某一相同码域内，这些零件便划分为同一零件组。

采用分类编码法划分零件组的优点是根据零件设计图即可划分零件组，又便于使用计算机和有利于与 CAD/CAPP 进行连接。采用分类编码法划分零件组，要求所使用的零件分类编码系统能充分反映零件的工艺信息。否则，用此方法划分的零件组难以保证零件组内所有零件的工艺相似性。

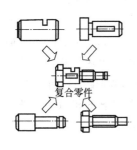

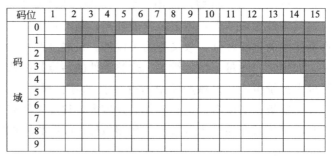

图 5-5　复合零件所对应的码域矩阵

　　采用分类编码法划分零件组的关键是建立适当的码域矩阵。通常需根据全部零件结构特征分布情况、设备加工范围和负荷以及工艺装备等情况，并结合设计者的经验制订零件组的码域。制订的码域需通过反复试分、修改，才能最后确定。

　　③ 生产流程分析法。直接按零件的加工工艺过程及所用设备对零件进行分组，将工艺过程相似的零件划在同一零件组。采用生产流程分析法划分零件组，首先需编制每一个待分零件的工艺过程，再根据零件工艺过程建立相应的零件/机床矩阵，然后以此矩阵为基础，采用不同方法（如核心零件法、核心机床法、二进制数排序法、顺序分支法等）划分零件组和机床组，最后凭设计者的经验对已划分的零件组和机床组进行适当的调整，得到最终结果。

　　零件的相似性是划分零件组的依据。为了便于分析零件的相似性，首先需对零件的相似特征进行描述和识别。目前，多采用编码方法对零件的相似特征进行描述和识别，而零件分类编码系统就是用字符（数字、字母或符号）对零件有关特征进行描述和识别的一套特定的规则和依据。

　　我国于 1984 年正式制定了机械零件分类编码系统（JLBM-1），是我国机械工业部的指导性技术文件。该系统采用 15 位混合式代码结构（见图 5-6），第 1、2 码位表示零件的名称类别，采用零件的功能和名称作为标志，以矩阵表的形式表示，不仅容量大，也便于设计部门检索。第 3～9 码位是形状及加工码，分别表示回转体零件和非回转体零件的外部形状、内部形状、平面、孔及其加工与辅助加工的种类。第 10～15 码位是辅助码，分别表示零件的材料、毛坯、热处理、主要尺寸和精度的特征。其中主要尺寸码规定了大型、中型及小型三个段，分别可供重型机械、一般机械和仪表机械三种企业参照使用。精度码规定了低精度、中等精度、高精度及超高精度四个等级。在中等精度和高精度两个等级中，再按精度要求处于不同加工表面而细分为几个不同的特殊码，以示区别。

　　例如用 JLBM-1 系统对图 5-7 所示的压盖零件（材料为灰铸铁）进行分类编码，得到的 15 位代码是 001021103050736。

5.2.3　GT 的应用

　　GT 作为一种科学哲理，已在制造企业的产品设计、生产、决策、计划和管理的全过程中起到指导作用，成为企业生产全过程的综合性技术。

　　(1) GT 在产品设计中的应用

　　1）产品的三化工作与 GT

　　多年来，人们一直在孜孜不倦地追求用减少重复设计的方法来提高设计功效、缩短设计周期，并提高设计的可靠性与继承性。毫无疑问，产品的三化（包括标准化、系列化、通用

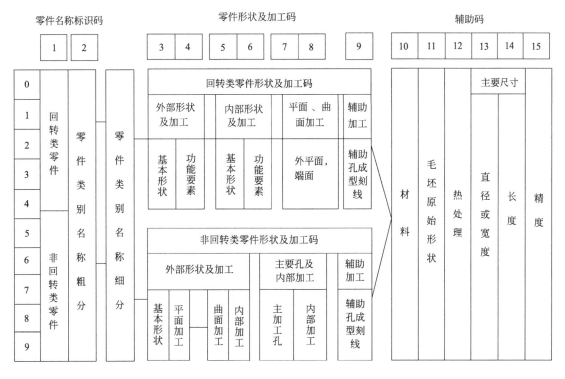

图 5-6　JLBM-1 编码系统总体结构

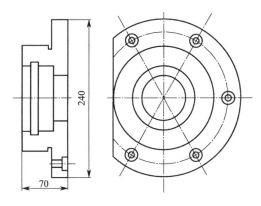

图 5-7　压盖零件

化）是减少重复设计、减少基本件种数的基本方法。同时产品的零、部件实现三化，可以变单件小批量生产为中大批量生产，从而提高生产率。

　　GT 的主导思想是将分散在各种产品中形状相似、工艺相似的零件集中起来，分成零件族组织生产。成组批量突破了传统的批量概念，从而可以在中小批量生产中采用某些大批量生产的手段，达到提高生产率的目的。正是由于这一思想，GT 要求在新产品设计中尽量采用已有产品的零件，减少零件形状、零件上的功能要素以及尺寸的离散性。GT 要求各种产品间的零件尽可能相似，尽可能重复使用，不仅在同系列产品之间如此，在不同系列产品之间也是如此。可以这样说，设计者的任务不是创造新零件，而是尽量用现有零件拼装新产品。因此 GT 的目标与产品三化的目标是一致的，而且扩展了传统的产品通用化概念。

GT 为产品设计提供了一种系列化的设计方法，在标准件与重复使用件之间引入了"相似类型"的重要概念，使产品设计的标准化工作达到最优化程度。作为 GT 工具的"分类编码系统"，为设计工作提供了检索标准件、相似类型和重复使用件的快速有效的工具。这一切为进一步应用 CAD 技术建立了切实可用的模型。

2）应用 GT 编制相似性设计指导图册

相似性设计指导图册的设计过程简略说明如下：

第一步，借助于零件分类编码系统，按零件在形状、材料、功能等方面的相似性，组织零件的设计族。设计族是零件组的概念在产品设计中的应用，正如加工族是零件族在加工中的应用，它们在相似性分析中有不同的考虑侧重面。

第二步，选定零件编码的特征数位，对零件做进一步的相似性分析，并把特征数位相同的划分为零件组。

第三步，对上述零件组中零件的出现频数进行分析，可以借助频数分布直方图这一工具。出现频数越多的零件，做标准化工作的价值就越大。这样可把频数低的零件划入重复使用件一类，直接编为图册，不必再对其做标准化工作。而频数高的零件，则可考虑进入相似类型，进一步作分析。

第四步，对进入相似类型的零件，进一步提高相似水平（增加特征数位），作相似性分析，并再作频数分析。进而按相似性的高低及频数的高低，将进入相似类型的零件进一步划分为三级。相似程度最高的第三级，其零件组中的零件在基本形状、功能要素及布置三个方面均相似；相似程度最低的一级，其零件组中的零件仅在功能要素方面有相似性。对于不太复杂的零件而言，一个设计族中通常可有 60% 以上的零件进入第三级，20% 的零件进入第二级。

第五步，标准化工作。首先对三个级别全部零件的功能要素（如螺钉孔、螺栓孔）进行标准化，根据这些功能要素及其有关参数出现的频数，确定标准化的内容，结合推荐的参数值，对第二、三级全部零件的基本形状进行标准化。将标准化的基本形状配上已标准化的功能要素，即构成标准化的基本类型。进而在基本类型上确定已标准化要素的布置形式，即构成主要类型。

第六步，编制相似性设计指导图册。

3）新零件的设计

有了相似性设计指导图册之后，新的问题是在新零件设计时，如何快速地将可采用或可参照的零件或标准化程度不同的设计模式检索出来。检索工作可以通过 GT 码来完成，检索的顺序应从标准件和重复使用件开始，依次是主要类型、基本类型和单一类型。如果在标准件和重复使用件中可以找到，那么仅是选用的问题；如果有主要类型可以参照，则仅是确定尺寸的问题；如果有基本类型可以参照，则是局部设计问题；如果仅单一类型中的标准功能要素可以选用，则需要重新设计。对一般简单件来说，半数以上的零件可以在主要类型中找到可选用或可参照的模式。

综上所述，应用 GT 可以提高设计的继承性，从而提高了随后的工艺继承性，极大地减少了设计人员的重复劳动。据统计，50% 以上的零件不必重新设计，图纸总数可减少约 10%，新绘制工作图数可减少 30%，从而大大加快了开发新产品的速度，增加了企业的灵活性与适应性。

（2）GT 在加工工艺方面的应用

GT 应用最早和应用效果最显著的领域是机械加工工艺。GT 起源于成组加工。成组加工是指将某一工序中加工方法、安装方式和机床调整相近的零件组成零件组，放在一起加工，以减少机床调整工作量和提高加工效率。

成组加工的进一步发展，扩大为成组工艺，即将一组加工工艺过程相似的零件，放在一起形成零件组，制订统一的加工工艺过程。实施成组工艺，可以扩大生产批量，使先进、高效的生产设备和生产工艺得以应用，从而使多品种、中小批量生产可以取得接近大批量生产的经济效果。

采用成组加工和成组工艺，有利于设计和使用成组工艺装备。成组工艺装备是指经少许调整或补充，就能满足零件组内所有零件加工的各种刀具、夹具、模具、量具和工位器具的总称。长期以来，工艺装备与制造存在着周期长、成本高、使用效率低等矛盾，这些矛盾在多品种、中小批量生产中表现尤为突出。应用 GT，可使这一矛盾从根本上得到解决。

（3）建立成组生产单元

成组生产单元是实施 GT 的一种重要组织形式。在成组生产单元内，工件可以有序地流动，大大减少了工件的运动路程。更重要的是成组生产单元作为一种先进的生产组织形式，可使零件加工在单元内封闭起来，有利于调动组内生产人员的积极性，有利于提高生产率和保证产品质量。成组生产单元按规模、自动化程度和机床布置形式，可分为以下四种类型：

① 成组加工单机。成组加工单机是 GT 中生产组织最简单的形式。车间的机床布置仍然是机群式，其加工特点是围绕一台机床组织一组或几组工艺相似零件的加工。它是在一台机床上实施 GT，如果一组零件的全部工艺过程可以在一台机床上完成就成为单机封闭。一般六角车床和单轴六角自动车床是典型的成组加工单机，加工中心就是实现单机封闭形式的理想机床。

② 成组加工单元。在生产中单工序零件所占数量是有限的，大部分零件需在不同机床上进行若干道工序加工方可完成其工艺过程。成组加工单元（机床单元）是实施 GT 时为多工序零件提出来的一种生产组织形式。在用生产流程分析法划分工艺相似的零件组时，同时也可得到对应的机床组。成组加工单元是在车间一定的生产面积上，配置一组机床和一组生产工人，用以完成一定零件组的全部工艺过程。单元中的机床按工艺过程的顺序布置，相似零件不一定通过所有工序或机床，允许有"跳跃"。当改变加工对象时，只需对夹具和刀具作适当调整便可进行加工。成组加工单元的布置要考虑每台机床的合理负荷。如条件许可，应采用数控机床、加工中心代替普通机床。

加工单元与机群式的车间布置相比，可缩短工序间的工件运输距离，减少在制品库存量，缩短零件生产周期，降低生产成本。成组加工单元是高度自动化的 FMS 雏形，是富有生命力的组织形式，是成组加工中的一种中级形式。

③ 成组流水线。成组流水线与一般流水线的区别在于流水线上所加工的不是一种零件而是一组零件。这组零件的工艺相似程度很高，而且产量也较大。就组内每种零件而言，其在线上的加工节拍只是近似相等，因此不一定要按强迫输送方式流动，但零件在线上的流动应是单向的，不应有反向或跳跃。成组流水线是一种高级的生产组织形式，其优点是可以获得近似大批量生产的效益。

④ 成组柔性制造系统。这是一种高度自动化的成组生产单元，它通常由数控机床（或

加工中心）、自动物流系统和计算机控制系统组成，它没有固定的生产节拍，并可在不停机的条件下实现加工工作的自动转换。

（4）GT 在生产管理方面的应用

首先，成组生产单元是一种先进的、有效的生产组织形式。在成组生产单元内，零件加工过程被封闭起来，责、权、利集中在一起，生产人员不仅负责加工，而且共同参与生产管理与生产决策活动，使其积极性能够得到充分的发挥。

其次，按成组工艺进行加工，可使零件加工流向相同，这不仅有利于缩短工件运动距离，而且有利于作业计划的安排。对于同顺序加工的零件，其作业计划的制定有章可循，可以实现优化排序。

需要指出的是，采用 GT 方法安排零部件生产进度计划时，需打破传统按产品制订生产计划的模式，而代之以按零件组安排生产进度计划，这在一定程度上会给人工制订生产计划带来不便（相对于传统的计划方法）。这也是某些企业推行 GT 遇到的一个障碍，而克服这种障碍的有效方法除了要转变传统观念以外，采用新的计划模式和计算机辅助生产管理方法是必要的。

5.3 并行工程

5.3.1 并行工程产生的背景

（1）全球化市场对产品的开发提出了更高的要求

20 世纪 90 年代之后，网络技术迅速发展，信息技术、计算机技术、自动化技术的广泛应用促进了全球化大市场的形成。这种趋势对制造业的影响十分明显。国际化市场竞争的环境要求企业快速开发出满足用户需求的新产品并尽快上市，以把握市场先机，这已成为企业赢得市场竞争的一个关键因素，而那些不注重产品开发的企业将在市场竞争中处于劣势。质量、时间和成本是衡量产品开发成功的核心因素。一个企业要保持其市场竞争力，必须在尽可能短的时间内，将满足用户需求的高性价比产品投入市场。随着全球化市场竞争的日益激烈，产品的寿命周期变得越来越短，所提供的产品不仅越来越复杂，而且越来越多样，但批量却越来越小。在这样的周围环境中，将来所占的市场份额、内部的周转时间和创造价值的成本明显地取决于面向时间的开发设计。在激烈的市场竞争中，"不再是大吃小，而是快吃慢"，这个观点充分表达了时间这个因素的重要意义。

长期以来，在传统的产品开发方式中大都沿用顺序设计方法，遵循"概念设计→详细设计→工艺设计→加工制造→试验验证→设计修改"的大循环。这种传统串行产品开发模式存在很多弊端，典型特征就是"隔墙抛越"（Throw Over the Wall）（见图 5-8）。如部门之间的信息交流存在严重的障碍；产品开发过程存在很多不增值的环节；生产准备周期延长，更改反馈频繁；缺乏数字化产品定义、CAX/DFX 工具和上下游的信息集成；缺乏跨平台的产品数据管理工具，对大量工程图档和产品数据的管理与维护耗费了产品开发人员的大量精力，而且经常由于前后版本不一致而造成无法估量的损失。这种串行产品开发过程使产品的可制造性、可装配性或可维护性较差，从而导致设计改动量大、产品开发周期长、成本高。

（2）原有开发工作中的瓶颈

1）传统串行开发过程中存在的问题

① 在串行开发系统中，信息流动是单向的，设计、制造过程中缺乏必要与及时的信息反馈，各环节配合不够紧密，设计、制造不可能一次成功，致使在开发的后期才发现设计问题，造成大量返工。

产品开发部门　　　　　　　产品制造部门

图 5-8　传统串行产品开发模式

② 在串行工作过程中，由于不能及早完善地考虑过程控制问题，易造成产品质量难以控制。

③ 设计和工艺串行，工艺过程等待图样，造成生产启动较慢。

④ 在图样未下厂前，生产处于等待状态；在图样下厂后，由于受产品周期的限制，使工艺设计和工装设计所剩时间较短，更难以保证设计和制造模型的一致性。

2）传统产品开发管理方式存在的问题

① 有关人员分步介入产品开发过程，尤其是工艺、制造人员介入较晚，易造成较多的加工阶段问题。

② 在现行管理方式中，按专业设置课题组，没有完全按团队工作设置原则及多学科（专业）组成产品开发队伍，造成产品后期阶段协调增多，易返工多，成本高，产品周期长。

3）开发技术与环境存在的问题

① 图纸设计较多地依赖于工程师的经验和试验数据，并常常采用产品原型来验证设计的正确性，无法及早地全面考虑产品的可装配性和可制造性。由于设计的产品往往很复杂，人为差错率较高，在实际制造和装配过程中常常会遇到意想不到的问题，致使设计需要进行修改，甚至出现大规模设计返工。

② 结构分析没有及时介入设计，多为事后发现问题，要等设计修改后才能再分析，因此效率低下。由于设计与分析交流不及时，修改次数也有限。另外，修改设计的决策往往由设计人员凭借经验和判断力来确定，最后的设计方案可能是一个较好的方案，但不能保证是优化的方案。

③ 设计的版本管理和变更管理手段落后，技术文件种类较多，造成设计文件的不协调。

④ 集成手段差。设计、制造部门建立了独立的子系统，但各子系统之间缺乏必要的通信手段；部分软件按"孤岛"方式工作，缺少专用接口；设计评审、信息发布和反馈主要靠人工协调方式完成。

（3）并行工程的产生

随着竞争的日益激烈，企业迫切希望缩短产品开发周期、降低成本、提高质量。在这种形势下，当 CIMS 技术发展到一定程度时，以信息技术为基础的并行工程（Concurrent Engineering，CE）技术应运而生。CIMS 和 CE 并行工程在提高企业自动化水平、改善企业的 TQCSE 属性、增强企业的市场应变能力和竞争能力等方面发挥了重要的作用。CE 在国外一些企业中的应用已获得可观的经济效益，证明了它是解决企业产品开发过程的有效方法。CE 主要是针对产品开发领域而提出的解决方案。它以 CIMS 的信息技术为基础，通过组成多学科产品开发小组，改进产品开发过程，利用各种先进的计算机辅助工具和产品数据管理等技术手段，在产品开发的早期阶段就能尽早考虑下游的各种因素。它要求产品开发人员从一开始就考虑到产品全生命周期（从概念形成到产品报废）内各阶段的因素（如功能、制造、装配、作业调度、质量、成本、维护与用户需求等），并强调各部门的协同工作，通过建立各决策者之间有效的信息交流与通信机制，综合考虑各相关因素的影响，使后续环节中可能出现的问题在设计的早期阶段就被发现，并得以解决，从而使产品在设计阶段便具有良好的可制造、可装配、可维护及回收再生等方面的特性，最大限度地减少设计反复，缩短设计、生产准备和制造时间，力争产品设计开发一次成功。

CE 与传统生产方式的本质区别在于它把产品开发的各个活动作为一个集成的过程，从全局优化的角度出发，对该集成过程进行管理和控制，并且对已有的产品开发过程进行不断的改进与提高。

5.3.2　CE 的定义和特征

1988 年美国国家防御分析研究所完整地提出了 CE 的概念，即集成地、并行地设计产品及其相关过程（包括制造过程和支持过程）的系统方法。这种方法要求产品开发人员在一开始就考虑产品整个生命周期中从概念形成到产品报废的所有因素，包括质量、成本、进度计划和用户要求。

CE 的目标是提高产品质量、降低成本、缩短开发周期和产品上市时间。并行工程的具体做法是：在产品设计开发期间，组织多种职能协同工作的项目组，将概念设计、结构设计、工艺设计、最终需求等结合起来，使有关人员从一开始就获得对新产品需求的要求和信息；同时，积极研究涉及本部门的工作业务，并将所需要求提供给设计人员，使许多问题在开发早期就得到解决，从而保证了设计的质量，避免了大量的返工浪费。

CE 的特征主要表现在以下两个方面。

（1）及早地开始工作

CE 技术的主要特征是可以大大缩短产品开发和生产准备时间，使两者部分相重合，强调要学会在信息不完备情况下就开始工作。根据传统观点，人们认为只有等到所有产品设计图全部完成以后才能进行工艺设计工作，所有工艺设计图完成后才能进行生产技术准备和采购，生产技术准备和采购完成后才能进行生产。正因为 CE 强调将各有关活动细化后进行并行交叉，因此很多工作要在传统生产中认为是信息不完备的情况下开始进行。

（2）并行交叉

CE 强调产品设计与工艺过程设计、生产技术准备、采购、生产等种种活动并行交叉进行。并行交叉有两种形式：一是按部件并行交叉，即将一个产品分成若干个部件，使各部件能并行交叉进行设计开发；二是对每一单个部件，可以使其功能设计、工艺过程设计、生产技术准备、采购、生产等各种活动尽最大可能并行交叉进行。

这样并行交叉进行工作的好处是：

① 可以将错误限制在设计阶段。在产品寿命周期中，错误发现越晚，造成的损失就越大。

② CE 不同于传统的"反复试制样机"的做法，强调"一次达到目的"。这种一次达到目的是靠软件仿真和快速样件生成实现的，省去了昂贵的样机试制。

③ 由于在设计时已经考虑到加工、装配、检验、维修等环节中可能出现的问题因素，产品在上市前的成本将会降低，上市后的运行费用也会降低。

需要注意的是，CE 强调各种活动并行交叉，并不是也不可能违反产品开发过程必要的逻辑顺序和规律，不能取消或越过任何一个必经阶段，而是在充分细分各种活动的基础上，找出各自活动之间的逻辑关系，将可以并行交叉的尽量并行交叉进行。各项工作由与此相关的项目小组完成，小组成员除各自安排自身的工作外，可以定期或随时反馈信息并对出现的问题协调解决。反馈与协调依据适当的信息系统工具，贯穿于整个产品研制与开发期间，辅助整个项目的进行。

5.3.3　CE 的关键支撑技术

CE 是集成地、并行地设计产品及相关过程的系统化方法，它要求产品开发人员从设计一开始即考虑产品生命周期中的各种因素。并行工程中关键技术包括以下几方面。

(1) 并行产品开发过程建模、仿真与优化

并行工程把产品开发的各个活动作为一个集成的、并行的产品开发过程，强调下游过程在产品开发早期参与设计过程；同时对产品开发过程进行管理和控制，从而不断改善产品开发过程。

(2) CE 的集成产品开发团队

产品开发已由传统的部门制或专业组形式变为以产品为主线的多功能集成产品开发团队 (Integrated Product Team，IPT) 形式。

(3) CE 协同工作环境

在 CE 产品开发模式下，产品开发是由分布在异地的多学科小组共同完成的。多学科小组之间及多学科小组内部各组成人员之间存在着大量相互依赖的关系，CE 协同工作环境支持 IPT 的异地协同工作。协调系统用于各类设计人员协调和修改设计，传递设计信息，以便作出有效的群体决策，解决各小组之间的矛盾。产品数据管理（PDM）系统构造的 IPT 产品数据共享平台，能够在正确的时间将正确的信息以正确的方式传递给正确的人；基于 Client/Server 结构的计算机系统和广域的网络环境，使异地分布的产品开发队伍能够通过 PDM 和群组协同工作系统进行并行协作产品开发。

(4) 数字化产品建模与 CAX/DFX 工具

基于一定的数据标准，建立产品生命周期中的数字化产品模型，特别是基于 STEP 标准的特征模型。产品设计主模型是产品开发过程中唯一的数据源，用于定义覆盖产品开发各个环节的信息模型，各环节的信息接口采用标准数据交换接口进行信息交换。数字化工具定义是指广义的计算机辅助工具集，最典型的有 CAD、CAM、CAE、CAPP、CAFD（计算机辅助工装系统设计）、DFA（面向装配的设计）、DFM（面向制造的设计）、MPS（加工过程仿真）等。它们被广泛用于 CE 产品开发的各个环节，并在 STEP 标准的支持下，实现集成的、并行的产品开发。

5.3.4　CE 的应用

CE 组织跨部门、多学科的开发小组，在一起并行协同工作，对产品设计、工艺、制造等上下游各方面进行同时考虑和并行交叉设计，及时地交流信息，使各种问题尽早暴露，并共同加以解决，从而使产品开发时间大大缩短，质量和成本得到改善。据报道，国外某汽车企业采用 CE 后，使产品从开发到完成预定批量生产的时间从 36 个月缩短到 12 个月，设计和试制周期仅为原来的 50%。下面就以波音 777 飞机为例来详细阐述 CE 的应用。

（1）波音公司 CE 背景介绍

随着商业飞机的不断发展，波音公司在原有模式下的产品成本不断增加，并且积压的飞机越来越多。在激烈的市场竞争当中，如何用较少的费用设计制造高性能的飞机是波音公司面临的一大难题。资料分析表明，产品设计制造过程中存在着巨大的发展潜力，节约开支的有效途径就是减少更改、错误和返工所带来的消耗。一个零件从设计完成后，要经过工艺计划、工装设计制造、零件设计制造和装配等过程，在这一过程内，设计约占 15％的费用，制造占 85％的费用，任何在零件图交付前的设计更正都能节约其后 85％的生产费用。过去的飞机开发大都沿用传统的设计方法，按专业部门划分设计小组，采用串行的开发流程。大型客机从设计到原型制造多则十几年，少则七八年。

美国波音公司在 777 大型民用客机的开发研制过程中，运用 CIMS 和 CE，在企业南北地理分布 50km 的区域内，由 200 个研制小组形成了群组协同工作，产品全部进行数字化定义，采用电子预装配检查飞机零件，发现发生干涉 2500 多处，从而减少工程更改 50％以上。同时建立了电子样机，除起落架舱外成为世界上第一架无原型样机而一次成功飞上蓝天的喷气客机，也是世界航空发展史上最高水平的"无图纸"飞机。它与波音 767 的研发周期相比，缩短了 13 个月，实现了从设计到试飞的一次成功。

（2）波音公司 CE 实施特点

1）集成产品开发团队

波音公司在商业飞机制造领域已成功地推出 707～777 等不同型号飞机。在这些机型的开发过程中，组织模式在很大程度上决定了产品开发周期。图 5-9 表示了波音公司这些型号的客机通过实施 CE 以来开发的组织模式演变过程。

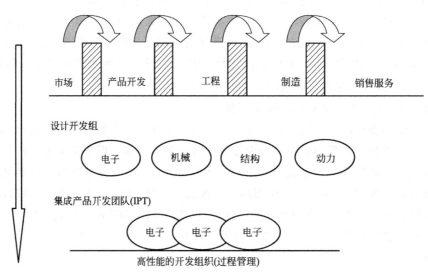

图 5-9　波音公司民用客机开发组织结构的演变过程

IPT 作为一种新的产品开发组织模式，与企业的文化背景和社会环境密切相关。IPT 包括各个专业的技术人员，他们在产品设计中起协调作用，最大程度地减少制造过程中出现的更改、错误和返工。

2）改进产品开发过程

波音公司在产品开发过程中，大量采用 CAD/CAM 系统，有效地减少了更改和设计返工的次数，设计进程也大大加快，从而带来了巨大的综合效益。波音 777 采用全数字化的产品设计，在设计发图前，设计出波音 777 所有零件的三维模型，并完成所有零件、工装和部件的数字化预装配（Digital Pre-Assembly，DPA）。同时，还采用其他的计算机辅助系统以保证开发过程顺利，如用于管理零件数据集与发图的 IDM 系统、用于线路图设计的 WIRS 系统、集成化工艺设计系统以及所有下游的发图和材料清单数据管理系统等。

3）主要的设计过程描述

① 工程设计研制过程。

设计研制过程起始于 3D 模型的建立，它是一个反复循环过程。设计人员利用 DPA 检查 3D 模型并完善设计，直到所有的零件配合满足要求为止。最后，建立零件图、部装图、总装图模型，设计研制过程需要设计制造团队来协调。

② DPA 过程。

DPA 利用 CAD/CAM 系统进行有关飞机零部件 3D 模型的装配仿真与干涉检查，同时确定零件的空间位置，并根据需要建立临时装配图。作为对 DPA 过程的补充，设计人员接受工程分析、测试、制造的反馈信息。DPA 模型的数据管理是一项庞大、繁重的工作，它需要一个专门的 DPA 管理小组来完成，以确保所有项目组成员能够方便地进入数据库并在发图前做最后的检查。利用整机预装配过程，全机所有的干涉能被查出，并得到合理解决。图 5-10 展示了波音 777 的 1600～1720 站位之间的 46 段，约 1000 个零件，在 12 个大型 CATIA 模型中进行 DPA 的示意图。

图 5-10　波音 777 的 DPA 过程

③ 区域设计。

区域设计是飞机区域零件的一个综合设计过程，它利用数字化预装配过程设计飞机区域的各类模型。区域设计不仅指零件干涉检查，而且包括间隙、零件兼容、包装、系统布置美学、支座、重要特性、设计协调情况等。区域设计由每个设计组或设计制造团队成员负责，各工程师、设计员、计划员、工装设计员都应参与区域设计。区域设计是设计小组或设计制造团队每个成员的任务，它的完成需要设计组、结构室、设计制造团队的通力协作。

④ 设计制造过程。

设计制造团队由各个专业的技术人员组成，在产品设计中起协调作用，最大程度地减少更改、错误和返工。

⑤ 综合设计检查过程。

综合设计检查过程用于检查所有设计部件的分析、部件树、工装、数控曲面的正确性。综合设计检查过程涉及到设计制造团队和有关质量控制、材料、用户服务和子承包商，一般在发图阶段进行。有关人员定期检查情况，对不合理的地方提出更改建议。综合设计检查是设计制造团队任务的一部分。

⑥ 集成化计划管理过程。

集成化计划管理是一个提高联络速度、制订制造工艺计划、测试及飞机交付计划的过程。集成化计划管理过程不但制订一些专用过程计划，而且对整个开发过程的各种计划进行综合。集成化计划的管理，将提高总体方案的能见度。

4）大量应用 CAD/CAM/CAE 技术，做到无图纸生产

采用 100％数字化技术设计飞机零部件；建立了飞机设计的零件库与标准件库；采用 CAE 工具进行工程特性分析；计算机辅助制造工程与 NC 编程；计算机辅助工装设计。

5）利用巨型机支持的 PDM 系统辅助并行设计

要充分发挥并行设计的效能，支持设计制造团队进行集成化产品设计，还需要一个覆盖整个功能部门的 PDM 系统的支持，以保证产品设计过程的协同进行，共享产品模型和数据库。

波音 777 采用一个大型的综合数据库管理系统，用于存储和提供配置控制，包括产品研制、设计、计划、零件制造、部装、总装测试和发送等过程有关数据，以及图形数据、绘图信息、资料属性、产品关系和电子检字等信息，同时对所接收的数据进行综合控制。

(3) 波音公司 CE 效益分析

波音公司并行设计技术的有效运用带来了以下几方面的效益：

① 提高设计质量，极大地减少了早期生产中的设计更改。

② 缩短产品研发周期，和常规的产品设计相比，并行设计明显地加快了设计进程。

③ 降低了制造成本。

④ 优化了设计过程，减少了报废和返工率。

5.3.5 CE 技术的发展趋势

经过多年的研究与工程实施，CE 技术思想、方法、工具取得了飞速的进展，从理论研究走向工程实用化，为企业获得市场竞争优势提供了有效手段。随着需求的进一步深入，在今后的一段时间内，CE 的发展主要集中在以下几个方面。

(1) 体系结构更加完备

CE 已经从传统的产品与过程设计的并行发展到产品、过程、设备的开发与组织管理的并行集成优化，集成范围更加广泛，而在此基础上，CE 的方法体系也将更加完备。

(2) IPT 及协同工作环境支持全球化企业动态联盟

团队技术发展十分迅猛，各种类型的团队和组织管理模式在发展中逐步统一和规范化。随着计算机网络技术的进展，项目管理软件功能的增加，集成框架、CAX/DFX、PDM/ERP、Internet/Intranet，以及协同工作环境与工具的飞速发展和应用领域的不断扩大，以 IPT 为核心的组织管理模式日益成熟。IPT 从企业内部走出，进一步发展为与客户和供应商共同工作，并在特定情况下与竞争对手合作。可以说，IPT 正在逐步发展为跨企业、跨地域，乃至遍布全球的规模。IPT 的组织管理方式也发生了根本变化，分散性和动态性更加明显。团队、计算机支持的协同工作（Computer Supported Cooperrative Work，CSCW）技术将有力支持全球化企业动态联盟。

（3）过程重组技术逐渐成熟、应用范围和规模不断扩大

随着信息技术的广泛使用（共享数据库、专家系统、决策支持工具、通信、过程建模仿真、网络技术等），以及 IPT、CSCW 等 CE 技术的发展，使得企业组织结构由金字塔形式逐渐变为扁平化，研究人员素质的提高，业务流程重组（Bussiness Process Reengineering，BPR）技术将逐渐成熟，应用范围和领域也不断扩大，过程重组也随之从单一企业的重组逐步走向世界范围内跨国经营过程重组。

（4）产品数字化定义技术、工具和支撑平台将日趋完善

研究人员的工作重点是进一步完善 CAX/DFX 理论，开发商正致力于实现数字化产品定义工具的实用化与通用化。产品全局数字化模型将更加完备，基于标准和特征技术实现集成化也将成为企业关注的中心。PDM 系统和支持 CE 的框架技术的功能将不断加强，跨平台的 PDM 系统和框架已经问世，同时，基于 Web 技术的系统成为其发展的新方向。

（5）实施模式与评价方法的系统化、规范化

随着 CE 的推广，实施模式与评价方法的研究也将逐渐加深，企业对实施模式与评价体系的系统化、规范化要求日益强烈。有关 CE 实施的通用方法、评价体系方面的研究都取得了很大的进展，系统化、规范化工作将进一步完善。

5.4 精益生产

第二次世界大战以后，日本汽车工业开始起步，但此时统治世界的生产模式是以美国福特为代表的大批量生产方式。这种生产方式以流水线形式生产大批量、少品种的产品，以规模效应带动成本降低，并由此带来价格上的竞争力。

当美国汽车工业处于发展的顶点时，日本的汽车制造商无法与其在同一生产模式下进行竞争，丰田汽车公司从成立到 1950 年的十几年间，总产量甚至不及福特公司一天的产量。与此同时，日本企业还面临需求不足与技术落后等严重困难，加上战后日本国内的资金严重不足，也难有大规模的资金投入以保证日本国内的汽车生产达到具有国际竞争力的规模。此外，丰田汽车公司在参观美国的几大汽车厂之后还发现，在美国企业管理特别是人事管理方面，存在着难以被日本企业接受之处。因此，鉴于当时的历史环境，在丰田汽车公司不可能、也不必要走大批量生产方式道路的情况下，以大野耐一等人为代表的创始者们，根据丰田自身特点，逐步创立了一种独特的多品种、小批量、高质量和低消耗的生产方式——精益生产。其核心是追求消除包括库存在内的一切浪费，并围绕此目标发展了一系列具体方法，逐步形成了一套独具特色的生产经营管理体系。

5.4.1 精益生产产生的背景

随着市场竞争的日益加剧及市场全球化的发展，制造技术已经成为衡量一个国家、部门、企业综合实力和科技发展水平的重要标志。工业发达国家普遍认为，在某种意义上，制造技术已成为国家、部门、企业命运的主宰。

20 世纪初，由美国人福特开创的大批量生产方式揭开了现代化大生产的序幕，引起了制造业的根本变革，使美国战胜了当年工业最发达的欧洲，成为世界第一大工业强国；经过半个多世纪的发展，日本通过推行精益生产方式而成为世界经济大国。精益生产方式自《改变世界的机器》一书出版以来，在世界工业界和学术界引起了广泛和深入的影响，在美、德等国产生了一批精益企业研究中心，对精益生产模式进行广泛深入的研究、示范、推广等工作。

日本丰田生产方式是日本丰田汽车公司在 20 世纪 50 年代提出并不断完善而形成的一种新的生产方式。50 年代日本战后经济困难，由日本丰田汽车公司的丰田英二与大野耐一，经过对美国和西方汽车公司的大批量生产方式与单件生产方式进行认真研究和科学分析对比后，并根据当时日本国内的实际情况和需要，综合多年的经验创造了一套与众不同的生产经营管理模式——丰田生产方式并付诸实施。其实质是在产品的开发、生产过程中，通过项目组和生产小组把各方面的人集成在一起，把生产、检验与维修等场地集成在一起，通过相应的措施做到：零部件协作厂、销售商和用户的集成；去除生产过程中一切不产生附加价值的活动投资，简化生产过程和组织机构；以最大限度的精简，获取最大效益；以整体优化的观点，使企业具有更好地适应市场变化的能力。从而不仅使丰田汽车公司成为世界上效率最高、品质最好的汽车制造企业，而且使整个日本的汽车工业以至日本经济达到今天的世界领先水平。丰田汽车公司的这种生产方式到 20 世纪 60 年代已经成熟，然而，直到 80 年代中期它才作为一种适用于现代制造企业的组织管理方法被正式提出，随后被美国学者称作精益生产（Lean Production，LP）并逐渐引起欧美许多国家的注意。

LP 方式是在日本丰田生产方式基础上产生，经过几十年的实践与总结而形成的先进生产模式。进入 20 世纪 80 年代，欧美各国由于无法阻止日本在世界经济地位上的快速上升，致使美国和西欧各工业国家开始对自己所依赖的生产技术产生怀疑。1985 年美国麻省理工学院（MIT）成立了"国际汽车计划（IMVP）"的专门机构，通过五年时间对美、日及一些欧洲国家的汽车工业进行了全面、深入的调研，并于 1990 年出版了《改变世界的机器》一书。IMVP 系统地分析了日本企业取得成功的原因，归纳出被美国人称为"Lean Production"的生产系统模式，并以日本汽车工业为例说明了 LP 方式的要素和对整个工业未来发展将产生的深远影响，认为造成日本与美国和欧洲各国在汽车工业发展上的差距不在于企业自动化程度的高低、生产批量的大小、产品种类的多少，根本原因在于生产方式的不同，日本汽车工业的成功是因为采用了新型的生产方式，即 LP 方式。专家们预言：LP 方式必将在整个工业领域中取代大批量生产方式及残存的单件生产方式，将对整个世界工业产生深远的影响。

LP 模式引起了美、欧等发达国家以及许多发展中国家的兴趣，从而被许多国家和企业所采用。LP 概念的出现在世界范围内掀起了研究先进制造系统模式的浪潮。日本制造业在 20 世纪 70～80 年代的崛起和美国 MIT 在 1990 年关于日本精益生产的调查报告给了德国人很大的震动。德国在 LP 方式的基础上进一步提出了分形企业和精益管理的思想，其中精益管理则要求整个企业的所有活动都必须面向用户。

5.4.2　LP 的定义和特征

LP 是通过系统结构、人员组织、运行方式和市场供求关系等方面的变革，使生产系统能快速适应用户需求的不断变化，并能使生产过程中一切无用、多余或不增值的环节被精简，以达到产品生命周期内的各方面最佳效果的生产方式。

LP 的基本目的是，要在一个企业里同时获得极高的生产率、极佳的产品质量和很大的生产柔性。在生产组织中，它与 20 世纪初美国企业采取的泰勒科学管理理论不同，不是强调过细的分工，而是强调企业各部门相互密切合作的综合集成。综合集成不仅限于生产过程本身，尤其重视产品开发、生产准备和生产之间的合作和集成。LP不仅要求在技术上实现制造过程和信息流的自动化，更重要的是从系统工程的角度对企业的活动及其社会影响进行全面的、整体的优化。换句话说，LP不仅着眼于技术，还充分考虑到组织和人的因素。

LP与技术性生产和大批量生产不同，它克服了二者的缺点，避免了技术性生产的高费用和大批量生产的高刚性，与之相适应的是生产技术的柔性化，这主要是依赖于数控、FMS和集成制造技术。因此，LP采用的是由多功能工作小组和柔性很高的自动化设备所组成的制造系统。

LP的一切基础是"精简"，与大批量生产相比，只需要一半的劳动强度、一半的制造空间、一半的工具投资、一半的开发时间，从而使库存和废品大量减少、产品品种大量增加。二者最大的区别在于追求的目标不同，大批量生产强调"足够"的质量，故总是存在缺陷，而LP则追求尽善尽美。把二者特点加以总结，给出表5-1所示的比较结果。

表 5-1 LP 与传统大批量生产方式比较

项目	LP 方式	大批量生产方式
生产目标	追求尽善尽美	尽可能好
分工方式	集成、综合工作组	分工、专门化
产品特征	面向用户和生产周期较短的产品	数量很大的标准产品
生产后勤	及时生产(JIT)的后勤支援	在所有工序均有在制品缓冲储存
生产质量	生产过程各个环节质保工作始终由工人进行	由检验部门事后进行质量检验
自动化	柔性自动化,但尽量精简	倾向于刚性和复杂的自动化
生产组织	加快速度的"同步工程"模式	依次实施顺序工程模式
工作关系	强调工作友谊、团结互助	感情疏远、工作单调、缺乏动力
供货关系	JIT 方式、零库存	靠库存调节生产
产品设计	并行方式	串行方式
用户关系	用户为上帝、产品面向客户	用户为上帝,但产品很少改变
供应商	同舟共济	无长期合作打算
雇员关系	终身雇佣,以企业为家	可随时解雇,无保证

与大批量生产方式相比，采用LP的优越性主要表现在：

① 所需人力资源无论是在产品开发、生产系统，还是工厂的其他部门，与大批量生产方式下的工厂相比，均能减至1/2。

② 新产品开发周期可减至1/2或2/3。

③ 生产过程的在制品库存可减至大批量生产方式下一般水平的1/10。

④ 工厂占用空间可减至采用大批量生产方式工厂的1/2。

⑤ 成品库存可减至采用大批量生产方式工厂平均库存水平的1/4。

⑥ 产品质量可提高3倍。

如果把LP体系看作是一幢大厦，那么大厦的基础就是计算机网络支持下的小组工作方式。在此基础上的三大支柱：一是及时生产（JIT），是缩短生产周期、加快资金周转、降低生产成本、实现零库存的主要方法；二是成组技术（GT），是实现多品种、小批量、低成本、高柔性、按客户订单组织生产的技术手段；三是全面质量管理（TQM），是保证产品质量、树立企业形象和达到零缺陷目标的主要措施（见图5-11）。

(1) 及时生产

及时生产指的是在需要的时候按需求量生产和搬运所需产品的生产方式。它避免了

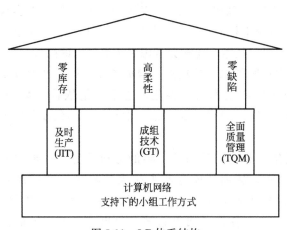

图 5-11　LP 体系结构

因需求变化而造成大量产品积压、贬值，以及由于次品在流水线上未被发现所造成的浪费，消除大量库存，避免无效劳动和浪费，从而达到缩短生产周期、加快资金周转和降低生产成本的目的。看板作为保证及时生产的工具，通过生产指令、取货指令、运输指令来控制和微调生产活动，使生产储备趋向于"零"。及时生产要求工人成为"多面手"，强调集体协作，注重团队精神。

（2）成组技术

成组技术已经成为生产现代化不可缺少的组成部分，是实现多品种、小批量、低成本、高柔性、按客户定单组织生产的技术基础。通过采用成组技术就能够组织混流生产、优化车间布置、减少产品品种的多样化，并可以通过产品的模块化、标准化来减少企业复杂度，提高企业的反应能力和竞争能力等。另外，精益管理中的面向过程的团队组织也与成组单元类似。

（3）全面质量管理

质量是企业生存之本，全面质量管理是保证产品质量，树立企业形象和达到零缺陷的主要措施，是实现 LP 方式的重要保证。全面质量管理认为产品质量不是检验出来的，而是制造出来的。它采用预防型的质量控制，强调精简机构，优化管理，赋予基层单位以高度自治权力，全员参与和关心质量工作。质量保证不再作为一个专业岗位，而是职工本职工作的一部分。预防型的质量控制要求尽早排除产品和生产过程中的潜在缺陷源，全面质量管理体现在质量发展、质量维护和质量改进等方面，从而使企业生产出低成本、用户满意的产品。

LP 采用灵活的生产组织形式，根据市场需求的变化，及时、快速地调整生产，依靠严密细致的管理，力图通过"彻底排除浪费"、防止过量生产来实现企业的利润目标。为实现 LP 极高生产率、最优质量和高度柔性的目标，必须首先实现零库存、高柔性（多品种）和零缺陷三个子目标，这三个子目标正是 LP 主要特征的集中体现。

1）零库存

事实上，一个充满库存的生产系统会掩盖系统中存在的各种问题。例如，设备故障造成停机，工作质量低造成废品或返修，横向扯皮造成工期延误，计划不周造成生产脱节等，都可以运用各种库存使矛盾钝化、问题被淹没。表面上看，生产仍在平衡进行，实际上整个生产系统可能千疮百孔。更可怕的是，如果对生产系统存在的各种问题熟视无睹、麻木不仁，长此以往，紧迫感和进取心将丧失殆尽。因此，日本人称库存是"万恶之源"，是生产系统设计不合理、生产过程不协调、生产操作不良的证明，并提出"向零库存进军"的口号。所以，零库存就成为 LP 追求的主要目标。

2）高柔性

高柔性是指企业的生产组织形式灵活多变，能适应市场需求多样化的要求，及时组织多品种生产，以提高企业的竞争能力。随着科学技术的迅速发展，新产品不断涌现，产品复杂程度也随之提高，而产品的市场寿命日益缩短，更新换代加速，大批量生产方式遇到了挑战。因为在大批量生产方式中，柔性和生产率是相互矛盾的。面对多变的市场，LP 方式必须以高柔性为目标，实现高柔性与高生产率的统一，为此，LP 首先应在组织、劳动力、设备三方面表现出较高的柔性。

① 组织柔性。20 世纪初开始形成的大量生产方式是将刚性的设备、低水平的劳动力、有限的通信和运输技术集成为一个集中管理、层次有序、具有较大权力的中央管理机构，这种体制现已走向衰落。在 LP 方式中，决策权力是分散下放的，而不是集中在指挥链上，它不采用以职能部门为基础的静态结构，而采用以项目小组为基础的动态结构。

② 劳动力柔性。当市场需求波动时，要求劳动力也应作出相应调整。LP 方式的劳动力是具有多面手技能的操作人员，在需求发生变化时，可通过适当调整操作人员的操作来适应短期的变化。

③ 设备柔性。与刚性自动化的工序分散、固定节拍和流水生产的特性相反，LP 采用适度的柔性自动化技术（数控机床与多功能的普通机床并存），以工序相对集中、没有固定节拍以及物料非顺序输送的生产组织方式，使 LP 在中小批量生产的条件下接近大量生产方式，既具有刚性自动化所达到的高效率和低成本，同时具有刚性自动化所没有的灵活性。

3）零缺陷

传统的生产管理很少提出零缺陷的目标，一般企业只提出可允许的不合格百分比和可接受的质量水平。它们的基本假设是：不合格品达到一定数量是不可避免的。而 LP 的目标是消除各种引起不合格品的原因，在加工过程中每一工序都要求达到最好水平。高质量来自于零缺陷的产品，"错了再改"得花费更多的资金、时间与精力，强调"一次就做好"非常重要。追求产品质量要有预防缺陷的观念，凡事一次就要做好，建立零缺陷质量控制体系。过去一般企业总是对花在预防缺陷上的费用能省则省，结果却造成很多浪费，如材料、工时、检验费用、返修费用等。应该认识到，事后的检验是消极的、被动的，而且往往太迟。各种错误造成需要重做零件的成本，常常是几十倍的预防费用。因此，应多在缺陷预防上下功夫，也许开始时多花些费用，但很快便能收回成本。

LP 的最终目标是追求零缺陷，是追求完美的历程，也是追求卓越的过程，这是支撑个人与企业生命的精神力量，是在永无止境的学习过程中获得自我满足的境界。日本丰田汽车公司有一句名言："价格是可以商量的，但质量是没有商量的"。

除了上述三个主要特征外，LP 在组织结构上打破了传统模式，采用工作小组方式，面向任务或项目组建工作小组，即在产品开发和生产过程中将设计、生产、检验等各方面人员集中在一起，形成集成的面向过程的团队组织，从而简化了产品开发与生产的整个过程，简化了组织机构。此外，通过改善团队组织单元间的相互通信、信息交流与共享关系，改善了团队中人员之间以及团队之间的合作与协同关系，消除生产活动中的不协调情况，全面提高整个系统的柔性和生产效率。

5.4.3 及时生产

及时生产（Just In Time，JIT）是 LP 的重要内容，在一个物流系统中，原材料要准确地提供给加工单元（或加工线），同样零部件也要准确地提供给装配线。零件必须不多不少，必须是合格品，必须是正需要的，提供时间必须准确无误。对于制造系统来说，这无疑是一种苛刻的要求，但这正是 JIT 追求的目标。

　　显然，如果每个生产工序只考虑自己，不考虑下一道工序需要什么，什么时候需要和需要多少，那么一定会多生产或少生产，不是提前生产就是滞后生产，甚至生产出次品或废品，这种浪费必然会降低生产效率和效益，而 JIT 却可以消除这种浪费。事实上，在超市和餐饮业早已实行这种及时制造、及时供货的方式，按照顾客具体需求有针对性地进货或者烹饪，绝不会事先准备一堆商品而造成浪费。丰田公司正是将这种经营原则用到制造系统中来，从而创造出 JIT 方式。

　　众所周知，制造系统中的物流方向是从零件到组装再到总装。丰田公司的大野耐一等人却主张从反方向来看物流，即从装配到组装再到零件。当后一道工序需要运行时，才到前一道工序去拿取正好所需要的那些坯件或零部件，同时下达下一段时间的需求量，这就是适时、适量、适度的生产。对于整个系统的总装线来说，由市场需求来适时、适量、适度地控制，并给每个工序的前一道工序下达生产指标，现场上利用看板（卡片或醒目的标志物）来协调各工序、各环节的生产进程。看板由计划部门送到生产部门，再传送到每道工序，一直传送到采购部门。看板成为指挥生产、控制生产的媒体。实施看板后，管理程序简化了，库存大大减少，浪费现象也得到控制。

（1）看板系统

　　看板系统是 JIT 的核心内容之一。它可以在一条生产线内实现，也可在一个公司或企业内实现，因此不仅应用在制造过程，也可应用在生产过程的各个环节。

　　使用最多的看板有两种：传送看板（拿取看板）和生产看板（订货看板）。传送看板标明后一道工序向前一道工序拿取工件的种类和数量，而生产看板则标明前一道工序应生产的工件种类和数量。

　　看板的工作过程如图 5-12 所示。一个由三道工序组成的生产流程，每道工序前后设有两个存件箱甲和乙，甲箱存放前工序已制成的、为本工序准备的在制品或零部件，乙箱则存放本工序已加工完成、以备下道工序随时提用的在制品或零部件，实线表示零部件的传送过程，虚线表示看板的传送过程。当产品装配工序Ⅲ的工人从Ⅲ甲箱中取出一个部件后，即从部件上取下附在上面的传送看板并到前一道工序（即部件装配工序Ⅱ）的乙箱中提取一个装配好的部件，将该传送看板附于其上，并将原先附在上面的生产看板取下交予工序Ⅱ的工人，工人拿到生产看板即开始生产，此时他将从Ⅱ甲箱中拿取零件准备进行部件装配，而将附在零件上的传送看板取下并到前一道工序（即零件加工工序Ⅰ）的乙箱中提取一个加工好的零件，附上该传送看板，放入Ⅱ甲箱中，同时将换下的生产看板交予工序Ⅰ的工人。工序Ⅱ的工人完成部件的装配后，要将生产看板附在其上并放入Ⅱ乙箱中。生产看板如同生产指令，工人拿到后即开始生产。

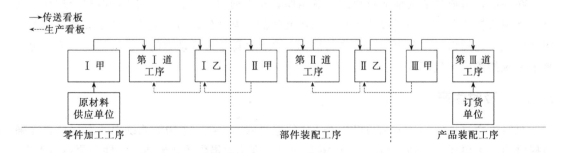

图 5-12　看板的工作过程示意图

很显然，这是一种"拉动式"的生产，即以销售（面向订货单位）为整个企业工作的起点，从后道工序拉动前道工序，一环一环地"拉动"各个环节，以市场需要的产品品种、数量、时间和质量来组织生产，从而消除生产过程中的一切松弛点，实现产品"无多余库存"以至"零库存"，最大限度地提高生产过程的有效性。

除以上两种看板以外，还有一些其他看板，如用于工厂和工厂之间的外协看板，用于标明生产批量的信号看板，用于零部件短缺场合的快捷看板，用于发现次品、机器故障等特殊突发事件的紧急看板等。

（2）看板必须遵循的规则

① 下道工序应当准时到前道工序领取适量的零件。为此，必须保证平稳的生产、合理的车间布置及工序标准化。

丰田汽车公司有两种取货方式：一种是方式定量而不定周期，例如一台减速器是由四种零部件组成的，则货车由装配站出发逐一到加工上述四种零部件的工作地各取一种，以便组装一台减速器；另一种方式为固定周期的取货方式，例如四个协作厂在同一个地区生产同一个组件所需的零件，因此它们的运货周期是一样的。假定每天必须给组装厂送四次货，则每个协作厂可以承担其中一次送货，送货时将本厂和其他三个厂的货一起送往组装厂，这样不仅减少了送货费用，而且也保证了组装厂及时生产。当然这必须要求四个协作厂距离均很近，交通运输畅通，如丰田汽车公司在美国选址的原则是必须距总装厂 5 小时行车的半径范围（约 500km）内，以便总装厂能够准时取货，减少库存。

② 前道工序必须及时适量地生产后道工序所需的产品。如果要同时生产几种不同类型的产品，其生产必须严格遵守看板订货或接收的顺序。为了实现这一点，前道工序必须多次进行生产准备，因此快速生产准备变得非常必要。

快速生产准备意味着将生产准备尽可能地减少，即 SUR（Setup Reduction，准备减少），其主要思路是将在线和离线的生产准备活动分开，并尽可能地将在线活动转变为离线方式完成。要具体实施 SUR，首先要将所有的生产准备工作列成清单，包括所需机器设备、注明准备步骤、所需工具、说明包括哪些活动、每项工作要做到什么地步、哪些属于离线、哪些属于在线状态。有了详尽的清单，可以在准备阶段分析研究出哪些在线活动可以进行细化，以便使其中更多部分转移到离线完成。

③ 绝对不能将次品和废品送给下一道工序。很显然，废次品送到下道工序，必定会造成后道工序停工待料，从而使整条生产线瘫痪。

④ 看板的数量必须控制到最少。因为看板流通数量的多少，是衡量一个生产线能够减少库存程度的标志，最少看板的数量意味着最少的库存量。

⑤ 看板应起到对生产幅度的微调作用，这样才能适应市场需求的小幅波动。从 JIT 拉动式的特点看出，生产计划的变更只需提供给总装线，其余各工序只要通过下道工序收到看板的变化，就可及时响应市场需求的微小变化。

5.4.4　LP 的应用

（1）LP 在国外的应用

日本的汽车工业及其他工业由于采用这种新的生产方式，很快达到了今天领先的经济地位。美国 IMVP 机构经过五年的调查研究后认为，LP 方式不仅仅适用于汽车工业，而且同样可以适应于其他工业。由大批量生产方式向 LP 方式的转变将对人类社会产生深远的影响,并将真正地改变世界。

多年来,日本产品逐渐把许多美国产品挤出了市场。例如,作为数控机床、加工中心、FMSCIMS 的诞生地,美国从 1946 年到 1981 年一直是世界上最大的机床生产国,占有世界机床产值的 29% 以上,但到了 1986 年美国已有一半的机床要进口,1994 年美国机床进口额位居世界第一,进口额的 44.6% 来自日本。再如美国的汽车工业,从 1955 年占世界总产量的 75% 降低到 1990 年的 25%。

LP 目前已在各国工业界和公众方面引起强烈的反响,很多发达国家对 LP 方式的研究已涉及到各种生产类型的许多行业中,形成了一股变革的浪潮。最先推广 LP 方式的是美国的制造业,如美国通用汽车公司、福特汽车公司,并逐步完善了自己的 LP 体制。美国宇航业采用 LP 方式生产战斗机、战斗运输机、导弹和卫星产品后,其研发周期大大缩短,费用也明显降低。德国也在 1992 年宣布要以 LP 方式统一制造技术的发展方向,已有 3/4 的企业准备全面推行 LP 方式。例如德国大众公司培训工人学习 LP 方式,连续改进千余项工艺,1993 年的生产率就提高了 25%。

(2) LP 在国内的应用

对于许多发展中国家来说,由于 LP 方式无需大量投资,是迅速提高其企业管理和技术水平的一种有效手段。随着我国社会主义市场经济的逐步发展,尤其是加入世界贸易组织后,国内企业面临着更为严峻的挑战,LP 方式为企业提供了一条发展之路。目前,LP 已先后在一汽集团、上海大众、东风汽车集团等企业得到推广,在这些企业实行的 JIT、减少库存、看板管理等活动都取得了很好的效果。

LP 也应用于我国的卫星集成化生产过程中,在产品开发初期阶段推行 GE 进行产品设计,利用 GT 进行快速变异设计,在制造阶段则利用 GT 进行生产重组,打破生产类型界限,按 JIT 组织生产,并在产品开发全过程中实施全面质量管理,从而降低了卫星的生产成本,缩短了开发周期,提高了产品质量,使我国卫星的市场竞争力大大增强。

5.5 敏捷制造

5.5.1 敏捷制造产生的背景

1991 年,美国政府为了在世界经济中重振雄风,并在未来全球市场竞争中取得优势地位,由国防部、工业界和学术界联合研究未来制造技术,并完成了《21 世纪制造企业发展战略报告》。该报告明确提出了敏捷制造 (Agile Manufacturing, AM) 的概念。AM 的基本思想是通过把动态灵活的虚拟组织机构或动态联盟、先进的柔性生产技术和高素质的人员进行全面集成,从而使企业能够从容应对快速变化和不可预测的市场需求,获得企业的长期经济效益。它是一种提高企业竞争能力的全新制造组织模式。AM 概念一经提出,就在世界范围内引起了强烈反响。可以说,AM 代表着 21 世纪制造业的发展方向。

1991 年以来,以美国为首的各发达国家对 AM 进行了大量广泛的研究。1992 年,由美国国会和工业界在里海大学建立了美国 AM 协会,该协会每年召开一次有关 AM 的国际会议。1993 年,美国国家自然基金会和国防部联合在 New York、Illinois 及 Texas 等州建立了三个 AM 国家研究中心,分别研究电子工业、机床工业和航天国防工业中的 AM 问题。目前,美国已有上千家公司、企业在进行 AM 的实践。

21 世纪要求每个企业不仅需要有对变化市场的快速响应能力,而且有不断通过技术创新和产品更新来开拓市场、引导市场的能力。这样才能在市场竞争中立于不败之地。敏捷的概念就是要提高企业的应变能力，提高其驾驭未来市场和竞争环境的能力，使其能从变化的调整中掌握主动并赢得竞争。敏捷竞争要求企业能最充分、有效地利用各种信息和现代技术，能通过并行工程和仿真技术的利用，通过对全生产过程的仿真模拟来实现第一个产品就是最优产品的目标，从而彻底取消原型和样机的试生产过程。敏捷性使企业能以更快的速度、更好的质量、更低的成本和更优质的服务来赢得市场竞争。

5.5.2　AM 的定义和特征

(1) AM 的定义

敏捷是指企业在不断变化和不可预测的竞争环境中，快速响应市场和赢得市场竞争的一种能力。AM 是指企业实现敏捷生产经营的一种制造哲理和生产模式。

AM 蕴涵着许多不同于传统生产方式的哲理和思想，主要表现在以下方面：

① 需求响应的快捷性。主要指快速响应市场需求（包括当前需求和可预知未来需求）的能力。

② 制造资源的集成性。不仅指企业内部的资源共享与信息集成，还指友好企业之间的资源共享与信息集成。

③ 组织形式的动态性。为实现某一个市场机会，将拥有实现该机会所需资源的若干企业组成一个动态组织，它随任务的产生而产生，并随任务的结束而结束。

AM 的基本工作原理是借助于计算机网络和信息集成基础结构，构造由多个企业参加的虚拟制造环境，以竞争合作为原则，在虚拟制造环境下动态选择合作伙伴，组成面向任务的虚拟公司，进行快速和最佳化生产。图 5-13 显示了虚拟制造环境与虚拟企业。当市场出现某种机遇时，处于动态联盟网络上的某几个企业以共同利益为基础联合起来，组成一个虚拟企业去响应市场。当任务完成后，虚拟企业自行解散。

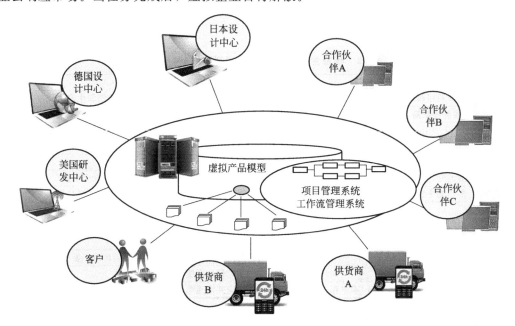

图 5-13　虚拟制造环境下的企业动态联盟示意图

美国制定发展 AM 战略以 2006 年为界，2006 年前是通过观念转变、组织与管理的革新、先进适用技术的推广应用，基本上完成从传统制造模式（大批量生产方式）向多品种变批量敏捷生产方式的转变；2006 年到 2020 年是利用新研究的先进制造技术与方法和支撑基础与社会环境，把制造业建立在革新了的制造企业、创新的产品、系统和装备基础上，实现美国在制造和经济方面领先的目标。美国国家研究委员会公布的《2020 年制造远景》中，提出制造业面对的六大挑战：

① 并行制造，实现快速生产。

② 人与技术、资源的集成与优化。

③ 及时准确的信息系统和把信息转变为知识。

④ 与环境的兼容性，把社会关注问题列入公司议事日程。

⑤ 可重组企业，建立动态公司常规组织结构和成员合作关系。

⑥ 革新过程。

与此相应的十大关键技术是：

① 可重组制造系统。

② 无损耗处理。

③ 新的物料加工（处理）过程。

④ 生物学制造方法。

⑤ 企业建模与仿真。

⑥ 信息技术。

⑦ 产品与过程设计方法。

⑧ 增强人机接口技术。

⑨ 人员培训与教育。

⑩ 智能合作系统软件。

AM 和 LP 都是先进的生产模式，两者之间存在许多共同之处，但也存在差异。表 5-2 即对两者的基本内容和主要特征进行了比较。

表 5-2 精益生产（LP）与敏捷制造（AM）的比较

精益生产(LP)	敏捷制造(AM)
按需生产，充分利用和增强大批量生产优势	打破大批量生产方式，采用大量定制生产方式
追求完美质量和零缺陷，使用户完全满意	适应用户需求，整个产品寿命周期用户满意
变批量、柔性生产、适应产品变化、缩短生产周期	更大柔性、模块化产品设计和模块化制造系统，生产用户化产品
注重技术与操作，实行连续改进	注重组织与人员，实现动态重组
聘用制，工龄工资，雇主与雇员风雨同舟	建立基于信任的雇佣关系，实行"社会合同"
权力下放，多功能小组，协同工作，扁平式管理	基于任务的组织与管理，多学科群体项目组
工厂及范围	涵盖整个企业范围，并扩展到企业之间
强调供应管理，与供应商建立长期稳定关系，利益共享，风险共担	采取竞争、合作策略，组建虚拟公司，以快速响应市场需求和提高竞争力
强调资源有效利用，消除冗余	强调在连续和不可预测变化的环境下发展
及时生产	准时信息系统，网络制造
依赖平稳生产进度计划，精确批量，零库存	适应并快速响应市场变化

由表 5-2 可见，尽管 LP 与 AM 在表现形式上存在差异，但是两者的基本原则和基本方法一致。AM 中的准时信息系统、多功能小组的协同工作、最少的转换时间、最低的库存量

以及柔性化生产等，使 AM 对市场变化具有高度适应能力。可以说，AM 企业一定是实施 LP 的企业。

（2）AM 的特征

1）新的管理思想

传统模式下的管理思想是"技术第一"、"设备至上"、"人是机器的附属"，管理者对下级、对员工以控制为主，成为利益冲突的对立面。工人被剥夺了思考的权力，只被允许做简单的繁重劳动，没有工作热情，对企业没有归属感，没有主人翁精神。

AM 模式的管理思想认为所有员工都应受到尊重，员工在职责范围内而非在控制下完成工作；认为没有员工的灵活性和创造性，就不会有快速反应，没有员工的工作热情，就不会有革新。

2）重视组织柔性

AM 模式的运行有赖于制造组织的不断创新，使组织具备柔性。只有采用网络结构的组织形式才能满足这一要求。网络结构组织既能通过改变内部结构来适应外界环境的不同要求，也能为其内部成员的自我完善提供发展空间与支持条件。网络组织结构虽与科层结构不同，但并非是对科层结构的绝对否定，而是在高层次上的扬弃。即大幅度缩减层次，以多中心取代一个中心，削弱控制功能而增加交互通信功能等。

网络结构组织的整体效能取决于三个基本要素，即组织单元质量、联结方式和结构形式。网络结构组织中的组织单元应是由若干"技术多面手"组成的工作团队。联结方式将组织单元集成为整体，其衡量指标有联结的手段（怎样联结）、联结的强弱（状态如何）和联结效率（效果如何）等。结构形式则体现了组织单元之间如何相互联结和相互作用，使网络结构组织发挥整体效能。就网络组织对市场环境而言，是"以变应变"的组织观念，即不一定非要统一的组织形式，只要由可以快速重组的工作单元构成扁平化的组织结构，以自治的、分布式的团队工作取代宝塔式的递阶层次即可。为了具有组织上的柔性，这些团队可以采取多种形式，除了内部多功能形式外，还可邀请供应厂商和用户加盟，甚至可与其他公司合作。没有一成不变的指导原则，但需保证提供必要的物质资源和组织资源。

3）文化氛围

采用团队为核心的扁平化结构，必然要引发企业内部文化的深刻变革。团队中的成员是平等的，只要他们认为有必要，可以同任何人沟通。团队具有高度的自治权，团队成员的工作是自觉的、主动的。经理的职能也不再是监督，而充当"教练"的角色，对小组成员加以指导。这种新型的"团队文化"提倡团队的荣誉感和对企业负责的主人翁精神，强调创造性与协调并重，重视人文关怀。在这种文化氛围的熏陶下，员工在经济方面、社会方面和自我实现方面的需求都能够不断地获得满足，从而充分调动员工的积极性和创造性。

4）组建虚拟公司

新产品投放市场的速度成为企业竞争中取得优势的关键。而在如此激烈的市场竞争环境下，任何企业都会感到势单力薄，因为已有的优势不可能面面俱到。虚拟企业是为了快速响应已经出现或根据预测即将出现的市场机遇，由几个企业联合形成的一个联盟，是在有限的时间和范围内进行合作的、相互信任、相互依存的临时性组织，故称为"动态联盟"。虚拟公司是某一时间段和某一市场需求的产物，当该市场需求消失之后，虚拟公司自然解体。

（3）AM 带来的变革

AM 不是凭空产生的，它是制造型企业为适应经济全球化和先进制造技术及其相关技术发展的必然产物，其基本思想和方法可以应用于绝大多数类型的行业和企业。制造型企业采用 AM 策略后，将在以下几个方面会引起明显的变革：

① 联合竞争。不同行业和规模的企业将会联合起来构造 AM 环境。在这个环境下每一个企业可以扬长避短，可以利用企业外部资源和技术发展自己，也可以与工业发达国家企业之间进行合作。在这种形势下，单一企业将无法与组成 AM 环境的企业集团进行竞争，从而形成某些 AM 集团主导若干行业的技术和产品的发展主流。

② 技术和能力交叉。AM 策略将促进制造技术和管理模式的交流和发展，促进各类行业中生产技术的双重转换和多种利用。企业内部的 FMC 单元将不受企业产品类型的限制，可以加工更多的零件，充分发挥各个制造单元的生产能力。

③ 环境意识加强。企业将采用绿色设计和绿色制造技术，自觉地保护生态环境。

④ 信息成为商品。在构成 AM 支撑环境的计算机网络上会出现各种信息中介服务机构，它们将向企业和客户提供各种咨询服务。某些中介机构还可以向企业提供标准零件库，进一步还将出现独立的设计服务机构，在获得认可后加入 AM 环境，向企业提供各种设计服务。

5.5.3　AM 的应用

图 5-14 是虚拟企业的一种 AM 实施方案，主要分为市场分析与技术评估、敏捷化设计、敏捷化制造合作、敏捷化后勤与合作、敏捷化销售与服务合作等功能。

该方案要求企业具有一定的敏捷化基础，具体要求如下：以成组技术为核心的产品结构简化和零件管理，包括 BOM（物料清单）管理和产品 ABC 分类管理（将零部件分为三类，A 类是与用户需求有关的特殊零部件，B 类为典型的变型零件，C 类是标准件和外协件）；基础上分类树管理；产品的编码；产品数据和产品技术文件的系统化；建立适用于变型设计的产品模型（包括产品的无参数结构设计图、参数表等）。

实施的软件及硬件支撑环境，包括宽带网络、管理信息系统、企业员工管理思想培训等。

该方案的核心业务过程如下：企业首先进行市场分析与技术评估，在需求预测和产品订单的基础上，按照市场需求、产品重要性、产品成本和技术难度等指标进行评价，将以上工程指标细化为对应的技术指标，之后进行敏捷化设计。

在产品开发过程（包括新产品设计和组合产品、变型产品设计）的基础上，以竞标方式得到产品初步设计方案，建立合作关系，采用群组合作方式，在产品模型基础上合作设计，本企业主要完成 A 类零部件的模块设计，合作企业主要完成 B 类零部件的模块设计。通过向下游的设计预发布，采用成熟的设计与工艺并结合物料情况，形成详细设计方案。然后，对设计方案进行技术经济评价，分析确定需要外购、外协的零部件，制订生产计划，动态调配资源组织制造活动。建立逻辑上的或实际的临时性功能组织，如企业综合调配中心，协调相应的组织关系、业务关系、动态配置资源，对企业的业务过程与产品信息进行集成管理。在生产系统与后勤方面做相应调整，增加生产系统柔性，采用设备的成组布置、通用与专用设备的合理搭配，与工艺规划的适当结合，提高制造的品种能力和数量能力，适应分工协作制造的要求。对系统运行情况进行监控与评价，不断改进系统性能。

随着全球经济一体化和信息科技的高速发展，"地球村"和全球化市场已经形成，客户的需求变得更加"挑剔"。企业面对用户"挑剔"、全方位、多层次的需求，要么快速满足，要么失去市场；同时国外核心能力强的企业也将会以虚拟的组织形式，争夺劳动力市场，倾销其低成本、高质量的产品。这种外部环境竞争程度的加剧，将给我国中小企业带来极大冲击和是否具有全球合作资格的挑战。挑战也是机遇，通过组织重组、管理创新和知识联网等企业再造工程，加强企业间的动态联盟合作。实现企业敏捷化将会使我国中小企业在应对外部环境变化的同时获得自身的快速发展，不同程度地解决我国中小企业现存的多方面问题。

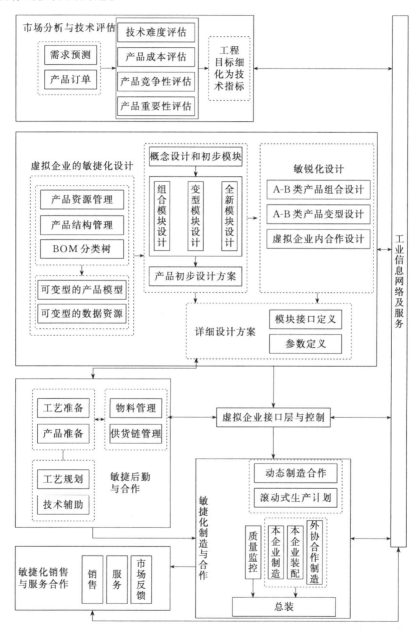

图 5-14　敏捷制造实施的一个框架性方案

（1）可以解决我国中小企业人才匮乏的问题

利用企业内外部信息、知识的网络化共享，可以消除企业部门、等级间的信息障碍，实现优势互补、合作，弥补中小企业知识资源和人力资源的匮乏。

（2）可以解决我国中小企业资金短缺的问题

利用动态联盟，可以实现互利合作，降低新产品开发的成本和风险，缩短产品开发周期，解决中小企业资金缺乏的"通症"。

（3）可以解决我国中小企业管理水平落后的问题

通过对企业进行的一系列敏捷化改造，将有利于中小企业的组织创新和管理创新，实现科学化管理，避免管理的"家族化"和"经验化"瓶颈。

5.6 计算机集成制造系统

5.6.1 计算机集成制造系统产生的背景

自从 20 世纪 50 年代，开始出现各种自动化设备和计算机辅助系统。之后随着控制论、电子技术、计算机技术的发展，开始出现数控机床，CNC、工作站、CAD/CAM、计算机仿真等工程应用系统。从 20 世纪 70 年代开始，计算机逐步进入到上层管理领域，开始出现了管理信息系统（MIS）、物料需求计划（MRP）、制造资源计划（MRP Ⅱ）等概念和管理系统。但是这些新技术的实施并没有带来人们预期的巨大效益，原因是它们离散地分布在制造业的各个子系统中，只能使局部达到自动控制和最优化，不能使整个生产过程长期在最优化状态下运行。

计算机集成制造（Computer Integrated Manufacturing，CIM）的概念是 1973 年首先由美国学者约瑟夫·哈林顿博士在《计算机集成制造》一书中提出的。其基本观点是：

①企业的各个生产环节，即从市场分析、产品设计、加工制造、经营管理到售后服务的全部生产活动是不可分割的整体，要紧密连接、统一考虑。

②整个制造过程实质上是对信息采集、传递、加工处理的过程，最终形成的产品可以看成是数据的物质表现。

计算机集成制造系统（Computer Integrated Manufacturing System，CIMS）是基于 CIM 哲理而组成的现代制造系统，是 CIM 思想的物理体现。

随着企业信息化的不断发展壮大，CIMS 概念逐渐被学者研究并应用于信息时代制造业的生产、经营和管理模式之中。它将企业中的人、技术和组织集成起来，把企业生产各个环节（包括市场预测、产品设计、制造、储运、管理、直到销售和售后服务等）中的计算机应用等高新技术集成起来，发挥总体优化作用，达到降低成本、提高质量、缩短交货周期、增强企业创新竞争力等目的，从而提高企业对市场的应变能力，在竞争中取胜。

5.6.2 CIMS 的定义及具体内容

（1）CIMS 的定义及特征

通俗地讲，CIMS 是以计算机为工具，以集成为主要特征的自动化系统。目前，有关 CIMS 公认的概念有以下几个方面：一是 CIMS 将制造企业的全部经营活动，即从市场分析、产品设计、生产规划、制造、质量保证、经营管理直至产品售后服务等，通过数据驱动形成一个有机的整体，使企业内各种活动互相协调地进行；二是 CIMS 不是各种自动化系统的简单叠加，而是通过计算机网络、数据管理技术实现各单元技术的集成；三是 CIMS 能有效地实现柔性生产。可以看出，数据驱动、集成、柔性是 CIMS 的三大特征。

系统集成优化是 CIMS 技术与应用的核心技术，因此可将 CIMS 技术的发展从系统集成、优化发展的角度划分为三个阶段：信息集成、过程集成和企业间集成，由此产生了并行工程、敏捷制造、虚拟制造等新的生产模式。

1）信息集成优化

信息集成主要解决企业中各个自动化孤岛之间的信息交换与共享，其主要内容有：一是企业建模、系统设计方法、软件工具和规范，二是异构环境和子系统的信息集成。早期信息集成主要是通过局域网和数据库来实现，目前则是采用 Internet/Intranet、产品数据管理（PDM）、集成平台和框架技术来进行实施。其中，基于面向对象技术、软构件技术和 Web 技术的集成框架已成为系统信息集成的重要支撑工具。

2）过程集成优化

传统的产品开发模式采用串行产品开发流程，设计与制造是两个独立的功能部门，缺乏数字化产品定义、DFX 工具以及 PDM，同时也缺乏支持群组协同工作的计算机与网络环境。并行工程较好地解决了这些问题，它组成多学科团队，尽可能多地将产品设计中的各个串行过程转变为并行过程，在早期设计阶段采用 CAX/DFX 工具以减少返工，缩短开发时间。

3）企业间集成优化

企业间集成优化是企业内外部资源的优化利用，实现敏捷制造，以适应知识经济、全球经济、全球制造的新形势。从管理的角度，企业间实现动态联盟，形成扁平式企业的组织管理结构和"哑铃型企业"，克服"小而全"、"大而全"，实现产品型企业，增强新产品的设计开发能力和市场开拓能力，发挥人在系统中的重要作用等。

企业间集成的关键技术包括信息集成技术、并行工程的关键技术、虚拟制造、支持敏捷工程的使能技术系统、基于网络（如 Internet/Intranet）的敏捷制造以及资源优化（如 ERP、供应链、电子商务）。

CIMS 是一个大型的复杂系统，包括人员/机构、经营、技术三要素。其中人员/机构包括组织机构及其成员，经营包括目标和经营过程，技术包括信息技术和基础结构（设备、通信系统、运输系统等使用的各种技术）。三要素之间的关系如图 5-15 所示，在三要素的相交部分需解决四类集成问题：

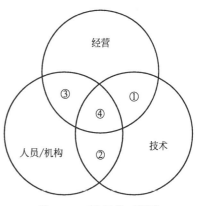

图 5-15　CIMS 的三要素

① 使用技术以支持经营。

② 使用技术以支持人员工作。

③ 设置人员/机构协调工作以支持经营活动；

④ 统一管理并实现经营、人员、技术的集成优化运行。

（2）CIMS 的组成和体系结构

通常认为，CIMS 由管理信息系统（MIS）、工程设计自动化系统（CAD/CAM）、制造自动化系统（FMS）、质量保证系统（Computer Aided Quality，CAQ）、计算机网络和数据库系统 6 个部分组成，其中 MIS、CAD/CAM、FMS 和 CAQ 称为功能分系统，计算机网络和数据库称为支撑分系统。图 5-16、图 5-17 分别表示 CIMS 的系统构成与各分系统的功能构成图。

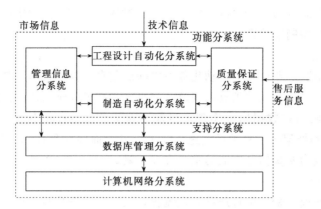

图 5-16　CIMS 的系统构成图

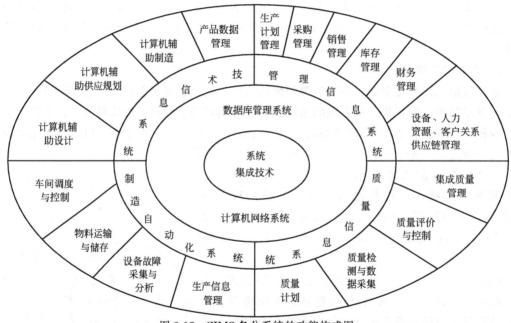

图 5-17　CIMS 各分系统的功能构成图

由于每个企业原有的基础不同，各自所处的环境不同，因此应根据企业的具体需求和条件在 CIMS 思想指导下进行局部实施或分步实施。下面就这六个分系统的功能要素作一简要介绍。

1) 六个分系统的功能要素

① 管理信息系统。具有预测、经营决策、各级生产计划、生产技术准备、销售、供应、财务、成本、设备、工具、人力资源等各项管理信息功能。通过信息的集成，达到缩短产品生产周期、减少库存、降低流动资金、提高企业应变能力的目的。

② 工程设计自动化系统。用于计算机辅助产品设计、工艺设计、制造准备及产品性能测试的工作，即 CAD/CAPP/CAM，目的是使产品开发活动更高效、更优质地进行。

③ 制造自动化系统。它是 CIMS 中信息流与物流的结合点，它以 FMS 为基础，是 CIMS 最终产生效益的集聚地，其功能包括生成作业计划，进行优化作业高度控制，生成工

件、刀具、夹具需求计划，进行系统状态监控和故障诊断处理。通过管理与控制，实现多品种、中小批量产品生产的柔性化、自动化，提高生产率，优化生产过程。

④ 质量保证系统。它包括质量决策、质量检测与数据采集、质量评价、控制和跟踪等功能。该系统保证从产品设计、制造、检测到后勤服务的整个过程的质量。以实现高质量、低成本，提高企业竞争力。

⑤ 计算机网络。计算机网络提供 CIMS 各功能分系统信息互通的硬件支撑，它是 CIMS 信息集成的关键技术之一。采用国际标准和工业标准规定的网络协议可以保证实现异种机、异构网络之间的互联，从而为企业不同时期或从不同供应厂商购买的硬件产品实现信息集成提供基础。

⑥ 数据库。数据库是保证 CIMS 各功能应用系统之间信息交换和共享的基础，它是一个逻辑上统一，物理分布上保证数据一致性、安全性、易维护性的数据管理系统。

2）CIM-OSA 体系结构

CIM-OSA（计算机集成制造-开放系统体系结构）由原欧共体 ESPRIT 计划专题提出，它是一种面向 CIMS 全生命周期，包括系统需求分析、系统定义、系统设计、系统实施、系统运行的体系结构（见图 5-18）。由图可见，CIM-OSA 由通用程度维、企业视图维和生命周期维三维空间组成。

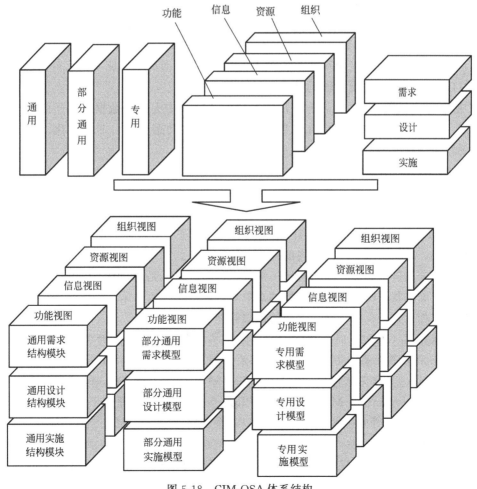

图 5-18　CIM-OSA 体系结构

① 通用程度维分为通用层、部分通用层和专用层。通用层由 CIM-OSA 的基本结构构成，包括通用的 CIMS 元件集、约束规则、术语和协议等；部分通用层包括适用于不同类别工业（如航空、汽车等）及不同企业规模、不同企业加工产品类型的 CIMS 参考结构及其选择方法；专用层是对通用层和部分通用层结构逐步具体化。

② 企业视图维分为 4 个视图：功能视图（CIMS 运行状态和功能结构的规范化描述）、信息视图（CIMS 活动有关产品计划、控制等信息的规范化描述）、资源视图（CIMS 活动所需资源集的规范化描述）和组织视图（CIMS 多级组织结构）。

③ 生命周期维分为需求定义层、设计说明层和实施描述层，三者都可用企业的 4 个视图维来描述。一个具体企业的 CIMS 体系结构则是对相应的通用程度维、企业视图维和生命周期维的逐步具体、逐步生成和逐步推导的创建过程。

CIMS 的实现就是物流与信息流的有机结合。物流的实现是 CIMS 的物质基础（或称为硬件环境），而信息流则是使所有物流得以集成为有机整体的关键和保证。如果把 CIMS 比喻为身体健康且头脑聪明的人，那么 CIMS 中的物流就可比喻成躯体，而信息流可比喻为使人充满智能与活力的神经及血液系统。在 CIMS 的递阶结构的各个层次，即从厂级、车间级直至工作站和设备各层次都布满了计算机、计算机网络及数据库，从事对全厂生产的规划、设计、加工制造、质量控制、底层自动化等一系列的管理与控制活动，这些信息通过计算机网络及时地相互交换、传送，遍布于整个物流过程，对物流的集成起着控制与保证作用。

信息集成是通过数据驱动来实现的。CIMS 数据管理强调系统的总体信息集成。在实现 CIMS 技术的工厂、企业、公司中，按照系统工程"总体优化"的观点，对全部数据加以统一分析、规划并做出管理数据的决策，从而保证正确、及时的数据驱动，支持信息集成。

(3) CIMS 环境下数据管理的特点

① 复杂多数据类型。包括事务管理数据类型（MIS 中大部分数据都属于此类）和工程数据类型，其中工程数据类型具有种类多、类型复杂、动态变化、非结构化、统计性等特点，它的管理难度最大。

② 数据管理软件功能差异大及非标准化。在开发之前，各分系统采用不同的软件开发环境及不同的标准，解决局部数据管理问题。在此基础上开发 CIMS，解决信息交换存在的障碍。

③ 分布数据管理。分布在各台计算机上的数据管理系统需要借助网络的支持建立分布数据管理系统，才能实现全厂范围内的数据与信息交换。

为了实现全局信息集成，要求有统一的信息模型。也就是说，在 CIMS 全系统功能分析的基础上，明确需要进行全局信息交换的对象集合和范围之后，采用一体化的、统一的描述框架来描述其相互关系，以便建立相应的数据管理系统。

产品数据管理（PDM）是一种关键的使能技术，它可以用于支持各种项目的实施（包括 CIMS、CE 和业务流重组等）。PDM 可以看作是工程数据管理（Engineering Data Management，EDM）、工程文献管理（Engineering Reference Management，ERM）、产品信息管理（Product Information Management，PIM）、技术信息管理（Technical Information Management，TIM）等的一种通用扩展。PDM 系统跟踪设计、制造、加工以及产品维护、服务所需四大类数据和信息。更具体地说，这些信息包括了零件说明、BOM 表、配置（结构）、文档、CAD 文件和授权信息等。PDM 控制了所有与产品定义及管理相关的过程，包括授权信息及发布信息。

　　企业的生存和发展都是围绕产品而进行的，产品是企业的数据源。作为产品的数据源头，CAD 在产品制造、生产供应、产品销售、目标成本中也存在数据一致性的问题，即 CAD 本身也存在协调和并行工作的统一问题。如何解决 MIS、MAS（Mobile Agent Server，移动代理服务器）、QIS（Quality Information System，质量信息系统）、TIS（Technical Information System，技术信息系统）相互集成的瓶颈，PDM 提供了一种新的技术方法并使其自身成为新的 CIMS 框架中一个重要系统，其结构如图 5-19 所示。

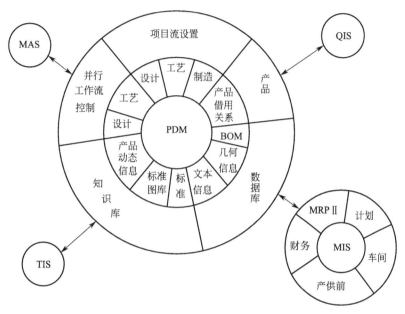

图 5-19　基于 PDM 的 CIMS 框架

　　当前国外很多工业集团（如欧洲空客、美国 ABB、美国波音等）已成功地实施了企业级 PDM。实践证明，PDM 系统不仅仅是面向设计，更重要的是它也面向管理，是设计和管理系统的桥梁和纽带。现行的 MRPⅡ软件虽已发展到包括企业产供销、人财物等全面的信息管理，但其基本思想终究是解决在市场竞争中产品的资源合理调配问题。而对现代企业管理而言，这一高度是不够的。现代企业大多是"哑铃型"结构，使产品在设计阶段的设计成本、财务成本、销售成本能够得到及时反映，因此将扮演重要角色。

（4）CIMS 实施的关键技术

　　CIMS 作为一种新兴的高新技术，使得企业在实施的过程中必然会遇到一些技术难题。这些技术难题就是实施的关键技术，主要有以下两大类：

　　① 系统集成。CIMS 要解决的问题是集成，包括各分系统之间、分系统内部、硬件资源、软件资源、设备与设备之间、人与设备之间的集成等。在解决这些集成问题时，需要进行必要的技术开发，并充分利用现有的成熟技术，充分考虑系统的开放性与先进性的结合。

　　② 单元技术。CIMS 中涉及的单元技术很多，许多单元技术解决起来难度很大，对于具体企业，应结合实际情况，根据企业技术进步的需要进行分析，提出在该企业实施的具体单元技术难题及其解决方法。

5.6.3 CIMS 的发展趋势

从 CIMS 概念提出一直到 20 世纪 80 年代末，人们普遍把 CIMS 看作全自动化系统，并一直向这个方面努力，但实践效果不理想。在走了不少弯路之后，人们开始重新认识 CIMS，并不断赋予 CIMS 很多新的概念，如并行工程、精益生产、敏捷制造等。新一代 CIMS 并不过分强调物流自动化，而是强调以人为中心的适度自动化，强调人、技术、管理三者的有机集成，充分发挥人的主观能动性。

对于每个具体企业，CIMS 的组成不必求全，应按企业的经营、发展目标及企业在经营、生产中的瓶颈选择相应的功能分系统。对多数企业而言，CIMS 的应用是一个逐步实施的过程。随着市场竞争的加剧和信息技术的飞速发展，企业的 CIMS 已从内部的 CIMS 发展到更开放、范围更大的企业间的集成。如设计自动化分系统，可以是互联网下的异地联合设计；企业的经营、销售及服务也可以是基于网络的电子商务（Electronic Commerce，EC）和供应链关系管理（Supply Chain Management，SCM），产品的加工制造也可以实现基于网络的异地制造。这样，企业内、外部资源可以更充分地进行利用，有利于以更大的竞争优势响应市场。

5.7 虚拟现实(VR)技术

为了适应多变的市场需求、提高竞争力，现代制造企业必须解决产品 TQCSE 属性方面的难题，即以最快的上市速度、最优的产品质量、最低的市场成本、最优的售后服务来满足不同客户的需求。随着计算机、图形图像处理、传感器、人体工程学、多媒体等技术的飞速发展，为可视化和人机交互技术的突飞猛进创造了条件。虚拟现实（Virtual Reality，VR）技术就是在这样的背景下应运而生的。在 VR 系统中，用户与虚拟世界之间的交互可以通过特殊的输入/输出设备来实现，系统自动识别用户各种形式的输入，并实时生成相应的反馈信息。VR 技术是一个具有巨大应用前景的高新技术。VR 技术几乎是所有发达国家都在大力研究的前沿技术，其发展也非常迅速，在军事、医疗、航空航天、教育培训、城市规划、娱乐游戏、商业等方面都有所应用。

5.7.1 VR 技术概述

VR 技术是以人机交互的形式，给用户提供诸如视觉、听觉、触觉等实时感知，使用户能够直接地观察与感知虚拟世界的内在变化，并与虚拟世界中的人及物体进行自然交互并得到实时反馈的一种模式。

狭义的 VR 技术是指一种先进的人机交互方式，强调人以感受真实世界的方式来感受计算机生成的虚拟世界，具有身临其境的感觉。广义的定义认为 VR 技术不仅仅是一种人机交互接口，更主要的是对虚拟世界内部的模拟，人机交互采用 VR 的方式，对某个特定环境真实再现后，用户通过自然的方式接受与响应模拟环境的各种感官刺激，与虚拟世界中的人及物体进行思想和行为等方面的交流。

VR 技术具有三个明显的特性：沉浸性、交互性和想象性。沉浸性是指用户感觉到好像完全置身于虚拟世界，被虚拟世界所包围。交互性是指用户以自然的方式（如行走、抓取等）与虚拟世界进行交互，这与传统的鼠标、键盘等交互方式具有显著区别。想象性是指虚拟的环境是人想象出来的，同时这种想象体现了设计者的思想，因此可以用来实现一定的目标。

在实际应用中，根据沉浸程度的高低和交互程度的不同，可以把 VR 系统划分为 4 种典型类型：沉浸式、桌面式、增强式和分布式 VR 系统。

沉浸式 VR 系统是一种高级的、较理想的 VR 系统，它提供完全沉浸的体验，使用户有一种仿佛置身于虚拟与真实世界之间的感觉。它通常采用立体显示装置或头盔式显示器等设备，首先把用户的视觉、听觉和其他感觉封闭起来，并提供一个新的、虚拟的感觉空间，利用空间位置跟踪器、数据手套、三维鼠标等输入设备和视觉、听觉等设备，使用户产生一种身临其境、完全投入和沉浸于其中的感觉。图 5-20 为在 2015 全球游戏开发者大会（2015 GDC）上，美国智能眼镜公司 VUZIX 推出的 IWear 720 虚拟现实头盔，给游戏玩家提供更加广阔的视野和逼真的图像。为增加 VR 体验，美国 Facebook 旗下子公司 Oculus VR 推出了一款拥有虚拟现实嗅觉的头盔，这款名为 Nirvana Helmet 的头盔内置有 7 种不同气味发生器的墨盒，能够提供包括大海、丛林、大火、草地、火药、鲜花和金属 7 种气味，并通过气味、水雾、震动、风、模拟热等形式带给体验者更丰富的五官感受，让其实时感受到如风暴、雷电、下雨、撞击、喷洒水雾等与立体影像对应的事件（见图 5-21）。

图 5-20　IWear 720 虚拟现实头盔　　　　图 5-21　Nirvana Helmet 虚拟现实嗅觉头盔

桌面式 VR 系统也称窗口 VR 系统，是利用个人计算机或初级图形工作站等设备，以计算机屏幕作为用户观察虚拟世界的一个窗口，采用立体图形、自然交互等技术，产生三维立体空间的交互场景，通过包括键盘、鼠标和力矩球等各种输入设备操纵虚拟世界，实现与虚拟世界的交互。桌面式 VR 系统对硬件设备要求较低，实现成本相对较为低廉，因此应用较为普遍（见图 5-22，图 5-23）。

增强式 VR 系统允许用户在看到真实世界的同时也可以看到叠加在真实世界上的虚拟对象，它是把真实环境和虚拟环境组合在一起的一种系统，既可减少构成复杂真实环境的开销，又可对实际物体进行操作，真正达到了亦真亦幻的境界。在增强式 VR 系统中，虚拟对象所提供的信息往往是用户无法凭借其自身感官直接感知的深层信息，用户可以利用虚拟对象所提供的信息来加强现实世界中的认知。典型的实例是医生在进行虚拟手术时，戴上可透视性头盔式或其他交互设备，既可看到手术现场的情况，也可以看到手术中所需的各种资料（见图 5-24）。

图 5-22　日本 NEC 公司手势控制文件传输技术　　　　图 5-23　韩国三星公司 Haptic 触力反馈技术

　　分布式 VR 系统是 VR 技术和网络技术发展和结合的产物，目标是在沉浸式 VR 系统的基础上，将分布在不同地理位置上的多个用户或多个虚拟世界通过网络连接在一起，使每个用户同时参与到一个虚拟空间，通过网络与其他用户进行交互、共同体验虚拟经历，以达到协同工作的目的。它将 VR 的应用提升到了一个更高的境界。典型应用是美国国防部 SIMNET 虚拟战场系统，该系统由武器仿真器通过网络连接而成，用于部队的联合训练。通过 SIMNET，位于德国的仿真器可以和位于美国的仿真器运行在同一个虚拟世界，参与作战演习（见图 5-25）。

图 5-24　医学增强式虚拟现实系统　　　　　　　图 5-25　SIMNET 武器仿真器

5.7.2　虚拟样机技术

（1）虚拟样机技术概述

　　虚拟样机技术是一种基于产品计算机仿真模型的数字化设计方法，这些数字模型即虚拟样机支持并行工程方法学。虚拟样机技术涉及多体系统运动学与动力学建模理论及其技术实现，是基于先进的建模技术、多领域仿真技术、信息管理技术、交互式用户界面技术和 VR 技术的综合应用技术。虚拟样机技术是在 CAX/DFX 技术基础上的发展，它进一步融合信息技术、先进制造技术和先进仿真技术，并将这些技术应用于复杂系统的全生命周期和全系统，以便对系统进行综合管理。从系统层面来分析复杂系统，虚拟样机支持"由上至下"的复杂系统开发模式。利用虚拟样机代替物理样机对产品进行创新设计、测试和评估，可缩短开发周期，降低成本，改进产品设计质量，提高面向客户与市场需求的能力。

　　与传统设计与制造过程相比，虚拟样机技术是从分析解决产品整体性能及其相关问题的角度出发，以解决传统设计与制造过程弊端的高新技术。在该技术中，工程设计人员可以直接利用 CAD 系统所提供的各种零部件的物理信息及其几何信息，在计算机上定义零部件间的约束关系并对机械系统进行虚拟装配，从而获得机械系统的虚拟样机。使用系统仿真软件在各种虚拟环境中真实地模拟系统的运动，并对其在各种工况下的运动和受力情况进行仿真分析，观测并试验各组成部分的相互运动情况。利用虚拟样机技术可方便地修改设计缺陷，仿真试验不同的设计方案，对整个系统进行不断改进，直到获得最优设计方案后再制造物理样机。

　　尽管虚拟样机技术在现阶段仍存在有局限性，但是它在改善产品开发模式上具有很大的潜力，这源于该技术的诸多优点：用于产品开发的全生命周期，并随着产品生命周期的演进而不断丰富和完善；强调在系统层次上模拟产品的外观、功能以及特定环境下的行为；可以在相同时间内试验更多的设计方案，从而易于获得最优设计方案；涉及的设计领域广，考虑也较周全；支持产品的全方位测试、分析与评估；可以辅助物理样机进行设计验证和测试；减少产品开发时间与开发后期的设计更改，使整个产品的开发周期最小化；减少设计费用。

（2）虚拟样机技术的应用

　　目前，在汽车制造、工程机械、航空航天、造船、航海、机械电子和通用机械等众多领域，虚拟样机技术都得到广泛应用。其中，在工程中的应用是通过界面友好、功能强大、性能稳定的商业化虚拟样机软件实现的。

　　美国波音飞机公司的波音 777 飞机是世界上首架以无图纸方式研发及制造的飞机，其设计、装配、性能评价及分析均采用虚拟样机技术。这不但使研发周期大大缩短（其中制造周期缩短 50％）、研发成本大大降低（如减少设计更改费用 94％），还确保了最终产品一次安装成功。美国海军的 NAVAIR/APL 项目，利用虚拟样机技术，实现了多领域多学科的设计并行和协同，并形成协同虚拟样机技术。研究人员发现，协同虚拟样机技术不仅使产品的上市时间缩短，还使产品的成本减少了 20％。在我国机械制造领域，虚拟样机技术也有非常广泛的应用，如具有加工过程仿真和工艺参数实时显示功能的虚拟加工样机，模拟各类农产品收获及相应加工过程的农用设备等，这些都实现了具体产品及产品设计方法的创新，取得了良好效果（见图 5-26、图 5-27）。

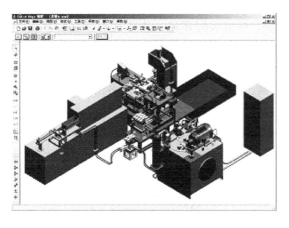

图 5-26　虚拟样机

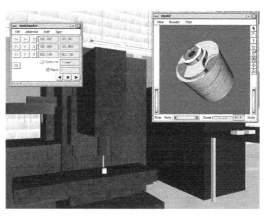

图 5-27　虚拟加工

国外虚拟样机相关技术软件的商业化过程已经比较成熟，其中较有影响的软件包括美国 MSC 公司的 ADAMS、美国 Ansys 公司的 Ansys、比利时 LMS 公司的 DADS 以及德国航天局的 SIMPACK 等。其他软件还有 Working ModeI、Flow3D、IDEAS、Phoenics 和 Pamcrash 等。由于机械系统仿真提供的分析技术能够满足真实系统并行工程设计要求，通过建立机械系统的模拟样机，使得在物理样机建造前便可分析出它们的工作性能，因而其应用日益受到国内外机械领域的重视。

5.7.3　虚拟装配技术

(1) 虚拟装配技术概述

虚拟装配是最近几年才提出的一个全新的概念。狭义的虚拟装配就是在虚拟环境中快速把单个的零件或部件组装形成产品的方法。广义的虚拟装配是指在虚拟环境中，如何使设计人员方便地进行结构设计、修改，让设计人员更专注于产品功能的实现，其针对虚拟设计中整个产品生命周期，也就是本书 3.4.2 所介绍的面向装配的设计（DFA）。虚拟装配包含着以狭义的虚拟装配为主要研究对象的自底向上的设计过程和以广义虚拟装配为主要研究对象的自顶向下的设计过程。

采用虚拟装配技术可以在设计阶段就验证零件之间的配合和可装配性，保证设计的正确性，在装配模型和装配建模工具的支持下，一次就可设计、制造成功一个具有几十万个零部件的庞然大物，极大地缩短开发周期和节约开发成本。利用虚拟装配技术，在计算机上将设计得到的 3D 模型预装配到一起，可以避免物理原型的应用，可对零部件进行干涉检验，减少样品的利用率，最关键的是能在产品设计过程中利用分析、评价、规划、仿真等技术手段充分考虑产品的装配环节以及与其相关的各种因素的影响，在满足产品性能与功能的条件下改进产品的装配结构，使设计出的产品符合装配要求，并尽可能降低装配成本和产品总成本，减少设计所需时间。同时在产品设计完成以后，进行总装检测，检查产品的可装配性，进而优化产品设计精度、制造精度和成本之间的性价比。

(2) 虚拟装配系统结构

虚拟装配系统（见图 5-28）是现实世界装配系统向多维信息化空间的一种映射，主要包括基本模型构建、空间跟踪、声音定位、视觉跟踪和视点感应等关键技术，这些技术使得真实感虚拟装配世界的生成、虚拟装配环境对用户操作的检测和操作数据的获取成为可能。建立虚拟装配系统的目的是：在计算机上生成一个虚拟装配环境，该环境与外部传感器相连，能够把用户指令和各种信息及时输入到系统中，也能把虚拟环境中的各种效果（如视觉、听觉、受力、触觉等）传输给用户，实现用户和虚拟环境感觉的交互，给予用户身临其境之感。在虚拟装配环境中可以完成虚拟装配建模、虚拟装配顺序规划、路径规划和装配过程仿真、装配结果分析等功能。

(3) 虚拟装配运动规划

装配路径是零部件在虚拟装配空间中的运动轨迹。进行装配运动轨迹规划，目的是实现无碰撞、无干涉装配，起到保护零件和更快速、更有效地装配的作用。无论是对人工装配，还是自动化装配、柔性装配或机器人装配，都需要进行装配运动规划。人工装配无需拟定路径清单，装配路径很大程度上取决于装配人员的经验和感觉，而对后两种装配来说，须明确设定装配运动轨迹，从而协调机器、多个被装配零部件或者机器人的动作，以避免相互碰撞。求解装配运动中的最佳轨迹，是装配运动规划的一个重要问题。

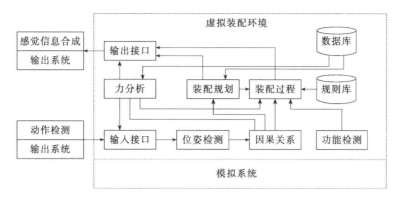

图 5-28　虚拟装配系统结构框图

　　装配运动规划是指在明确了零部件的装配顺序后，确定装配零部件行走的准确路线，从而避免被安装零部件和其他零部件间的碰撞，确保零部件更合理的装配。由于在路径规划中不需考虑在装配过程时的运行速度和加速度，故而对人工装配来说，只需考虑路径规划即可；但是对于自动化装配、柔性装配或机器人装配而言，就应该在路径规划的基础上，继续进行轨迹规划。在虚拟装配中，零部件路径规划包括位置和方向，是以离散节点的形式进行记录，这些节点通过链表的形式组织起来（图 5-29）。

(a) 波音787虚拟装配现场　　　　　　　　　(b) 复卷机虚拟装配

图 5-29　虚拟装配案例

（4）虚拟装配中的碰撞检测

　　虚拟装配中，二维物理模型中的物体在运动过程中很有可能会发生碰撞、接触和其他形式的相互作用。基于三维物理模型的动画系统必须能够检测物体之间的这种相互作用，并作出适当响应，否则就会出现物体之间相互穿透和彼此重叠等不真实的现象。在三维物理模型中检测运动物体是否相互碰撞的过程称为碰撞检测。一种直接的检测算法是，计算出环境中所有物体在下一时间点上的位置、方向等运动状态后并不立刻将物体真正移动到新的状态，而是先检测是否有物体在新的状态下与其他物体重叠，从而判定是否发生了碰撞。这种方法在确定一个时间点上是否发生碰撞时，是在一系列离散的时间上考虑问题，因此称为离散方法或静态方法。这种方法的问题是，只检测离散时间点上可能发生的碰撞，若物体运动速度相当快或时间点间隔太长，一个物体有可能完全穿越另一物体，算法将无法检测到这类碰撞。为解决这一问题，可以限制物体运动速度或减小计算物体运动的时间步长，也可以使用连续碰撞检测算法（或称动态方法）检测物体从当前状态运动到下一状态所滑过的四维空间

（包括时间轴）与其他物体同时所滑过的四维空间是否发生了重叠。

5.7.4 虚拟制造技术

(1) 虚拟制造技术概述

虚拟制造（Virtual Manufacturing，VM）是在 VR 技术的基础上发展而来的。这一全新的制造模式最早由美国于 1993 年提出，它是以 VR 技术和仿真技术为基础，对产品的设计、生产过程统一建模，在计算机上实现产品从设计、加工和装配、检验、使用整个生命周期的模拟和仿真。这样，可以在产品的设计阶段就模拟出产品及其性能和制造过程，以此来优化产品的设计质量和制造过程，优化生产管理和资源规划，以达到产品开发周期和成本的最小化、产品设计质量的最优化和生产效率最高化，从而形成企业的市场竞争优势。虚拟制造中的制造是指广义的制造，即一切与产品相关的活动和过程，包括直接制造过程和间接制造过程。虚拟制造中虚拟含义则是指：这种制造技术虽不是真实的，但却是本质上的，即 VM 是产品实际制造过程在计算机上的模拟实现，它通过计算机来实现制造的本质内容。实际上，VM 最终提供的是一个强有力的建模与仿真环境，使得产品规划、设计、制造、装配等均可在计算机上实现，且对涉及生产过程的各个方面（从车间加工到企业经营）提供支持。

由于 VM 基本不消耗资源和能量，也不生产实际产品，而是产品的设计、开发与实现过程在计算机上的本质实现，而且已经出现许多成功的应用实例，因此目前 VM 引起了业界的广泛关注并成为现代制造技术发展中最重要的模式之一。

与实际制造相比较，VM 的主要特点是：

① 产品与制造环境是虚拟模型，在计算机上对虚拟模型进行产品设计、制造、测试，甚至设计人员或用户可"进入"虚拟制造环境来检验其设计、加工、装配和操作，而不依赖于传统的原型样机的反复修改；还可将已开发的产品（样件）放在计算机里，不但大大节省仓储费用，还能根据用户需求或市场变化快速改变设计，快速投入批量生产，从而能大幅度压缩新产品的开发时间，提高质量、降低成本。

② 可使分布在不同地点、不同部门的不同专业人员在同一个产品模型上同时工作，相互交流，信息共享，减少大量的文档生成及其传递的时间和误差，从而使产品开发以快捷、优质、低耗的形式来响应市场变化。

(2) VM 技术分类

VM 要求对整个制造过程进行统一建模，一个广义的制造过程不仅包括设计和制造，还包含对企业生产活动的组织与控制。按照与各生产阶段的关系，目前一般把 VM 划分为三类，即以设计为中心的 VM、以生产为中心的 VM 和以控制为中心的 VM。

1) 以设计为中心的 VM（Design-centered VM）

以设计为中心的 VM 又称为"面向设计的 VM"，它把制造信息引入到产品设计全过程，利用仿真技术优化产品设计，从而在设计阶段就可以对所设计的零件甚至整机进行可制造性分析，包括加工过程的工艺分析、铸造过程的热力学分析、运动部件的运动学分析和动力学分析，甚至包括加工时间、加工费用、加工精度等的分析。以设计为中心的 VM 一般是在三维环境下设计产品，模拟装配过程，实现产品的虚拟开发，它主要解决"设计出来的产品是怎样"的问题，虚拟样机就是其运行的直接结果。

2) 以生产为中心的 VM（Production-centered VM）

以生产为中心的 VM 又称为"面向生产的 VM",它是在生产过程模型中融入仿真技术,以此来评估和优化生产过程,以便低费用、快速地评价不同的工艺方案、资源需求规划和生产计划等。其主要目标是对产品的"生产性"进行评价,对制造资源和环境进行优化组合,从而提供更为精确的生产成本信息,对组织生产进行合理化决策,它主要解决"这样组织生产是否合理"的问题。

3)以控制为中心的 VM(Control-centered VM)

以控制为中心的 VM 又称为"面向控制的 VM",它将仿真技术加入到控制模型和实际生产过程中,实现 VM 系统的组织、调度和控制策略的优化,以及人工现实环境下 VM 过程中的人机智能交互与协同,达到优化制造过程的目的。其支撑技术主要包括基于仿真的实时动态调度(对于离散系统)、基于仿真的最优控制(对于连续制造)等。其具体的实现工具是虚拟仪器,它利用计算机软硬件的强大功能,将传统的各种控制仪表、检测仪表的功能数字化,并可灵活地进行各种功能的组合。面向控制的 VM 偏重于现实制造系统的状态、行为、控制模式和人机界面,它主要解决"应如何去控制"、"这样控制是否合理和最优"的问题。

从以上描述可以看出,三种 VM 的侧重点各有不同,分别着眼于产品全生命周期中的不同方面,但它们都是以计算机仿真技术作为重要的实现手段,通过仿真支持设计过程,模拟制造过程,进行成本估算和计划调度。

(3) VM 体系结构及环境

从产品生产的全过程来看,VM 应包括产品的"可制造性"、"可生产性"和"可合作性"的支持。所谓"可制造性"指所设计产品(包括零件、部件和整机)的可加工性(铸造、冲压、焊接、切削等)和可装配性;而"可生产性"指在企业已有资源(广义资源,如设备、人力、原材料等)的约束条件下,如何优化生产计划和调度,以满足市场或客户的要求;考虑到制造技术的发展,VM 还应对被喻为 21 世纪的制造模式——"敏捷制造"提供支持,即为企业动态联盟的"可合作性"提供支持。而且,上述三个方面对一个企业来说是相互关联的,应该形成一个集成的环境。因此,应从三个层次,即"虚拟制造"、"虚拟生产"、"虚拟企业"开展产品全过程的 VM 技术及其集成的 VM 环境的研究,包括产品全信息模型、支持各层次 VM 的技术并开发相应的支撑平台、支持三个平台及其集成的技术。

图 5-30 所示为我国 CIMS 工程技术研究中心提出的 VM 体系结构,它是一个基于 PDM 集成的虚拟开发、虚拟生产和虚拟企业的系统框架结构,归纳出 VM 的目标是对产品的"可制造性"、"可生产性"和"可合作性"的决策支持。

1)VM 平台

该平台支持产品的并行设计、工艺规划、加工、装配及维修等过程,进行可制造性分析(包括性能分析、费用估计、工时估计等)。它是以全信息模型为基础的众多仿真分析软件的集成,包括力学、热力学、运动学、动力学等可制造性分析,具有以下研究环境:

① 基于产品技术复合化的产品设计与分析。除了几何造型与特征造型等环境外,还包括运动学、动力学、热力学模型分析环境等。

② 基于仿真的零部件制造设计与分析。包括工艺生成优化、工具设计优化、刀位轨迹优化、控制代码优化等。

③ 基于仿真的制造过程。包括碰撞干涉检验及运动轨迹检验——虚拟加工、虚拟机器人等。

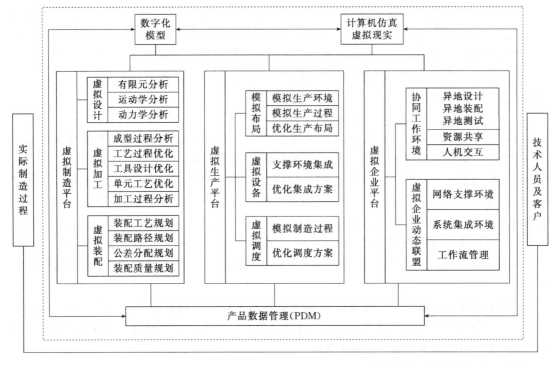

图 5-30 VM 体系结构示例

④ 材料加工成型仿真。包括产品设计，加工成型过程温度场、应力场、流动场的分析，加工工艺优化等。

⑤ 产品虚拟装配。根据产品设计的形状特征、精度特征，三维真实地模拟产品的装配过程，并允许用户以交互方式控制产品的三维真实模拟装配过程，以检验产品的可装配性。

2）虚拟生产平台

该平台将支持生产环境的布局设计及设备集成、产品远程虚拟测试、企业生产计划及调度的优化，进行可生产性分析。具体包括：

① 虚拟生产环境布局。根据产品的工艺特征、生产场地、加工设备等信息，三维模拟生产环境，并允许用户交互地修改有关布局，对生产动态过程进行模拟，统计相应评价参数，对生产环境的布局进行优化。

② 虚拟设备集成。为不同厂家制造的生产设备实现集成提供支撑环境，对不同集成方案进行比较。

③ 虚拟计划与调度。根据产品的工艺特征、生产环境布局，模拟产品的生产过程，并允许用户以交互方式修改生产过程和进行动态调度，统计有关评价参数，以找出最满意的生产作业计划与调度方案。

3）虚拟企业平台

虚拟企业平台利用虚拟企业的形式，以实现劳动力、资源、资本、技术、管理和信息等的最优配置，为敏捷制造提供可合作性分析支持。具体包括：

① 虚拟企业协同工作环境。支持异地设计、异地装配、异地测试的环境，特别是基于广域网的三维图形的异地快速传送、过程控制、人机交互等环境。

② 虚拟企业动态组合及运行支持环境，特别是 Internet/Intranet 下的系统集成与任务

协调环境。

4）基于 PDM 的 VM 平台集成

VM 平台应具有统一的框架、统一的数据模型，并具有开放的体系结构。

① 支持 VM 的产品数据模型。

提供 VM 环境下产品全局数据模型定义的规范，多种产品信息（如设计信息、几何信息、加工信息、装配信息等）的一致组织方式的研究环境。

② 基于 PDM 的 VM 集成技术。

提供在 PDM 环境下，"零件/部件 VM 平台"、"虚拟生产平台"、"虚拟企业平台"的集成技术研究环境。

③ 基于 PDM 的产品开发过程集成。

提供研究 PDM 应用接口技术及过程管理技术，实现 VM 环境下产品开发全生命周期的过程集成。

5.8 智能制造

市场国际化使得产品面向全球性的市场竞争，需要合理利用资源；社会发展由加速发展转变为持续协调发展；在需求主导市场的形式下，产品呈现"多品种变批量"的生产特征，这已成为 21 世纪工业发展的趋势。目前，工业发达国家都注重于开发出快速而有效的信息交换方式，提高企业生产经营活动的智能化，把制造业自动化的概念更新并扩展到集成化和智能化的高度。

5.8.1 智能制造产生的背景

智能制造源于人工智能的研究。一般认为智能是知识和智力的总和，前者是智能的基础，后者是指获取和运用知识进行求解的能力。回顾历史，美国逻辑学家布尔创立的基本布尔代数和用符号语言描述的思维活动的基本推理法则，以及之后麦克洛奇和皮兹的神经网络模型，为 1956 年提出人工智能概念奠定了基础。20 世纪 70 年代，该学科在机器学习、定理证明、模式识别、问题求解、专家系统和智能语言等方面，取得了长足的进展。20 世纪 80 年代以来，人工智能的研究从一般思维规律的探讨，发展到以知识为中心的研究方向，各式各样不同功能不同类型的专家系统纷纷应运而生，出现了"知识工程"新理念，并开始用于制造系统中。此时，以取代制造中人的脑力劳动为目标的自动化技术出现了。它首先是对 CAD/CAPP/CAM 进行综合以及管理、经营、计划等上层生产活动的集成而形成的CIMS。随着计算机技术的发展，这种自动化技术大体沿着两条路线发展：一条是传统制造技术发展路线，另一条是借助计算机和自动化科学的制造技术与系统发展路线。先进的计算机技术和制造技术向产品、工艺及系统的设计人员和管理人员提出了新的挑战，传统的制造技术发展路线及其管理方法已不再能够有效地解决现代制造系统中所出现的问题，这就促使人们借助现代的工具和方法，利用各学科最新研究成果，通过集成传统制造、计算机科学以及人工智能等技术，发展一种新型的制造技术与系统。

随着时代的发展，激烈的全球化市场竞争对制造系统提出了更高的要求——要求制造系统可以在确定性受到限制或没有先验知识与不能预测的环境下完成制造任务。因此一些工业化程度较高的国家率先提出了智能制造（IM）、智能制造技术（IMT）和智能制造系统

（IMS）的概念。

20 世纪 90 年代开始，许多发达国家均将 IM 列入国家发展计划并大力推动实施。1992年美国执行新技术政策，大力支持关键技术，包括信息技术和新的制造工艺，IMT 也在其中，美国政府希望借助此举改造传统工业并启动新产业。日本在 1989 年也提出 IMS 的相关概念，并于 1994 年启动了先进制造国际合作研究项目，包括了公司集成和全球制造、制造知识体系、分布智能系统控制、快速产品实现的分布智能系统技术等。1993 年加拿大政府在国家战略发展计划中指出，未来知识密集型产业是驱动全球经济和加拿大经济发展的基础，认为发展和应用智能系统至关重要，并将具体研究项目选择为智能计算机、人机界面、机械传感器、机器人控制、新装置、动态环境下系统集成。

当时这些发达国家之所以竞相大力发展 IM 领域，主要是基于以下几点：

① 集成化离不开智能。多年积累的生产经验和生产过程中的人机交互，必须通过智能化的机器设备来得以实现。脱离了智能化，集成化也就无法完善。

② 机器智能化比较灵活。可以选择系统智能化，也可以选择单机智能化；而单机可发展一种智能，也可发展几种智能。无论是在系统中或单机上，智能化均可工作，不像集成制造系统，只有全系统集成才能工作。

③ 智能化的经济效益较高。CIMS 投资过大且维护费用也很高，企业负担太大，难以推广。

④ 白领化使得有丰富机械工作经验的技术人员日益缺少。随着产品制造技术日趋复杂，促使使用人工智能和知识工程技术来解决现代化的加工问题。

⑤ 工厂生产率的提高更多地取决于生产管理和生产自动化。人工智能与计算机管理相结合，使得不懂计算机的人也能通过视觉、对话等智能手段实现生产管理的科学化。

5.8.2 IM 相关概念和特征

（1）IM、IMT 及 IMS 的定义

1）智能制造（Intelligent Manufacturing，IM）

IM 是一种由智能机器和人类专家共同组成的人机一体化智能系统，它在制造过程中能进行智能活动，诸如分析、推理、判断、构思和决策等。通过人与智能机器的合作共事，去扩大、延伸和部分地取代人类专家在制造过程中的脑力劳动。它把制造自动化的概念更新，扩展到柔性化、智能化和高度集成化。

IM 的研究开发对象是整个机械制造企业，其主要研究开发目标是：1）整个制造工作的全面智能化，它在实际制造系统中首次提出了以机器智能取代人的部分脑力劳动作为主要目标，强调整个企业生产经营过程大范围的自组织能力；2）信息和制造智能的集成与共享，强调智能型的集成自动化。

2）智能制造技术（Intelligent Manufacturing Technology，IMT）

IMT 是指在制造工业的各个环节，以一种高度柔性与高度集成的方式，通过计算机来模拟人类专家的制造智能活动，对制造问题进行分析、判断、推理、构思和决策，旨在取代或延伸制造环境中人的部分脑力劳动，并对人类专家的制造智能进行收集、存贮、完善、共享、继承和发展。它是制造技术、自动化技术、系统工程与人机智能等学科互相渗透、互相交织而形成的一门综合技术。

3）智能制造系统（Intelligent Manufacturing System，IMS）

IMS 是通过集成知识工程、制造软件系统、机器人视觉及控制等技术来对制造技术的技能与专家知识进行模拟，使智能机器在没有人工干预情况下进行生产的一个有机整体。简单地说，IMS 就是把人的智力活动变为制造机器智能活动的系统。IMS 的物理基础是智能机器，它包括具有各种程序的智能加工机床，工具和材料传送、准备装置，检测和试验装置，以及安装装配装置等。

一般而言，制造系统在概念上可以认为是一个复杂的相互关联的子系统的整体集成，从制造系统的功能角度，可将 IMS 细分为设计、计划、生产和系统活动四个子系统。在设计子系统中，IMS 突出了产品的概念设计过程中消费需求的影响；功能设计关注产品可制造性、可装配性和可维护及保障性；另外，模拟测试也广泛应用智能技术。在计划子系统中，数据库构造将从简单信息型发展到知识密集型；在排序和制造资源计划管理中，模糊推理等多类专家系统将集成应用；IM 的生产系统将是自治或半自治系统。在监测生产过程、生产状态获取和故障诊断、检验装配中，将广泛应用智能技术。从系统活动角度，神经网络技术在系统控制中已开始应用，同时应用分布技术和多元代理技术、全能技术，并采用开放式系统结构使系统活动并行，及时解决系统集成所遇到的问题。

由此可见，IMS 理念建立在自组织、分布自治和社会生态学机理上，目的是通过设备柔性和计算机人工智能控制，自动地完成设计、加工、控制管理过程，旨在解决适应高速变化环境的制造有效性。毫无疑问，智能化是制造自动化的发展方向。在制造过程的各个环节几乎都广泛地应用了人工智能及专家系统技术，以实现制造过程智能化。从广义概念上来理解，CIMS、AM 等都可以看作是智能自动化的例子。除了制造过程本身可以实现智能化外，还可以逐步实现智能设计，智能管理等，再加上信息集成，全局优化，逐步提高系统的智能化水平，最终建成 IMS。

（2）IMS 的特征

1）自律能力

即搜集与理解环境信息和自身的信息，并进行分析判断和规划自身行为的能力。具有自律能力的设备称为智能机器，智能机器在一定程度上表现出独立性、自主性和个性，甚至相互间还能协调运作与竞争。强有力的知识库和基于知识的模型是自律能力的基础。

2）人机一体化

IMS 不单纯是人工智能系统，而是人机一体化智能系统，是一种混合智能。基于人工智能的智能机器只能进行机械式的推理、预测、判断，它只能具有逻辑思维（专家系统），最多做到形象思维（神经网络），完全做不到灵感（顿悟）思维，只有人类专家才真正同时具备以上三种思维能力。因此，想以人工智能全面取代制造过程中人类专家的智能，独立承担起分析、判断、决策等任务是不现实的。人机一体化一方面突出人在制造系统中的核心地位，同时在智能机器的配合下，更好地发挥出人的潜能，使人机之间表现出一种平等共事、相互理解、相互协作的关系，使二者在不同的层次上各显其能，相辅相成。

3）虚拟现实技术

虚拟现实技术是实现高水平人机一体化的关键技术之一，能够虚拟展示现实生活中的各种过程和物体，也能拟实制造过程和未来的产品，从感官和视觉上使人获得完全如同真实的感受。这种人机结合的新一代智能界面，具有可以按照人们的意愿任意变化的特点，这正是 IM 的一个显著特征。

4）自组织与超柔性

IMS 中的各组成单元能够依据工作任务的需要，自行组成一种最佳结构，其柔性不仅表现在运行方式上，而且表现在结构形式上，所以称这种柔性为超柔性。

5）学习能力与自我维护能力

IMS 能够在实践中不断地充实知识库，具有自学习功能。同时，在运行过程中自行故障诊断，并具备对故障自行排除、自行维护的能力。这种特征使 IMS 能够自我优化并适应各种复杂的环境。

综上所述，IMS 作为一种生产模式，是集自动化、柔性化、集成化和智能化于一身，并不断向纵深发展的高技术含量和高技术水平的先进制造系统。随着知识经济的到来，智能产品价值日益攀升，IM 模式将会成为新一代重要的生产模式。

5.8.3 IM 的支撑技术

（1）多智能体（Multi-Agent）系统

Agent 原为代理商，是指在商品经济活动中被授权代表委托人的一方。后来被借用到人工智能和计算机科学等领域，以描述计算机软件的智能行为，称为智能体。1992 年曾有专家预言："基于 Agent 的计算将可能成为下一代软件开发的重大突破。"随着人工智能和计算机技术在制造业中的广泛应用，多智能体系统技术对解决产品设计、制造乃至产品的整个生命周期中的多领域间的协调合作提供了一种智能化的方法，也为系统集成、并行设计及实现 IM 提供了更有效的手段。

（2）整子系统（Holonic System）

整子系统的基本构件是整子（Holon）。人们用 Holon 表示系统的最小组成个体，整子系统就是由很多不同种类的整子构成。整子最本质特征是：

① 自治性。每个整子可以对其自身的操作行为做出规划，可以对突发事件（如制造资源变化、制造任务货物要求变化等）做出反应，并且其行为可控。

② 合作性。每个整子可以请求其他整子执行某种操作行为，也可以对其他整子提出的操作申请提供服务。

③ 智能性。整子具有推理、判断等智力，这也是它具有自治性和合作性的内在原因。

整子的上述特点表明，它与智能体的概念相似。由于整子的全能性，也有人把整子系统译为全能系统。

整子系统的特点是：

① 敏捷性。具有自组织能力，可快速、可靠地组建新系统。

② 柔性。对于快速变化的市场具有很强的适应性。

（3）敏捷制造（AM）生产模式

新的竞争环境对企业提出了敏捷性的要求。敏捷性是指企业适应环境变化的自身调整能力；敏捷企业是指那些能够迅速实现自我调整以适应不断变化的竞争环境的企业。良好的员工素质以及职业教育体系和高效的计算机信息支持体系，是一个敏捷企业内部的两个最重要的因素。从外部看来，每个敏捷企业都能够通过企业网络与其他企业组成一个具有竞争力的动态联盟。

（4）并行工程

面向产品的全生命周期设计是一种在设计阶段就预见到产品整个生命周期的设计，是具备高度预见性和预防性的设计。并行工程实质就是集成地、并行地设计产品及其零部件和相关各种过程的一种系统方法。为设计出便于加工、装配、维修、回收和使用的产品，就必须将产品生命周期各个方面的专家，甚至包括潜在的用户集中起来，形成专门的工作小组共同工作，随时对设计出的产品和零件从各个方面进行审查，力求使设计出的产品更趋于完善。设计人员通过网络向各方面专家咨询，专家们亦可通过网络随时调出设计结果进行审查和讨论。设计、制造、管理等过程不再是一个个相互独立的单元，而要将它们纳入一个整体的系统来考虑，设计过程不仅是绘制图纸和其他设计资料，还要进行质量控制、成本核算，并产生进度计划。这种工作方式是对传统管理机构的一种挑战。

（5）人工智能（AI）技术

人工智能（Artificial Intelligence，AI）也称机器智能，它是计算机科学、控制论、信息论、神经生理学、心理学、语言学等多种学科互相渗透而发展起来的一门综合性学科。从计算机应用系统的角度出发，AI 是研究如何制造出人造的智能机器或智能系统，来模拟人类智能活动的能力，以延伸人们智能的科学。

AI 研究的主要内容包括：知识表示、自动推理和搜索方法、机器学习和知识获取、知识处理系统等方面。

知识表示是 AI 的基本问题之一，推理和搜索都与表示方法密切相关。常用的知识表示方法有：逻辑表示法、产生式表示法、语义网络表示法和框架表示法等。

问题求解中的自动推理是知识的使用过程，由于有多种知识表示方法，相应地有多种推理方法。推理过程一般可分为演绎推理和非演绎推理。

搜索是 AI 的一种问题求解方法，搜索策略决定着问题求解的一个推理步骤中知识被使用的优先关系。可分为无信息导引的盲目搜索和利用经验知识导引的启发式搜索。启发式知识常由启发式函数来表示，启发式知识利用得越充分，求解问题的搜索空间就越小。

机器学习是 AI 的另一重要课题。机器学习是指在一定的知识表示意义下获取新知识的过程，按照学习机制的不同，主要有归纳学习、分析学习、连接机制学习和遗传学习等。

知识处理系统主要由知识库和推理机组成。知识库存储系统所需要的知识，当知识量较大而又有多种表示方法时，知识的合理组织与管理是重要的。推理机在问题求解时，规定使用知识的基本方法和策略，推理过程中为记录结果或通信需建立数据库或采用黑板机制。如果在知识库中存储的是某一领域（如医疗诊断）的专家知识，则这样的知识系统称为专家系统。专家系统是目前 AI 中最活跃、最有成效的一个研究领域，它是一种具有特定领域内大量知识与经验的程序系统。近年来，在专家系统或知识工程的研究中已出现了成功和有效应用 AI 技术的趋势。人类专家由于具有丰富的知识，所以才能达到优异的解决问题的能力。那么计算机程序如果能体现和应用这些知识，也应该能解决人类专家所解决的问题，而且能帮助人类专家发现推理过程中出现的差错。

5.8.4　IM 的发展趋势

目前，随着产品性能的完善化及其结构的复杂化、精细化，以及功能的多样化，使得产品所包含的设计信息和工艺信息量猛增，生产线和生产设备内部的信息量、制造过程和管理工作的信息量也急剧增加，因而促使制造技术发展的热点和前沿转向了提高制造系统对于爆炸性增长的制造信息处理的能力、效率及规模上。专家认为，制造系统正在由原先的能量驱动型转变为信息驱动型，这就要求制造系统不但要具备柔性，而且还要表现出智能，否则就难以处理如此大量而复杂的信息。此外，瞬息万变的市场需求和激烈竞争的复杂环境，也要求制造系统表现出更高的灵活、敏捷和智能。因此，IM 将越来越受到高度的重视。

纵观 IM 的发展历程，可以看到 IM 的研究和应用始终围绕着两方面的需要而展开：一是不断完善自身在应用中出现的不足，二是不断满足新的技术、制造模式对其提出的新的要求。因此，未来 IM 的发展，将在应用范围、应用深度和水平等方面进行拓展，具体表现为以下趋势：

(1) 基于 AI 和专家系统的 IMT 发展方向

AI 技术是 IMT 的理论基础，它尤其适合于解决特别复杂和不确定的问题。专家系统在工艺规程、加工监测及故障诊断等领域的应用日趋成熟，并可将神经网络和模糊控制等智能方法应用于产品配方，生产调度等方面。因此，面向产品全生命周期的 IMT，必须依赖于 AI 和专家系统的全面发展，才能实现制造过程的智能化。

(2) 基于知识的、开放式的 IMS 发展方向

IMS 目前已经较好地应用了 CAD/CAPP/CAM 集成模块、解决了工艺设计效率及标准化等通用问题，下一步将是如何高效、准确地处理海量数据，总结并优化企业工艺设计知识，提高 IMS 的知识和决策水平。此外，开放性也是衡量 IMS 的一个重要因素。未来的 IMS 必须能够持续满足客户个性化及市场变化的需求，基于 IM 平台、具有二次开发功能、可重构的 IMS 将是重要的发展方向。

复习思考题

5-1 成组技术的基本原理是什么？

5-2 实施成组技术的客观基础是什么？

5-3 并行工程的定义和特征是什么？

5-4 精益生产的定义和特征是什么？

5-5 敏捷制造的基本原理是什么？敏捷制造有哪些基本特征？

5-6 简述 CIMS 的组成及各部分的主要功能。

5-7 虚拟制造的定义是什么？简述虚拟制造的应用领域。

5-8 什么是智能制造？分析智能制造系统的特征。

5-9 智能制造的支撑技术有哪些？

第6章

先进管理技术

先进管理技术是先进制造技术的重要组成部分，这是因为产品的开发过程实际上是现代设计技术、先进制造技术与先进管理技术的有机集成。可以说，先进制造技术中的各技术都离不开管理技术，尤其是先进管理技术。本章对先进管理技术进行概述，重点介绍了物料需求计划、制造资源计划、企业资源计划、产品数据管理、全面质量管理、现代质量保证技术等内容。

6.1　先进管理技术概述

6.1.1　先进管理技术的内涵和特点

（1）先进管理技术的内涵

先进管理技术指用于设计、管理、控制、评价、改善制造业，从市场研究、产品设计、产品制造、质量控制、物流直至销售与用户服务等一系列活动的管理思想、方法和技术的总称。它包括制造企业的制造策略、管理模式、生产组织方式以及相应的各种管理方法，是在传统管理科学、行为科学、工业工程等多种学科的思想和方法的基础上，结合不断发展的先进制造技术而形成并不断发展起来的。

（2）先进管理技术的特点

先进管理技术作为一项综合性系统技术，在制造企业中一直有着重要的地位。先进管理技术的特点十分明显，具体包括：

① 科学化。先进管理技术是以管理科学思想和方法为基础的，每个新的管理模式都体现了新的管理哲理。

② 信息化。信息技术是先进管理技术的重要支持，管理信息系统就是先进管理技术与信息技术结合的产物。

③ 集成化。现代企业管理系统集成了以往孤立的单项管理系统的功能和信息，能按照系统观点对企业进行全面管理。

④ 智能化。随着人工智能技术在企业管理中应用的不断深入，智能化管理系统已成为先进管理技术的重要标志。

⑤ 自动化。管理信息系统和办公室自动化系统功能的完善，促使企业管理自动化程度不断提高。

⑥ 网络化。随着企业范围的不断扩大和计算机网络的迅速发展，推进了企业管理系统的网络化。

先进管理技术不仅可以适应工厂先进制造技术的需求，优化协调企业内外部自动化技术要素，提高制造系统的整体效益；还能在生产工艺装备自动化水平不高的情况下，通过对企业经营战略、生产组织、产品过程的优化及质量工程等，在一定程度上提高生产率和企业效益。因此，先进管理技术对于制造企业来说更具有现实意义。

6.1.2 先进管理技术的发展

市场竞争不仅推动制造业的迅速发展，也促进企业生产管理模式的变革。早期的市场竞争主要是围绕降低劳动力成本而展开的，适应大批量生产方式的刚性流水线生产管理是当时的主要模式。20世纪70年代，降低产品成本和提高企业整体效率成为市场竞争焦点，通过引进制造自动化技术提高企业生产率，采用物料需求计划（MRP）与及时生产（JIT）方式来提高管理生产水平是该时期的主要手段。20世纪80年代，全面满足用户要求成为市场竞争的核心，通过CIMS来改善产品上市时间、产品质量、产品成本和售后服务等方面是当时的主要竞争手段。同时，制造资源计划（MRPⅡ）、MRPⅡ/JIT和精益生产（LP）管理模式成为此时的企业生产管理的主流。20世纪90年代以来，市场竞争的焦点转为如何以最短时间开发出客户个性化的新产品，并通过企业间的合作快速生产新产品。并行工程作为新产品开发集成技术成为竞争的重要手段，面向跨企业生产经营管理的ERP管理模式也应运而生。

随着21世纪的世界市场竞争、制造技术与管理技术的进一步发展，以产品及生产能力为主的企业竞争将发展成为以满足客户需求为基础的生产体系间的竞争，这就要求企业能够快速创造新产品和响应市场，并更大范围内组织生产，从而赢得竞争。可以预见，集成化的敏捷制造技术将是制造业在21世纪采用的主要竞争手段。基于制造企业合作的全球化生产体系与敏捷虚拟企业的管理模式将是未来管理技术的主要问题。对于企业内部，传统的面向功能的多级递阶组织管理体系将转向未来面向过程的扁平化组织管理系统，多功能项目组将发挥越来越重要的作用。而对于企业外部，将形成企业间动态联盟或敏捷虚拟公司的组织形式；建立在网络平台基础上的企业网将对企业管理起到直接的支撑作用。通过敏捷动态联盟组织与管理，制造企业将具备更好的可重用性、可重构性和规模可变性，并能对快速多变的世界市场作出迅速响应和赢得竞争。

6.2 管理信息系统

管理信息系统（Management Information System，MIS）是以计算机为手段，以信息为对象，对各种生产管理信息进行收集、传输、加工、存储和使用的人机系统。MIS由计算机参与生产管理体系中的各种功能活动，并通过网络将各功能模块有机地连接起来，形成一个系统的整体，快速响应市场变化和生产中的特殊要求。目前MIS已成为生产管理中不可缺少的工具，受到企业界广泛的重视和关注，发展迅速。较有影响的MIS有物料需求计划（MRP）、制造资源计划（MRPⅡ）和企业资源计划（ERP）。

6.2.1 物料需求计划

(1) MRP 的基本概念

物料需求计划（Material Require Planning，MRP）是指基于计算机系统支持下的生产与库存计划管理系统。这种物料管理方法用于单件小批量或多品种小批量生产的制造业。此类企业生产多种产品，每种产品经过一系列加工步骤进行生产。MRP 主要包含以下信息：

① 库存项目，即在制造过程中，一个唯一可识别的零件或部件。每个项目必须有一个唯一的编码，并对应一个唯一的库存记录。该库存记录记载该项目在每个期间的需要量和可供给量等。

② 物料清单（Bill of Material，BOM）。构成产品的零部件清单及其结构关系。

③ 计划周期。生产计划系统使用的时间单位，通常为一周或一天。

④ 计划展望期。表示连续的计划周期。

⑤ 毛需求。在任意给定的计划周期内，项目的总需求量。

⑥ 计划接收量。在任意给定的计划周期内，采购件或自制件预计完成的总数。

⑦ 预计库存。在任意给定的计划周期内，某项目的库存量。

⑧ 净需求。在任意给定的计划周期内，某项目必须订货的数量。

⑨ 提前期。它是执行某种活动需要的时间量。提前期等于从开始到完成某项活动所消费的时间。对于采购件而言，提前期是指从项目订货到该项目到货并验收入库所经历的时间。对于制造件或装配件而言，提前期包括订单准备、从库房中分拣物料、物料运送到生产场地、生产准备时间、加工时间、运送入库等。由于生产因素是变化的，因此提前期也是动态变化的。

（2）MRP 的基本原理

MRP 的基本指导思想是：只在需要的时间，向需要的部门按照需要的数量提供该部门所需的物料。当物料短缺影响到整个生产计划时，应该迅速及时地提供物料，当生产计划延迟而推迟物料需求时，物料的供应也应该相应被延迟。MRP 的目标是：在提供客户最好服务的同时，最大限度地减少库存，以降低库存成本。

MRP 能够对市场需求作出及时的反应，能够对生产计划进行及时的调整，能够提前让管理人员在接到任务单之前看到计划，明确什么时候应当加快速度，而什么时候应当减慢速度。

MRP 系统的工作流程如图 6-1 所示，它是从最终产品生产的时间和数量出发，按照产品的结构进行展开，推算所有零部件和原材料的需求量，并根据现有库存状态和生产或采购过程所需的提前期，最终确定具体的生产投放和物料采购的时间。从其工作流程可以看出，MRP 的作业过程主要是回答：需要什么、需要多少以及何时需要这三个基本问题。

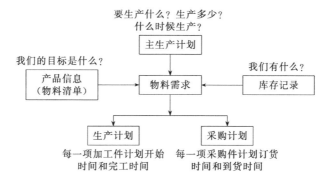

图 6-1　MRP 工作流程框图

（3）MRP 的输入

MRP 的主要功能是准确制订企业产品生产所需及原材料和零部件的采购和投放计划，为了实现这个功能，MRP 必须有如下的信息来源：主生产计划、物料清单、库存状态文件以及用户零部件订货的独立需求。

① 主生产计划。主生产计划（Main Production Schedule，MPS）主要是指什么时候生产什么产品，它反映企业计划生产的产品名称、数量和交货日期。MPS 中产品需求来源：一是用户的订货量，通过统计用户定单求得；二是对市场的预测，这是营销人员根据历年来的需求由经验分析估算求得。

MPS 通常由企业计划部门编制，在安排产品交货期时，首先要按照社会需求和轻重缓急，在计划生产的时间和数量上予以保证；其次要尽量使企业的设备、劳动力等资源得到合理利用，使进度安排与生产能力相适应。

② 物料清单（BOM）。BOM 是一种产品结构文件，它不仅罗列了组成某一产品的所有零部件，也指出了零部件间的层次隶属关系。BOM 在 MRP 系统中主要用来反映物料的相关需求信息，它可以通过产品构成图获得，也可以通过 CAD 系统产生。

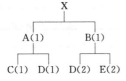

图 6-2 产品 X 构成示意图

如图 6-2 所示为产品 X 的构成示意图。第 0 层为最终产品 X，它由一个 A 部件与一个 B 部件组成；第一层中的 A 部件由一个 C 零件与一个 D 零件组成，而 B 部件由两个 D 零件和两个 E 零件组成；第二层的 C、D、E 为不可再分的零件或材料。与图 6-2 产品构成图相对应的 BOM 见表 6-1。

表 6-1 产品 BOM 表

编　　号	数　　量	单　　位	装 配 符 号	层　　次
X	—	—	—	0
A	1	台	X	1
B	1	件	X	1
C	1	件	A	2
D	1	件	A	2
D	2	件	B	2
E	2	件	B	2

③ 库存状态文件。库存是指半成品和毛坯等中间库存。库存状态文件是 MRP 中变动最大的文件，每次运行 MRP 的同时，库存状态文件就会进行及时更新。库存数据包括每一个物件的现有库存量、计划入库量和已分配量等数据。

④ 独立需求。独立需求是指某项物料的需求不依赖于其他需求而独立存在，而相对需求则指某项物料的需求是由其他物料需求来确定的。如企业生产的零部件备件是一种独立需求，而产品所包含的零部件则是一种相对需求。当运行 MRP 计算总需求时，需要考虑一些零部件备件的独立需求。例如一个汽车生产企业，某汽车产品月需求为 4 辆，需备用轮胎 6 只，则 6 只备用轮胎为独立需求；而每辆汽车有 4 只轮胎，4 辆汽车供需 16 只轮胎，则为相对需求，这样轮胎的总需求量为 22 只。

（4）MRP 的输出

MRP 的输出可作为能力需求计划、车间作业计划、采购计划等其他生产管理模块的输入信息。MRP 的输出信息内容包括：

① 下达计划订单，包括外购件的采购订单和自制件的自制订单。

② 计划日程改变的通知，即要求提前或推迟已下达订单的完工日期。

③ 由于生产进度的取消或暂停，而下达订货取消或暂停通知。

④ 输出库存状态报告。

⑤ 未来一段时间的计划订单。

6.2.2 制造资源计划

制造资源计划（Manufacturing Resource Planning，MRPⅡ）是指以 MRP 为核心的闭环生产计划与控制系统。MRPⅡ是在 MRP 的基础上发展起来的，但它具有更丰富的内容。

在 MRPⅡ中，一切制造资源（包括人工、物料、设备、能源、市场、资金、技术、空间、时间等）都被考虑进来。它代表了一种新的生产管理模式和组织生产方式。MRPⅡ的基本思想是：基于企业经营目标制订生产计划，围绕物料转化组织制造资源，实现按需、按时生产。从某种意义上讲，MRPⅡ系统实现了物质流、信息流与资金流在企业管理方面的集成，并能够有效地对企业各种有限制造资源进行周密计划，合理利用，提高企业的竞争力。

（1）MRPⅡ管理模式的特点

① 计划的一致性与可行性。MRPⅡ是一致计划主导型的管理模式，计划层次由宏观到微观，逐步细化，始终保持与企业经营目标的一致性，每个部分都有明确的管理目标。它通过计划的统一制订与闭环执行控制保持生产计划的有效性与可行性。

② 管理系统性。MRPⅡ是一种系统工程，把企业所有与经营生产直接相关的部门连成一个整体，按照科学的处理逻辑组成一个闭环系统，管理人员可以用它对企业进行系统管理。

③ 数据共享性。MRPⅡ是一种管理信息系统，实现企业的数据共享与信息集成，提高企业信息的透明度与准确性，支持企业按照规范化的处理程序进行管理与决策。

④ 模拟预见性与动态应变性。MRPⅡ是经营生产管理规律的反映，可以预见计划期内可能发生的问题，并能根据企业内外部环境变化迅速作出响应，动态调整生产计划，保持较短的生产周期。

⑤ 物料流与资金流的统一性。MRPⅡ包括了成本会计与财务功能，可以把生产中实物形态的物料流直接转换为价值形态的资金流，保证生产与财务数据的一致，提高企业的整体效益。

（2）MRPⅡ系统的结构与流程

MRPⅡ系统有 5 个计划层次：经营规划（Business Planning，BP）、销售与运作计划（Sales and Operations Planning，SOP）、主生产计划（Main Production Schedule，MPS）、物料需求计划（MRP）和生产作业控制（Production Activity Control，PAC）。MRPⅡ计划层次体现了由宏观到微观、由战略到战术、由粗到细的深化过程。图 6-3 所示为 MRPⅡ的逻辑流程图。

经营规划是企业的战略层规划，包括企业的最高层领导确定的企业经营目标与策略。销售与运作计划（生产规划或生产计划大纲）是企业的中长期计划，主要考虑经营规划、期末

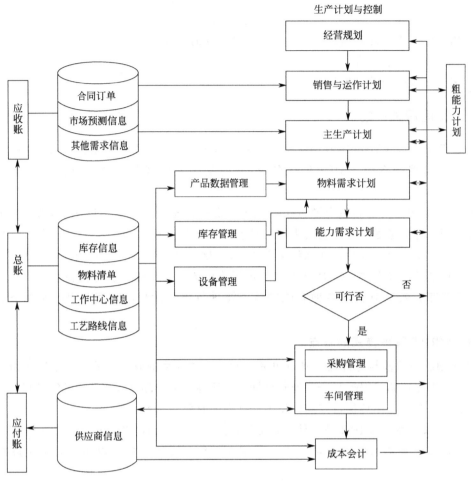

图 6-3 MRPⅡ逻辑流程图

预计库存目标或期末未完成订单目标、市场预测、资源能力限制等；此时，需要对产品大类或产品组编制生产计划大纲。而 MPS 则是将生产计划大纲转换成特定的产品或产品部件的计划，它可以被用来编制 MPR 和能力需求计划（Capacity Requirement Planning，CRP），起到从宏观计划向微观计划过渡的作用。生产计划大纲与 MPS 回答了"生产什么"的问题。MRPⅡ比较适合有计划的商品经济环境，能把计划经济与市场调节有机地结合起来。图 6-4 绘出了市场销售计划与生产计划间的关系。

    MRPⅡ的生产计划和执行过程与 MRP 有些相近。MRP 是 MRPⅡ微观计划阶段的开始，主要回答"何时制造和采购什么"的问题。MRP 为了减少在制品库存，根据 MPS 计划和 BOM 等将生产计划按照零件组织生产方式进行展开与细化，并经过 CRP 对企业生产能力进行平衡与详细计划，形成可执行的生产计划。生产计划执行控制包括执行物料计划和执行能力计划，并主要体现在车间作业管理方面。

    MRPⅡ要体现物流与资金流的统一。为保证 MRPⅡ生产计划与控制的顺利进行，物料管理是十分必要的。物料管理集中了支持物流全过程的所有管理功能，包括从采购到生产物料、在制品计划与控制，到产品成品的入库、发货与分销，其重点是库存管理与采购管理。

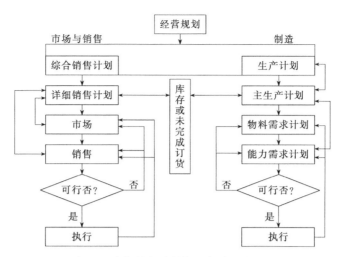

图 6-4　市场销售计划与生产计划关系图

库存管理影响着整个生产计划与控制的活动，准确的库存信息是正确进行 MRP 计划的前提与基础。采购管理既是与车间管理并列的计划执行层，也是物料管理的重要内容。原材料和零配件的合理采购与供应是生产计划顺利执行的保证。另一方面，财务与成本管理是由 MRP 发展为 MRPⅡ 的重要标志。成本管理可以在生产计划与控制的各个环节加强对产品成本的计划与控制；财务会计与管理可以控制生产过程中的资金流，并通过账务管理确定企业经营生产的经济效益。这样，MRPⅡ 就能够实现企业的优化管理。

此外，MRPⅡ 还涉及市场预测、产品结构数据与基础数据管理、工作中心及设备管理、工艺路线管理等功能。

（3）MRPⅡ 的主要技术环节

MRPⅡ 的主要技术环节涉及经营规划、销售与运作计划、主生产计划、物料清单与物料需求计划、能力需求计划、生产作业管理、库存管理与采购管理、产品成本管理等。

1）经营规划（BP）

经营规划要确定企业的长期战略经营目标与策略，如销售收入与利润、市场占有率、产品开发、质量标准、企业技术改造与职工培训等。经营规划用于协调市场需求与企业制造能力间的差距。企业经营规划由企业最高领导层主持制订，属于财务与经济效益方面的规划，往往用货币金额形式表示，是各层计划的依据。在 MRPⅡ 系统中，企业销售目标和利润目标最为重要。

2）销售与运作计划（SOP）

销售与运作计划作为企业的中长期计划，是对经营规划的细化。它描绘了市场销售计划与生产计划间的关系，并把经营规划中用货币表达的目标转化为产品的产量目标。在 MRPⅡ 系统中，该层次的主要内容是生产计划大纲的确定。生产计划大纲规定了企业各类产品在计划期内各年月份的产量及汇总量。

3）主生产计划（MPS）

主生产计划以保证满足用户需求为前提，提出计划规定期内企业生产的具体目标。这些目标指明生产什么产品，生产多少数量和生产周期，它们是物料需求计划的输入。

4）物料需求计划（MRP）

物料需求计划是以计算机为基础的生产计划和库存系统，亦称"按时间分配的物料需求计划"，具有严格按优先级划分的计划、物料控制以及重排计划的能力。它能使库存保持在最低水平，同时又保证能获得所需的物料。

5）能力需求计划（CRP）

能力需求计划（CRP）对所需的加工能力（如设备、原材料等）进行计划和管理。它包括生产能力计算、生产负荷计算、生产能力与生产负荷平衡。

6）生产作业计划（PAS）

主生产计划确定了企业产品的需求，MRP 运算结果之一是形成自制件的建议加工计划。生产作业计划（Production Activity Schedule，PAS）就是根据建议加工计划，核实 MRP 下达的任务，生成以零件为对象的加工单和以工作中心为对象的派工单。这里的工作中心是 MIS 中的一个重要概念，作业计划和能力平衡都将围绕着工作中心进行。通常根据车间设备和劳动力的加工工艺特征，把能执行相同或相似工序的设备和劳动力划分为若干工作中心。

7）库存管理与采购管理

物料管理是 MRPⅡ系统的重要方面，是生产计划顺利执行的保证。物料管理的重点是库存管理与采购管理。库存管理是正确进行 MRP 计划的基础，也是供需之间的缓冲。库存可以减缓用户需求与生产能力、装配与零部件制造、生产制造商与供应商之间的供需矛盾。另一方面，库存也占用大量资金，影响企业效益，因此要控制好库存量。通过合理的库存管理可以促进销售，提高生产率，减少制造成本，提高经济效益。

8）产品成本管理

产品成本是综合反映企业生产经营活动的一项重要经济指标。MRPⅡ引入成本管理，从而实现了物流与资金流的统一。其成本控制强调事前计划、执行控制、事后分析相结合，全面进行成本计划与控制。其内容主要包括成本的预测、计划、控制、核算、分析与考核。

（4）MRPⅡ的效益

20 世纪 80 年代末期，美国的一份调查对 727 家企业应用 MRPⅡ的效益进行了统计，结果约有 1/3 的企业效益显著，1/3 的企业效益一般，另 1/3 的企业效益趋于零，详见表 6-2。

表 6-2　应用 MRPⅡ的效益统计

比较项目	效　　益		
	＜10％	11％～20％	＞20％
降低材料成本	52.3％	29.4％	18.3％
提高生产率	45.3％	28.7％	26.0％
加快资金周转	35.8％	29.1％	35.1％
提高服务水平	24.5％	27.7％	47.8％

6.2.3　企业资源计划

（1）ERP 的基本概念

企业资源计划（Enterprise Resource Planning，ERP）是企业管理发展到一定阶段的核心理念和技术之一，它是由 MRPⅡ发展而来的。

20 世纪 90 年代，社会经济开始发生重大变革，工业经济时代开始步入知识经济时代，企业所处的时代背景与竞争环境发生了很大变化。计算机网络技术的迅猛发展，企业的全球化和企业之间竞争的加剧，统一的国际市场已经形成。针对国际化的销售和采购市场以及全球的供需链环境，企业 MRP Ⅱ 面临着需求的挑战。由于 MRP Ⅱ 系统仅仅包括制造资源，而不包括面向供需链管理的概念，因此无法满足企业对资源全面管理的要求。在这种情况下，美国 Gartner 公司总结了 MRP Ⅱ 的发展现状，提出了 ERP 的概念。很快这个概念就被学术界承认，并逐步扩大使用。Gartner 公司通过一系列功能标准来对 ERP 进行了界定，即超越 MRP Ⅱ 范围的集成功能；支持混合方式的制造环境；支持动态的监控能力，提高业务绩效；支持开放的客户机/服务器计算环境。事实上，ERP 是以 MRP Ⅱ 为模板，并融入了供应链管理的思想，扩展其功能和应用范围，使企业的管理核心由"在正确的时间，制造和销售客户需求的合适的产品"转移到了"在最佳的时间和地点，获得资源的最大增值和企业的最大效益"。

美国生产库存控制学会（APICS）出版的字典中提到：ERP 是面向业务管理的信息系统，用于确定和计划企业在接受客户订单并为之进行制造、发运和结算所需的各种资源。ERP 与 MRP Ⅱ 的区别在于技术条件，如图形用户界面、关系数据库、第四代计算机语言、计算机辅助软件工程开发工具、客户机/服务器体系结构以及系统的开放性和可移植性。通俗地说，ERP 是为制造、分销和服务的企业有效计划和控制所有资源提供的一种方法，以便其接受客户订单，并为之进行制造、发运和结算的管理信息系统。

ERP 的基本思想是将企业的业务流程看作是一个紧密连接的供应链，包括供应商、制造工厂、分销网络和客户等。同时，它将企业内部划分成几个相互协同作业的支持子系统，如财务、市场营销、生产制造、服务维护、工程技术等。此外，ERP 还包括企业的融资、投资以及对竞争对手的监视管理。可对企业内部供应链上的所有环节如订单、采购、库存、计划、生产制造、质量控制、运输、分销、服务与维护、财务、成本控制、经营风险与投资、决策支持、人力资源等有效地进行管理，从管理范围和深度上为企业提供更丰富的功能和工具。

（2）ERP 的原理

ERP 是一个集合企业内部所有资源并进行有效的计划和控制，以达到最大效益的集成系统。与 MRP Ⅱ 相比，ERP 在应用功能、应用环境、应用方法、应用技术等方面都有了很大的扩展。

1）应用功能的扩展

ERP 是以 MRP Ⅱ 功能为核心，在以下方面扩展了功能：质量管理、实验室管理、产品数据管理、流程作业管理、配方管理、仓库管理、运输管理、资产维护管理、人力资源管理、规章报告管理、电子数据交换（EDI）等功能。并且，这些功能由批处理走向实时化，形成了 ERP 功能与客户关系管理功能的集成。

2）应用环境的扩展

早期的 MRP Ⅱ 主要用于离散型制造业，如机械制造业、飞机制造业、汽车制造业等，而随后的 ERP 扩大到可用于流程型制造企业，如化工业、食品业、医药业等，甚至还可以用于混合型制造业和服务业领域。此外，随着跨国集团公司的出现，ERP 也能适应多种经营、多种业务的应用环境。

3）应用方法的扩展

具有模拟功能和图形处理能力，从结构化决策向半结构化和非结构化决策转化的决策支持功能。

4）应用技术的扩展

开放的计算技术、图形用户界面、关系数据库结构和第四代语言、面向对象技术、组件化技术、新一代的计算机网络技术及电子商务支撑技术等都在 ERP 上得到应用。

图 6-5 表示了 MRP、MRPⅡ、ERP 三者之间的关系。

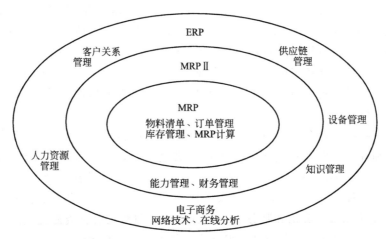

图 6-5　MRP、MRPⅡ、ERP 三者之间关系

（3）ERP 的主要功能模块

ERP 的功能模块不同于以往 MRP 或 MRPⅡ模块，它不仅可用于制造企业的管理，而且在一些非制造（超市、餐饮等服务业）及公益事业企业也可导入 ERP 系统进行资源规划和管理。典型制造企业的 ERP 模块包括以下几个方面。

① 生产控制管理模块。包括主生产计划、物料需求计划、能力需求计划、生产作业控制及制造标准（如零件、产品结构、工序等都用唯一的代码在计算机中识别）等。

② 物流管理模块。主要包括：

a. 销售管理模块要对企业的销售产品、销售地区、销售客户等各种信息进行统计和管理，并要具备一定的对销售数量、金额、利润、绩效、客户服务作出全面分析的能力。

b. 库存控制模块要控制存储物料的数量，它是一种相关的、动态的库存控制系统，能够结合相关部门的需求，精确地反映库存现状，并随时间动态地调整库存。

c. 采购管理模块要建立供应商的档案，保证以最低的成本购买最优的物料。

③ 财务管理模块。主要包括：总账模块、应收账模块、应付账模块、现金管理模块、固定资本核算模块、多币制模块、工资核算模块和成本模块。它能将生产活动、采购活动中的信息自动计入财务管理模块生成总账、会计报表，并保持数据的准确性和实时性。

④ 人力资源模块。主要包括人力资源管理模块、业绩和差旅核算模块。它有助于企业进行人力资源规划的辅助决策、招聘管理、工资核算、工时管理和差旅核算。

（4）ERP 的实施步骤

一般企业实施 ERP 需要以下五个步骤：

① 商务沟通。应着重考虑需求分析、确定项目的预期值、项目范围定义、可行性分析。

② 业务分析/业务咨询和系统选型，定义业务标准，分析各部门流程与管理模式，分析部门间资金流/信息流/物流的衔接，企业信息化能力评估、系统评估和选型。

③ 应用和实施，包括项目计划、实施、评估和更新。

④ 组织改造。

⑤ IT 基础设施，包括软件工程、网络配置、硬件配置。

（5）ERP 成功实施的原则

① 企业高层领导重视和支持企业管理体制改革与 ERP 工程的实施，并有具体的举措。

② 结合企业实际情况，明确目标，正确决策，合理规划。

③ 做到组织落实、队伍稳定；明确人员的职责与考核方法，使各部门参与和合作。

④ 选准 ERP 软件与厂商，使软件企业化；保证资金落实到位。

⑤ 提高管理水平，保证数据的准确性、完整性，做好编码标准化工作。

⑥ 加强人员培训工作，培养一批既懂计算机又懂生产管理的复合型人才。

（6）ERP 的主要作用与不足

1）ERP 的主要作用

① 提供集成的信息系统，实现业务数据和资料共享。

② 理顺和规范业务流程，消除业务处理过程中的重复劳动，实现业务处理的标准化和规范化，提供数据集成，业务处理的随意性被系统禁止，使得企业管理的基础工作得到加强，工作的质量进一步得到保证。

③ 由于数据的处理由系统自动完成，准确性与及时性大大提高，分析手段更加规范和多样，不但减轻了工作强度，还将促进企业管理人员从烦琐的事务处理中解放出来，用更多的时间研究业务过程中存在的问题，研究并运用现代管理方法改进管理，促进现代管理方法在企业中的广泛应用。

④ 加强内部控制，在工作控制方面能够做到分工明确，适时控制，对每一环节所存在的问题都可以随时反映出来，系统可以提供绩效评定所需要的数据。

⑤ 协调各部门的业务，使企业的资源得到统一规划和运用，降低库存，加快资金周转速度，将各部门连成一个富有团队精神的整体，协调运作。

⑥ 帮助决策。公司的决策层能够适时得到企业动态的经营数据和 ERP 系统的模拟功能来协助进行正确的决策。

2）ERP 的不足之处

① ERP 系统虽然考虑了企业怎样适应市场需求的变化，以及怎样利用全社会一切市场资源快速高效地进行生产经营的需求，但是并未从根本上考虑知识经济时代技术持续创新以及市场竞争环境的迅速变化对企业生产流程与业务管理流程动态调整的要求。目前的 ERP 一般是以一种预先固定好的模式结构提供给用户，企业在建立其管理系统时，一是软件无法灵活地适应个性化的企业管理流程要求，就不得不要求企业管理流程按 ERP 系统中的固有模式去运作，否则要经过二次开发才能使用；二是一旦 ERP 实施完毕，企业在需要进行管理与业务流程重整时，很难真正达到组织结构、生产流程、业务流程全面重整的效果，即现有的 ERP 系统结构与功能制约了企业的动态重整过程。

② ERP 的发展起源于制造业并主要应用于制造业（工业经济时代的主导产业），可以说 ERP 的先进管理思想在制造业管理上发挥得淋漓尽致。虽然 ERP 也可以应用于非制造业，如 ERP 中的财务管理、分销管理和人力资源管理等功能，但难以完整地体现 ERP 的先进管理思想。在当前知识经济时代，服务业是社会经济的主导行业，ERP 在服务业的应用，特别是在跟踪客户服务和实现在线客户服务方面，难以实现对客户服务需求的快速响应和高满意度。

③ 在工业经济时代，企业价值主要是有形资本（包括实物与资金）与无形资本的价值；在工业经济时代后期，人们认识到人力资源及其资本价值。而在当今知识经济时代，智力资本已开始成为企业价值的重要组成部分，尤其是知识管理，包括知识的获取、加工处理、共享使用等，越发显得重要。但 ERP 在企业内部或企业供应链上如何建立知识管理体系与管理手段方面还有待加强。

④ ERP 系统虽然提供了对工作流（Work Flow）的管理，但是 ERP 中的工作流与功能组成的业务流程（Business process）并没有紧密融合在一起，从而没有形成对业务处理过程的控制与管理。

6.3 产品数据管理

6.3.1 PDM 概述

PDM（Product Data Management，PDM）技术的早期目标是为了解决大量工程图纸文档的管理，然后逐渐扩展到产品开发过程的三个领域中：即设计图纸和电子文档的管理、自动化工程更改单的管理和物料清单（BOM）管理。国际咨询公司 CIMdata 给出的 PDM 定义是"PDM 是一门用来管理所有与产品相关信息（即描述产品的各种信息，包括 CAD/CAM 文件、物料清单、产品结构配置、产品规范、电子文档、产品订单、供应商清单、存取权限、审批信息等）和所有产品相关过程（即产品生产工作流程的定义与管理，包括加工工序、加工指南、工作流程、信息的审批和发放过程、产品的变更过程等）的技术。PDM 是为企业设计和生产构筑一个并行产品环境（由供应、工程设计、制造、采购销售与市场、客户构成）的关键使能技术"。

产品数据管理系统（Product Data Management System，PDMS）是集成并管理与产品有关的信息、过程和人与组织的软件，它为不同地点、不同部门的人员营造了一个虚拟的协同工作环境，使其可以在同一数字化的产品模型上一起工作。

企业实施 PDM 有以下作用：

① 通过改善企业信息流，提高生产率。

② 消除由于无效分布而造成的数据丢失及减少数据冗余。

③ 支持并行工程，缩短产品开发时间。

④ 提高数据的可靠程度，保证产品设计的质量。

⑤ 改善过程和数据的集成度、可追踪性。

⑥ 缩短产品上市时间，减少生产成本，全面提高企业竞争力。

6.3.2 PDMS 的体系结构和功能

(1) PDMS 的体系结构

PDMS 系统是建立在关系型数据库管理系统平台上的面向对象的应用系统，其体系结构如图 6-6 所示，共由四层组成。

1）支持层

目前流行的通用商品化关系型数据库（如 Oracle）是 PDMS 系统的支持平台。关系型数据库提供了数据管理的最基本功能，如存、取、删、改、查等操作。

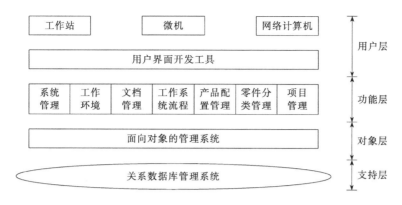

图 6-6 PDMS 系统的体系结构

2）对象层

为了满足产品数据动态变化的管理要求，在 PDMS 系统中采用若干个二维关系表格描述产品数据的动态变化。PDMS 系统将其管理动态变化数据的功能转换成若干个二维关系型表格，实现面向产品对象的管理要求。如可以用一个二维表记录产品的全部图形目录，再用一个二维表专门记录设计图形的版本变化过程，这样通过两个表可以清楚描述产品设计图形的更改流程。

3）功能层

对象层提供了描述产品数据动态变化的数据模型，在此模型的基础上，根据 PDMS 系统的管理目标可以建立相应的产品数据管理功能模块。PDMS 系统中的功能模块可以分成两大类，一类是包括系统管理和工作环境的管理模块，系统管理模块主要是针对系统管理员如何维护系统，确保数据安全与正常运行的功能模块；工作环境管理模块是使各类不同的用户能够正常、安全、可靠使用 PDMS 系统的功能模块，既要方便快捷，又要安全可靠。另一类是基本功能模块，包括文档管理、产品配置管理、工作流程管理、零件分类和检索管理、项目管理等。

4）用户层

根据不同的用户在不同的计算机上操作的需要，PDMS 系统都要提供友好的人机交互界面。根据各自的经营目标，不同企业对人机界面也会有不同的要求。因此，在 PDMS 系统中，除了提供标准的、不同硬件平台上的人机界面外，还要提供开发用户人机界面的工具，以满足各类用户的特殊要求。

整个 PDMS 系统和相应的关系型数据库都建立在计算机操作系统和网络系统的平台上。同时，还有各式各样的应用软件，如 CAD、CAPP、CAM、CAE、文字处理、表格生成、图像显示和音像转换等。在计算机硬件平台上，构成了一个大型的信息管理系统，PDMS 将有效地对各类信息进行合理、正确和安全的管理。

（2）PDMS 的功能

PDMS 软件的主要功能包括电子资料室管理、工程文档管理、产品配置管理、工作流程管理、分类与检索以及项目管理等方面，如图 6-7 所示。

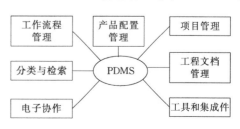

图 6-7 PDMS 系统的主要功能模块

1）电子资料室管理（Electronic Database Management）

电子资料室是 PDMS 的核心，通常它建立在关系型数据库基础上，主要保证数据的安全性和完整性，并支持各种查询与检索功能。用户可以利用电子资料室，通过建立在数据库之上相关联的文本型记录，来处理和管理存储于异构介质上的产品电子数据文档。如：建立复杂的产品数据模型，修改与访问各类文档，建立不同类型的工程数据之间的联系，实现文档的层次与联系控制，封装管理如 CAD、CAPP、文字处理、图像编辑软件等各种不同的数据处理和管理工作，可方便地实现以产品数据为核心的信息共享。

2）工程文档管理（Engineering Document Management）

① 文档管理对象。

PDMS 管理的是产品整个生命周期中所包含的全部数据。这些数据包括工程设计与分析数据、产品模型数据、产品图形数据、专家知识与推理规则及产品的加工数据等，可分为原始档案、设计文档、工艺文档、生产过程的计划与管理数据和维修服务清单。

② PDM 文档管理模型。

PDM 把上述各种文档分成五种类型进行管理：

a. 图形文件。由不同 CAD 软件产生的描述几何图形的文件。

b. 文本文件。描述产品或部件、零件性能的文件。

c. 数据文件。为了优化零部件的设计，所进行的有限元分析、机构运动模拟、试验测试等产生的数据文件。

d. 表格文件。表格文件包括有关产品或部件、零件的产品定义信息和结构关联信息。产品定义信息包括基本属性和特征参数，结构关联信息用于描述子零件或组件、部件、产品之间的关联信息。

e. 多媒体文件。为了描述产品及产品各个部位的真实形象，可以在计算机上用渲染技术产生出逼真的图像照片。对于复杂的装配过程，还可以用计算机动态模拟，并在附加的技术指导下生成音像文件。这些多媒体文件主动地反映了产品的性能指标、生产过程、维修指南等信息。

③ 工程图档案管理。

a. 图档信息定义与编辑模块。为用户提供图档信息的配置功能，并根据用户定义的信息项完成图档基本信息的录入与编辑。

b. 图档入库与出库模块。建立图档基本信息与图档文件的连接关系，实现图档文件的批量入库和交互入库，并可将指定的图档文件从数据库中释放出来，传送给客户进行操作。对于数据库中的图档文件，支持 Check in/Check out 功能，保证文件的完整性及一致性。

c. 图档浏览模块。可以浏览和显示多种常见格式的文件，如 DWG、DXF 等格式的图纸文件；IGES 标准格式的工程文件；BMP、TIF、PGX、TGA、GIF 等格式的图像文件；TXT、DOC 等格式的文本文件；STEP 数据文件及语音文档等；并提供常用的浏览功能。

d. 图档批注模块。为用户提供快速、方便的批注功能，支持使用各种用于批注的实体。用户可以通过屏幕工具栏选取批注工具，以选择批注图层名称、颜色和批注文件名，批注文件可存放在独立的文件中，以充分保护原文件，批注中允许回退操作。

3）工作流程管理（Workflow or Process Management）

工作流程管理主要实现产品设计与修改过程的跟踪与控制，包括工程数据的提交、修改控制、监视审批、文档的分布控制、自动通知控制等。PDMS 这一功能为产品开发过程的自动管理提供了保证，并支持企业产品开发过程的重组，以获得最大的经济效益。

PDMS 软件系统一般支持定制各类可视化流程界面，按照任务流程节点，逐级地分配任务，可将每一项任务落实到具体的设计人员；还可通过任务流程对设计人员的工作提交评审，根据评审结果进行及时更改，以保证设计工作的顺利行进。

工作流管理运行过程如图 6-8 所示，主要包括：

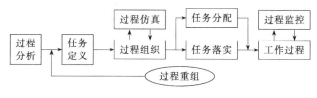

图 6-8　工作流程运行过程

① 过程控制。在分析过程特点、关键环节、实施条件等基础上，定义一系列过程基本单元（任务），每一任务需定义其输入/输出、资源需求、人员要求和时间要求，根据任务间的依赖关系组织过程。对该过程可以进行仿真，不合理时可以修改，过程定义中有一些优化算法。

② 过程运行。按定义的过程实施数据分发、资源分配和任务下达。

③ 过程监控。通过对资源、产品数据和开发进度的监控，及时反映系统中发生的各种变更，进行过程重组、数据监控，判断数据流向的正确性，对已产生数据和期望数据进行对比以及判断是否调整计划。

4）产品配置管理（Product Configuration Management，PCM）

PCM 电子仓库为底层支持，以 BOM 为组织核心，把定义最终产品的有关工程数据和文档联系起来，对产品对象及相互之间的联系进行维护和管理。产品对象之间的联系不仅包括产品、部件、组件、零件之间的多对多的装配联系，而且包括其他的相关数据，如制造数据、成本数据、维护数据等。PCM 能够建立完善的 BOM 表，实现其版本控制，高效灵活地检索和查询最新的产品数据，实现数据的安全性和完整性控制。

① 产品配置目标。一是集中管理产品数据资源及使用权限；二是统一管理产品生命周期内全部数据的有效性；三是各部门物料清单（BOM）的一致性；四是提供用户关心的不同类型的产品配置信息；五是灵活的产品数据配置模式。尽量选择标准零件，或根据当地可用性资源选择替代品，最终实现最多的产品类型、最少的零件数和最低成本的目标。

② 产品结构树。在生产计划编制、物资采购计划编制和新产品开发中，常用产品零件汇总表或产品结构树来表示（见图 6-9）。产品结构树由产品装配系统图、产品零部件明细表（包括通用件、标准件、自制件、外购件、外协件、原材料）产生。结构树中各结点分别表示部件或组件，叶结点表示零件。这种视图方式能够清晰地反映产品、零件之间的层次关系。

每个零部件都有其属性，如零件的材料、重量、尺寸、颜色以及部件由多少零件组成等。由于对象实例被分散地存放在网络中的若干结点上，为实现面向对象数据模型到关系数据模型的转换，将对象的描述属性转换为关系数据库中二维表信息。结构树的每个结点都连接着相关的零部件属性。

③ 产品配置管理的体系结构。

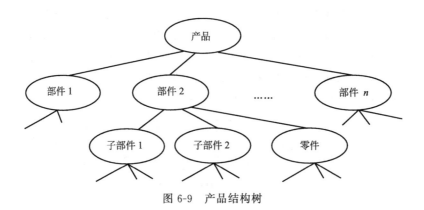

图 6-9 产品结构树

产品配置管理体系结构如图 6-10 所示，其主要功能模块包括：

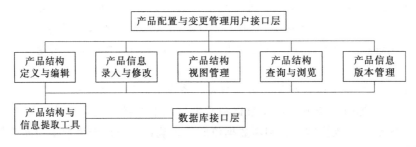

图 6-10 产品配置管理的体系结构

a. 产品结构定义与编辑模块。提供了一种快速访问和修改 BOM 表的方法，用户可以定义、修改自己的产品结构，并将产品结构存入数据库中。

b. 产品结构视图管理。针对产品设计中的不同批次或同一批次的不同阶段（如设计、工艺、制造与组装等），生成产品结构信息的不同视图以满足对同一产品不同 BOM 描述的需求。

c. 产品结构查询与浏览。为用户提供多种条件查询与浏览，并用直观的图示方式显示产品零部件之间的层次关系。从产品开发到原型制造的过程中，产品的配置信息要经多次的变化，如结构的改变、信息的增加会造成产品信息具有各种版本，产品配置与变更管理则是对产品的各种版本数据提供解冻、释放、复制等操作。

5）项目管理（Project Management）

项目管理是在项目实施过程中实现其计划、组织人员以及相关数据的管理与配置，进行项目运行状态的监控，完成计划的反馈。项目管理是建立在过程管理基础之上的一种管理形式，能够为管理者提供每种项目和活动的状态信息，其主要功能有：可增加或修改项目及项目相关属性；对人员在项目中承担的任务及角色进行指派；利用授权机制授权他人代签；提供图形化的各种统计信息，反映项目进展情况及人力资源利用情况等。

6.3.3 PDMS 的应用和发展趋势

（1）PDMS 的应用

PDMS 涉及的领域很广，能给整个企业（包括设计、制造工程、采购、营销和销售等）都带来效益。面对不断变化的市场，能及时访问有关产品和生产过程的权威性数据是很关键的，而 PDMS 将这种方便带到了管理人员的桌面上，使各授权用户能方便地管理设计过程，控制产品描述数据，并向有关人员（如供应商、客户等）提供具有权威性的信息。PDMS 在充分保证信息安全性的同时又具有充分的柔性，能及时将信息传送到不同工作地的有关人员。

通过组织产品描述数据，PDMS 所包括的知识库还可用于支持业务计划、帮助改进产品开发和制造过程的知识等。具体来说，PDMS 的应用主要体现在以下几个方面：

① 产品设计领域。从逻辑上对产品结构信息进行管理是 PDMS 最主要的功能。通过 PDMS，设计人员和工程师能够从两方面得到产品的综合信息：其一是通过传统的零件分类（该功能在 PDMS 中大大加强了），其二是以交互方式操作表示产品结构的图形以获取关键数据。

PDMS 的工作流可以加速对修改的审查和批准、对资源的落实和审计、对设计预案或新设计的探索以及对生产过程能力的评估等工作。此外，PDMS 还有助于在设计过程的早期进行快速修改，同时也能在设计方案确定以后保证数据稳定和可靠。PDMS 和 ERP 系统的集成还能使数据在设计和制造之间顺利传送。

② 制造过程领域。通过 PDMS，可在加快设计方案批准速度的同时有效地控制修改过程以减少冲突和返工。通过版本控制，可以避免将不该投产的设计投放给生产过程。由于增加了设计早期的修改，因此设计的质量也得到提高。

在生产现场使用 PDMS 还能大大减少纸质文件的使用。PDMS 能够按照设计特征和制造过程，对过去设计或制造的零件方便地进行分类和检索，从而大大提高了管理效益。PDMS 加速的信息流通使生产计划和营销活动能提前进行，从而增加了企业的盈利机会。PDMS 提高了信息的正确性，降低了决策风险以及缩短了引入新产品时常见的犹豫不决的时间。

③ 采购和合同供应商方面。将 PDMS 扩充到合同供应商可使双方互惠互利，供应商的意见有助于设计决策，而 PDMS 可使供应商能及时按最新公布的版本及时供货。PDMS 的分类系统还可减少采购量。

④ 销售和营销领域。PDMS 可以加快对业务需求作出反应的速度并提高产品质量。通过在数据库中检索以前的设计案例，可大大加快形成标书和报价的过程。PDMS 还能很快地将产品信息传送给用户，使他们也能建立支持产品使用全过程的相应的数据库。

企业在应用 PDMS 方面需要有计划、有步骤地进行，投资 PDMS 软件的实施应用须慎重。一般来说，企业应用 PDMS 的基本步骤如下：

① 全面认识 PDMS。在开展 PDMS 应用的初期，企业需要对 PDMS 进行详细了解和学习，掌握 PDMS 的原理和相关内容。此外，企业还需要了解与自己类似的企业在应用 PDMS 时的具体情况，以吸取其经验教训。

② 确定企业的需求和目标。企业应该明确自身有哪些方面的问题需要解决，以及 PDMS 实施的期望和目标。在这个阶段，企业必须要对 PDMS 有一个科学的认识：PDMS 能够解决哪些问题；哪些问题是需要从其他方面着手解决。企业需求和目标的制订，将直接影响企业的软件选型、实施以及应用。

③ 软件选型。软件选型的结果将直接决定着企业的投资以及实施成效等至关重要的问题。

④ PDMS 的实施。在选定了软件以后，企业就进入了 PDMS 的实施阶段。

⑤ 系统运行维护。在实施后期，PDMS 就逐渐进入正常运行阶段。PDMS 在使用过程中并非一成不变，还须不断地维护和完善，企业自身的很多问题和需求是在 PDMS 不断完

善中得以解决。企业需要培养自己的人才，结合企业自身的实际需求，对 PDMS 进行维护和完善。

(2) PDMS 的发展趋势

进入 20 世纪 90 年代后期，PDMS 不仅管理设计的数据，还管理工艺及各种各样更改的数据，即管理产品整个生命周期内的全部数据，这就是产品全生命周期管理，也有人称其为 PDMSⅡ。随着网络化技术的发展，在 PDMS 环境下通过三维 CAD 技术，可在计算机上实现虚拟产品设计、分析、加工和装配，利用 Web 技术可实现在计算机上审阅和批注文本文件、图形文件、表格和数据等文件。各软件供应商不仅提供 PDMS 产品，还提供相应的实施规范，减少人为因素的影响，确保 PDMS 工程实施能够成功。

随着市场竞争的加剧，缩短产品上市时间、降低生产成本已经成为企业所面临的严峻挑战，这种情况直接影响到了企业的产品全生命周期管理。而虚拟企业概念的提出，更加要求企业具备一种信息基础环境，使得企业能够实现与供应商和客户之间交换多种类型的产品数据。各企业间在产品开发过程中必须全面有效合作，这种合作关系从产品的概念设计阶段就要开始，项目参考者不但要访问产品设计数据，而且还需要访问制造过程中的数据，以及其他一些在产品生命周期中涉及的有关产品信息。

但是，传统的 PDMS 局限于设计阶段的工程信息管理，无法很好地适应敏捷制造和虚拟环境下的产品开发，尤其是制造过程的需要。因此，在虚拟企业概念下的、面向产品生命周期的 PDMS 成为研究的焦点。

将来 PDMS 发展方向会集中在以下三个方面：电子商务（合作商务）、虚拟产品开发管理和支持供应链管理。

① 电子商务。下一代 PDMS 能够提供这样的功能，即通过网络就可以获得产品数据信息，这为电子商务提供了一个重要的基础。通过从产品及相关产品配置中选择参数，就可得到产品模型。这一领域的深入发展，将会使得网络完全能够提供产品/服务选择、建议准备和订购过程。

② 虚拟产品开发管理。虚拟产品开发管理是在虚拟设计、虚拟制造和虚拟产品开发环境中，通过一个可以即时观察、分析、互相通信和修改的数字化产品模型，并行、协同地完成产品开发过程的设计、分析、制造和市场营销及其服务。它集合了 Web、PDMS、三维 CAD 等技术，使企业具有更好的产品革新能力。在概念设计期的高灵活性、不可预测性的环境下，它为数据变化的管理提供了很典型的管理框架。它还可以作为一个知识库和渠道，将不同阶段的产品信息转化成为连续的信息状态。

③ 支持供应链管理。随着网络技术不断深入的应用，PDMS 作为标准的黑盒解决方案、较廉价的硬件、软件和网络技术，其利用率在不断提高。PDMS 能够很容易地在虚拟企业中实施。当虚拟企业中一个组织要与其供应商、合作伙伴和其他人加入到供应链中时，相应的工程信息便需要在虚拟企业内不断地交换，而 PDMS 各系统间的通信和数据交换正是保障信息通畅和随时在整个供应链中获取的前提。

下一代 PDMS 将是完整意义上的供应链管理系统，它将会提供工程仓库/工程服务、工程合作等功能。

① 工程仓库/工程服务。作为一个灵活的、易适应的和易运行的系统工程仓库（数据库），工程仓库/工程服务管理着技术数据，并能提供其他系统的有关参考信息。像搜索助手这

样的搜索技术将会使得即使在模糊的搜索条件下也能进行目标搜寻。当前的市场趋向表明，PDMS技术将是企业内部知识管理的一个重要部分。下一代PDMS能够管理与信息和技术知识相密切联系的项目和过程。

② 工程合作。合作商务是最先进的电子商务形式，它使得多个企业通过动态重组后能够在线合作，并利用网络技术来代替静态的网络供应链。虚拟企业的工程合作需要有支持协同工作和通信的结构。计算机支持的协同工作（CSCW）解决方案将会集成到未来的PDMS中，CSCW提供IT工具，能更加促进小组成员间的联络。由网络技术、协同工作、PDMS、CAD系统和智能浏览器就能够进行一个具有连接分布式开发环境功能的在线协商会议。它比起传统的电视会议来有一个很大的优点，就是它允许所有的到会者同时进入和编辑产品3D模型和相关信息，还允许给产品模型以多种颜色/文本/声音/图形等形式添加批注。

6.4 现代质量保证技术

6.4.1 质量管理和质量保证

（1）质量的定义

在激烈的市场竞争机制下，质量的含义发生了根本的变化，它不仅反映在耐用，还反映在可靠、安全、可维护等特征。现代产品质量标准是以用户的满意度来度量的。21世纪的具有竞争力的质量概念是"对客户需求的满足程度"。这里的质量指的是产品全生命周期的质量，它包括两方面内容：产品的设计制造质量和产品的售后服务质量。

质量控制是产品全生命周期中的一项重要内容，它对提高产品的市场竞争力、降低产品成本有着极其重要的意义。在体现企业竞争力的T、Q、C、S、F五要素中，与质量直接有关就有两个：即产品质量（Quality）要好、服务质量（Service）要优。其他三个要素：产品交货期（Time）、产品成本（Cost）以及产品功能（Function）也与产品质量有着间接的联系，产品质量越高，则成本也越高，产品功能和交货期是反映产品质量和服务质量优劣的一种体现。

国际标准ISO 8402将质量定义为：质量是反映实体满足明确或隐含需要能力的特性总和。若从用户的角度定义：质量是用户对产品包括相关服务的满意程度的量度。从其定义可知，质量是针对一个产品或一项服务而言的，它只有通过用户的使用才能体现出来，所以对质量唯一有发言权的是用户。只有用户满意才能说明产品质量高；若用户不满意，再好的产品也不能说质量好，没有市场的产品更是谈不上质量的。

（2）质量管理的发展

质量管理是一门科学，它是随着整个社会生产的发展而发展的，同时它与科学技术的进步、管理科学的发展也密切相关。回顾质量管理的发展过程，可将之分为如下三个阶段：

① 质量检验阶段。从大工业生产方式出现直至20世纪40年代，产品质量管理的特征是按照规定的技术要求对已完成的产品进行严格检验，从而控制和保证出厂或转入下道工序的产品质量。这个阶段质量管理是通过事后把关性质的质量检查，对已生产出来的产品进行筛选，把不合格品与合格品分开。这对于保证使不合格品不流入下一工序或出厂送到用户手中是必要和有效的，至今在制造类工厂仍是不可缺少的。但这种被动检验的方法，缺乏对检

验费用和质量保证问题的研究，对预防废品的出现等管理问题的作用较为薄弱。

② 统计质量控制阶段。产品质量是生产制造出来的，而不是检验出来的。把合格品与不合格品分开的事后把关检查方法是基于废品已经出现的情况，即使被检查出来也已经造成损失，因此它不是一种积极的方式。积极的方式应该是把废品消灭在发生之前，防止出现废品而带来损失。

随着生产规模的迅速扩大和生产率的不断提高，每分钟都可能产生大量的废品，而它可能带来巨大的经济损失，从 20 世纪 40 年代到 60 年代初，统计质量控制（Statistical Quality Control，SQC）成为这个时期产品质量管理的重要方法。它是应用数理统计的方法，对生产过程进行控制。也就是说，它不是等一个工序的整批零件加工完后才去进行事后检查，而是在生产过程中定期地进行抽查，通过控制图发现或检查生产过程是否出现了非正常情况，并把抽查结果当成一个反馈信号，以便能及时发现和消除非正常因素，防止废品的产生。

统计质量管理方法的主要特点是：在质量管理的指导思想上，由事后把关变为事前预防；在质量管理的方法上，广泛深入地应用了统计的思想方法和检查方法。

③ 全面质量管理阶段。自 20 世纪 60 年代初以来，随着科学技术的迅速发展和市场竞争的日趋激烈，新技术、新工艺、新设备、新材料大量涌现，工业产品的技术水平迅速提高，产品更新换代的速度大大加快。对于许多综合多种门类技术成果的大型、精密、复杂的现代工业产品来说，影响质量的因素已不是几十几百个，而是成千上万个。因此，对任一个细节的忽略，都可能会造成全局性损失。这种情况必然对质量管理提出新的更高要求，那种单纯依靠事后把关或主要依靠生产过程控制的质量管理方法，已经不能适应工业发展的需要。于是，全面质量管理（TQM）作为现代企业管理的一个组成部分也就应运而生，并且很快得到了全面的推广和运用。

(3) 质量保证的发展

在产品简单生产的年代，没有质量保证的要求，生产者和消费者是直接见面的。消费者凭自己的经验和感官判断产品质量的优劣，一旦购买了产品，责任就在消费方了，即由买方承担风险，没有质量保证的概念。随着社会的发展，商品经济发展到社会化大生产的时代，商品经过流通领域达到消费者手中，扩大了消费者与生产者的距离。加上市场上同类产品的竞争，对商品的种种宣传，产品越来越复杂，使消费者就有向生产者提出质量保证的要求。生产者为了适应消费者的这种要求，为了占领市场，也开始意识到没有质量保证就没有市场，产品没有市场，风险就由卖方承担。因而，质量保证就是在这种背景下应运而生。

质量保证的发展大体上经历了以下三种形式：

① 契约式质量保证。这是早期质量保证形式，该形式类似于通常所说的"三包"，即消费者在购买商品后的几年内，若出现产品质量问题，生产者向消费者实行包修、包换、包退的保证。

② 长期质量保证。这种保证就是在产品寿命周期内，要求产品长期可靠使用。这是随着时间的推移和契约式质量保证的实践，消费者认为契约式质量保证也不能确保产品质量而提出的。

③ 质量体系保证。所谓质量体系保证，就是生产者为了向消费者证明影响产品质量的因素处于受控状态，证明企业有足够的质量保证能力，能够持续不断地提供适合市场需要

的、质量可靠的产品，从而开展一系列有计划的、系统的质量保证活动。质量体系保证的核心就是生产者有足够的质量保证能力，能够持续不断地提供消费者满意的产品。当然，对生产企业的质量保证能力，需要由第三方权威性认证机构按质量保证体系标准的要求（如 ISO 9000 质量体系标准）来审核确认发证，证明企业的质量保证能力符合有关质量保证模式标准的要求。

6.4.2 全面质量管理

（1）TQM 的定义

全面质量管理（Total Quality Management，TQM）是指企业的每位员工都要求对质量进行关注，包括企业最高决策者和一般的生产员工，强调质量保障活动贯穿于从市场调研、产品规划、产品开发、加工制造、装配检测到售后服务等产品生命周期全过程。国际标准化组织（ISO）将 TQM 定义为：一个组织以质量为中心，以全员参与为基础，目的在于通过让客户满意和本组织所有成员及社会受益而达到长期成功的管理途径。由此可见，TQM 是全员参加的、贯穿产品全生命周期的、力求全面经济效益的一种质量管理模式。

TQM 强调"源头质量"概念，就是要让每一位员工对其工作负责，充分体现了"把工作做好"以及"如果出了问题就纠正"的思想，寄托于员工本人能够制造出满足质量标准的产品或服务，同时，能够发现并纠正出现的差错。实际上，每位员工都是他本人的工作质量检查员，当他所完成的工作成果传递到下一个操作环节，或者作为整个过程的最后一步传递到最终用户时，要保证它能够满足质量标准。通过在全体员工中灌输"源头质量"这一概念，就可达到以下效果：

① 可使对质量造成直接影响的员工负起质量改进的责任。

② 可消除经常发生在质量控制检查员与员工之间的敌对情绪。

③ 可通过对员工的工作进行控制或自我控制，激发员工主人翁精神，从而达到保证质量和改进质量的目的。

（2）TQM 的内容

TQM 认为，产品的质量取决于设计质量、制造质量和使用质量，必须在市场调查、产品选型、研究试验、设计制造、检验、运输、储存、销售、安装、使用和维护等各个环节中把好质量关（见图 6-11），TQM 的内容包括如下几个方面：

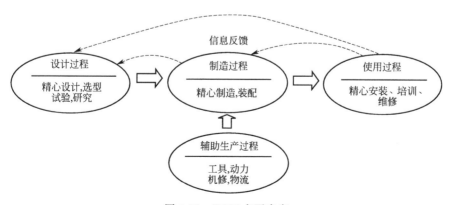

图 6-11　TQM 主要内容

① 产品设计过程的质量管理。产品设计是产品质量形成的起点，如果此过程的质量管理工作没有做好，产品的功能、性能、结构等定位不当，那么其后的工艺和生产中的努力都将是徒劳无益的。它不仅影响产品质量，也将影响投产后的生产秩序和经济效益。

设计过程的质量管理目标是满足来自用户和制造两方面的要求。对于用户方面，通过对大量情报的分析，识别和确认用户对新产品的潜在要求，准确界定新产品质量特性，尽可能降低未来市场风险；在制造方面，要使结构设计满足制造工艺要求，包括设备条件、标准、水平、材料消耗、制造成本、制造周期、生产率等，为制造过程的质量管理奠定良好的基础。

② 产品制造过程的质量管理。制造过程是产品质量的直接形成过程。制造过程质量管理的目标是保证实现设计阶段对质量的控制意图，其任务是建立一个受控制状态下的生产系统，也就是要使生产过程能够稳定、持续地生产符合设计要求的产品。

制造过程的质量管理工作包括：

a. 严格贯彻执行工艺操作规程，严禁违章操作，确保工艺质量。

b. 做好均衡生产和文明生产，有节奏的生产过程、良好的生产秩序和整洁的工作场所是反映企业经营管理的基本素质，也是保证产品质量、消除质量事故隐患的重要途径。

c. 组织技术检验，把好工序质量关，根据技术标准，对原材料、在制品、外购件、产品以及工艺过程，进行严格的质量检验，保证不合格的原材料不投产，不合格的零部件不转工序，不合格的产品不出厂。

d. 全面、准确、及时地掌握制造过程各个环节的质量状况和发展动态，建立健全各质量信息源的原始记录工作，以及与企业质量管理体系相适应的质量信息系统。

e. 加强不合格品的管理，及时了解制造过程中产生不合格品的系统因素，以便采取相应措施使制造过程恢复受控状态。

f. 做好工序质量控制，针对生产工序中的质量关键因素建立质量管理点，在企业内部建立有广泛群众基础的质量小组，有效控制工序设备工作状态。

③ 辅助生产过程和生产服务过程的质量管理。辅助生产过程是为基本生产提供如动力、工具、刀具、量具、模具等辅助产品；而生产服务过程则是为基本生产和辅助生产提供各种生产服务活动，如设备维修服务、物资供应、保管、运输等工作。辅助生产过程和生产服务过程的质量管理是企业质量管理体系的重要组成部分，其任务是为制造过程实现优质、高效、低耗的目标创造必要条件。

④ 产品使用过程的质量管理。现代质量管理关注的重点已不再局限于产品的制造过程。制造过程之前的设计质量和制造之后的服务质量，对于产品质量及市场竞争力的重要作用已为越来越多的企业所认识。

产品使用过程的质量管理，既是企业质量管理工作的归宿，又是企业质量管理工作的出发点。企业的质量管理工作必须从产品的生产制造过程延伸到它的使用服务过程，而使用过程的质量管理必须突出为用户服务的原则，应抓好以下三方面的工作：

a. 积极开展技术服务工作，编制好产品使用说明书，采取各种形式传授产品安装、使用和维护技术，提供易损件图样，向用户供应所需用品和配件，设立维修网点，为用户提供产品安装调试的技术指导。

b. 进行产品使用效果和使用要求的调查。

c. 认真处理出厂产品所出现的质量问题，切实履行产品的质量承诺。

（3） TQM 的基本程序

TQM 的活动过程就是质量计划的制订和组织实现的过程。该过程是如图 6-12 所示的 PDCA 管理循环不停地进行周而复始的运转过程。

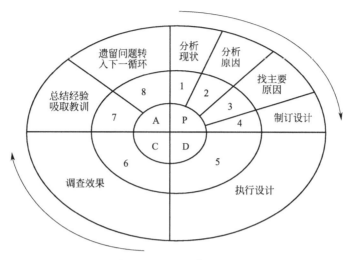

图 6-12　PDCA 管理循环

PDCA（Plan、Do、Check、Action）分别代表计划、实施、检查和处理。PDCA 管理循环作为 TQM 体系运行的基本方法，必须经历以下 4 个阶段，共 8 个步骤：

第一个阶段是制订计划，即 P 阶段。就是确定质量目标、质量计划、管理项目和拟定措施。可分为 4 个步骤。

① 分析质量现状，找出存在的质量问题，并用数据来说明和表示所存在的质量问题。

② 分析产生质量问题的各种原因或影响因素，对逐个问题或影响因素加以具体分析。

③ 从各种原因中找出影响质量的主要矛盾，解决质量问题必须从解决主要矛盾入手。

④ 针对影响质量的主要矛盾制订对策，拟定管理、技术和组织措施，提出执行质量管理计划和预计效果。

第二个阶段是实施阶段，即 D 阶段。具体步骤是严格按预定的计划、措施和分工去执行，努力实现预定的目标。

第三个阶段是检查阶段，即 C 阶段。具体步骤是将实施的结果与计划的要求进行比较，检查计划执行是否达到预期的目标和效果，哪些是成功的，其经验是什么，哪些做的不对或不好，教训是什么，原因在哪里。既要掌握进度，检查效果，又要从中找出问题。

第四个阶段是处理阶段，即 A 阶段。包括以下两个步骤：

① 总结经验教训，巩固已有成绩，并对出现的问题加以处理，也就是把成功的经验和失败的教训都要纳入相应的标准、制度或规定之中，防止重复发生已经发生过的质量问题。

② 提出本轮循环尚未解决的问题，并作为遗留问题转入下一轮循环，并为下一轮循环计划的制订提供资料和依据。

PDCA 管理循环不停地运转，原有的质量问题解决后又会产生新的问题，问题不断产生而又不断解决，这就是管理循环不断前进的过程，也是 TQM 工作必须坚持的科学方法。

复习思考题

6-1 分别描述 MRP、MRPⅡ、ERP 的结构组成、工作原理及其联系和区别。

6-2 什么是主生产计划和生产作业计划？

6-3 叙述供应链管理的主要内容与特征。

6-4 简述 PDM 的产生背景与主要应用领域。

6-5 MRPⅡ系统的生产计划和执行过程与 MRP 系统有何相近之处？

6-6 在技术条件与应用上，ERP 系统与 MRPⅡ系统有何区别？

6-7 PDM 技术开发的三个方向各有什么特点与优势？

参考文献

[1] 雷源忠. 美国制造业的发展战略、研究近况及我们的对策. 中国机械工程, 1994 (2): 63-64.

[2] 王兰美, 袁清珂. 21世纪制造业面临的挑战与对策. 组合机床与自动化技术, 1999 (4): 7-9.

[3] 王隆太, 陆宗仪. 当前快速成型技术研究和应用的热点问题, 机械设计与制造工程. 1999, 28 (3): 5-7.

[4] 仲伟虹. 快速原型制造技术及其发展前景. 宇航材料工艺, 1999, 11 (3).

[5] 王隆太, 陆宗仪. 当前快速成型技术研究和应用的热点问题. 机械设计与制造工程, 1999, 28 (3): 5-7.

[6] 马黎, 肖跃加, 王从军. 快速成型技术在新产品开发中的应用. 锻压机械, 1998 (5): 6-8.

[7] 谭永生, 王健. 快速成型技术进展. 航空工艺技术 (增刊), 1999: 21-24.

[8] 张慧. 快速成型技术的研究及发展状况. 广西机械, 1998 (2): 25-26.

[9] 王峰, 颜永年. 快速成型与制造技术体系分析. 机械工业自动化, 1998, 20 (6): 10-13.

[10] 张宇民, 韩杰才. 快速成型技术在陶瓷领域中的应用. 材料工程, 1999 (11): 37-40.

[11] 杨守峰, 张世新, 田杰谟. 精细陶瓷成型新工艺——快速自动成型. 功能材料, 1998, 29 (4): 337-342.

[12] 巴德年, 杨子彬. 生物医学工程学. 哈尔滨: 黑龙江科学技术出版社, 2000.

[13] 傅仕伟, 严隽琪. 快速成型技术及其在骨骼三维重构中的应用. 上海交通大学学报, 1998 (5): 111-114.

[14] 杜昭辉. 快速原型技术医学应用的研究. 机械工业自动化, 1997, 19 (3): 53-56.

[15] 赵荣椿. 数字图像处理导论. 西安: 西北工业大学出版社, 1996.

[16] 吕培军. 数字与计算机技术在口腔医学中的应用. 北京: 中国科学技术出版社, 2001.

[17] 吴世旭. 五轴义齿雕刻机数控系统的应用开发. 北方工业大学硕士学位论文, 2008.

[18] 蔡恩泽. 3D打印颠覆传统制造业. 中国中小企业. 2012 (11).

[19] 刘厚才, 莫健华, 刘海涛. 三维打印快速成型技术及其应用. 机械科学与技术, 2008 (09).

[20] 张彦芳. 3D打印技术及其应用. 科技视界, 2013 (13).

[21] 王灿才. 3D打印的发展现状分析. 丝网印刷, 2012 (09).

[22] 周培德. 计算几何——算法分析与设计. 北京: 清华大学出版社, 2000: 163-169.

[23] 贾永红. 计算机图像处理与分析. 武汉: 武汉大学出版社, 2001: 140-161.

[24] 朱长青, 杨绪华, 邱振戈. 数字图像区域周长计算的原理和方法. 测绘工程, 1999, 8 (2): 29-33.

[25] 张舜德, 方强. 线性结构光编码的三维轮廓术. 光学学报, 1997, 17 (11): 1533-1537.

[26] 朱心雄. 自由曲线曲面造型技术. 北京: 科学出版社, 2000: 215-230.

[27] 彭福泉. 机械工程材料手册: 非金属材料分册. 北京: 机械工业出版社, 1992: 449-475.

[28] 师昌绪. 材料大词典. 北京: 化学工业出版社, 1994: 999-1159.

[29] 谢红, 张树生. 一种基于ICT的工件模型三维重构方法. 航空学报, 1997, 18 (5): 599-602.

[30] 李友善. 自动控制原理. 北京: 国防工业出版社, 1980: 1-30.